青县职业技术教育中心校本教材
国家中等职业教育改革发展示范学校校本教材

畜禽养殖技术

薛立喜　编著

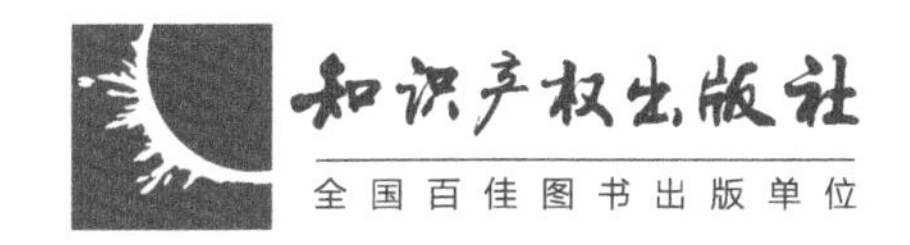

图书在版编目（CIP）数据

畜禽养殖技术／薛立喜编著．—北京：知识产权出版社，2016.12

（中职中专教材系列丛书）

ISBN 978－7－5130－2747－2

Ⅰ.①畜…　Ⅱ.①薛…　Ⅲ.①畜禽－饲养管理－中等专业学校－教材

Ⅳ.①S815

中国版本图书馆CIP数据核字（2016）第107408号

内容提要

以猪、鸡、羊、肉驴的生产养殖技术为主题，简要概述了畜禽的种类、生物学特性、生理特点、饲养管理、各类疾病的防治以及圈舍和养殖场的规划和建设等。

责任编辑：徐家春

（中职中专教材系列丛书）

畜禽养殖技术

CHUQIN YANGZHI JISHU

薛立喜　编著

出版发行：	知识产权出版社有限责任公司	**网　址**：	http：//www.ipph.cn
电　话：	010－82004826		http：//www.laichushu.com
社　址：	北京市海淀区西外太平庄55号	**邮　编**：	100088
责编电话：	010－82000860转8573	**责编邮箱**：	xujiachun625@163.com
发行电话：	010－82000860转8101/8029	**发行传真**：	010－82000893/82003279
印　刷：	北京中献拓方科技发展有限公司	**经　销**：	各大网上书店、新华书店及相关专业书店
开　本：	787mm×1092mm　1/16	**印　张**：	11.75
版　次：	2016年12月第1版	**印　次**：	2016年12月第1次印刷
字　数：	260千字	**定　价**：	28.00元

ISBN 978－7－5130－2747－2

前 言

为了使职业教育进一步适应经济转型升级、支撑社会建设、服务文化传承的要求，形成职业教育整体发展的局面，为实现中华民族的伟大复兴提供人才支持，教育部、人力资源和社会保障部、财政部实施了国家中等职业教育改革发展示范学校建设计划，青县职业技术教育中心作为第二批建设单位，经过两年的建设，进行了专业结构调整、培养模式优化的改革创新，形成了服务信息化发展、应用信息化办学的特色，探索了精细化管理、个性化发展的提高教育质量的机制。

根据国家级示范校建设要求，充分体现示范校建设取得的成果和成效，我们组织相关人员深入天津静海县旺达兴奶牛养殖场等20家企业实地调研，开展了200份问卷调查、查找行业标准、了解企业需求而编写了示范校建设教材，本教材是专业教师和企业一线师傅智慧的结晶，内容丰富、形式多样，反映建设过程中最具特色的探索和实践，反映学校服务县域经济战略、与企业无缝对接的办学实践。

教材的形成过程，是全校教师共同总结创建经验的过程，是学习应用现代职业教育理念升华创建价值的过程，也是为进一步适应中国经济升级、增强服务国家战略能力的再思考的过程，它不仅成为创建国家中职示范校工作总结的重要组成部分，更重要的是成为职教人传承和发展的宝贵财富，我们愿将这一文化积淀和职教同仁分享，共同谱写中国职教的美好明天。

在此，衷心感谢在本书的编写中给予帮助的青县农业局畜牧兽医专家李金华；感谢天津静海县旺达兴奶牛养殖场韩文波，青县林乐奶牛养殖专业合作社负责人王林乐对本书提供的宝贵的建议和专业参考意见；同时也感谢本校教师为本书提供了大量实践依据。正是由于各位职教同仁的共同努力，教材才得以呈现在读者面前。

本书的不当之处，请各位专家、学者、老师们批评、指正。

青县职业技术教育中心校本教材编委会

2016年6月

目　录

第一章　猪的生产 …… 1

第一节　猪的生物学特性 …… 1

第二节　猪的生理特点 …… 2

第三节　猪的经济类型及品种 …… 5

第四节　猪的一般饲养管理 …… 15

第五节　种猪生产 …… 18

第六节　仔猪的培育 …… 23

第七节　肥育猪生产 …… 32

第八节　猪场建设 …… 39

第九节　提高商品肥育猪的出栏率 …… 48

第十节　猪常见病的防治 …… 49

第二章　鸡的生产 …… 56

第一节　鸡的生物学特性及品种 …… 56

第二节　鸡的人工授精及人工孵化 …… 65

第三节　蛋鸡的饲养管理 …… 75

第四节　肉鸡的饲养管理 …… 88

第五节　鸡场建设 …… 97

第三章　羊的生产 …… 100

第一节　羊的品种 …… 100

第二节　羊舍的规划布局与建设 …… 103

第三节　羊舍的设计与建设 …… 104

第四节　羊场配套设施建设 …… 107

第五节　羊的选种 …… 107

第六节　羊的选配 …… 112

第七节　羊的饲养管理 …… 113

第四章　驴的生产………………………………………………………………… 123
第一节　河北省常见肉驴的品种 ……………………………………………… 123
第二节　肉驴养殖场建设 ……………………………………………………… 127
第三节　肉驴的饲养与管理 …………………………………………………… 134
第四节　肉驴常见的传染病 …………………………………………………… 156
第五节　肉驴产品的加工 ……………………………………………………… 168

第一章　猪的生产

第一节　猪的生物学特性

一、性成熟早，多胎高产

一般地方品种猪4～5月龄达到性成熟，5～6月龄即可配种。

瘦肉型猪的初情期6月龄，7～8月达到性成熟。

猪妊娠期平均114天。一般断奶后4～7天可再发情配种，性周期为18～20天。

猪是多胎动物，繁殖力强。母猪卵巢中有卵原细胞11万枚，一般每个发情期排卵12～25枚，每胎产仔8～12头，母猪年产可达2～2.4胎。

我国太湖猪的高产品系，平均每个发情期排卵25～68枚，每胎产仔12～16头，曾创下一胎产仔36头的纪录。

二、生长快，饲料利用率高

猪出生后生长发育特别快，35日龄时体重可达8千克，为初生时的6～7倍；70日龄体重可达25千克，为初生时的20倍左右；5～6月龄体重增至90～100千克。生长期料肉比3∶1左右，而在生长前期料肉比仅为2∶1，饲料转化率高。因此要供给充足的营养，保障适宜的环境，促进其生长发育，特别是抓住前期生长快的特点，使其充分发育生长。

三、杂食性，饲料来源广

猪是杂食动物，门齿、犬齿和臼齿都较发达，胃是肉食动物的简单胃和反刍动物的复杂胃之间的中间类型，因而能利用各种动植物和矿物质饲料，饲料利用能力强，其产肉效率高于牛、羊，但比肉鸡低。但猪对粗纤维的消化力较差，仅靠大肠的微生物的分解作用，这远比不上反刍动物的瘤胃，猪日粮中粗纤维含量越高消化率也就越低。消化率的计算公式为

$$猪对饲料的消化率（\%）=（92.5-1.68x）\%,$$

其中：x为饲料干物质中粗纤维的百分比。

一般仔猪料粗纤维低于4%，肥育猪料低于7%，种母猪料为11%左右（有报道16%有利于母猪肠道改善，对哺乳期多采食有利，并能防止便秘等）。

四、不耐热，对光化性照射的防护力较差

猪的汗腺退化，皮下脂肪厚，阻止大量散发体内热量，皮肤的表皮层较厚而且被毛稀

少，造成对光化性照射（特别是紫外线）的防护力较差。当环境温度达30～35℃时，食欲下降，超过35℃时则不能忍受（大猪）。高温不利于猪的生长和繁殖，高温季节运输也很危险，易造成中暑死亡。与大猪相反，仔猪因皮下脂肪少，皮薄毛稀，体表面积相对较大，故怕冷和潮湿，低温可使其体温下降，甚至冻僵冻死。猪的适宜温度为：仔猪30℃左右（1～3日龄34～30℃，4～7日龄28～32℃，以后每周下降2～3℃），种猪为15～22℃。等热区是在一定温度范围内，猪可根据物理性调节，感觉舒适体重增长较快。等热区下限称临界温度。

五、视觉不发达，听觉和嗅觉灵敏

猪的视觉很弱，对光线强弱和物体形象的分辨能力不强，近乎色盲。但猪的听觉很灵敏，能鉴别出声音的强度、音调和节律，容易对呼名、口令和声音刺激物的调教养成习惯。猪的嗅觉也特别发达，仔猪在出生后几小时便能鉴别气味而固定乳头（哺乳母猪靠声音信号呼唤仔猪吃奶，放奶时间约45秒，放奶时发出哼哼声）。猪能依靠嗅觉有效地寻找地下埋藏的食物，能识别群内个体（合群咬斗），在性本能中也起很大作用。例如：发情母猪闻到公猪特有的气味，即使公猪不在场也会表现出“发呆”反应。

六、群居位次明显

仔猪同窝出生，过群居生活，合群性较好。当它们散开时彼此距离不远，若受到惊吓会立即聚集在一起或成群逃走。群居生活加强了它们的模仿反射。例如：不会吃料的仔猪会跟着会吃料的仔猪学吃料。

七、喜清洁，易调教

猪有爱好清洁的习性，不在吃睡的地方排泄粪便，喜欢排在墙角等潮湿、阴暗、有粪便处。若猪群过大过挤或圈栏过小，它就无法表现出好洁性。养猪生产中要注意猪的饲养密度，并通过适度调教以培养猪采食、躺卧和排泄粪便“三点定位”的良好习性。

养猪生产中，应根据猪的这些特性对猪进行合理调教、分群、合群、发情鉴定和采精训练等，以便提高养猪生产效益。

第二节　猪的生理特点

一、繁殖母猪发情排卵规律

母猪的发情周期为18～20天，发情持续期为3～5天。一个性周期大致可分为四个阶段：发情前期、发情期、发情后期、休情期。

如果是人工授精，在母猪出现静立反射后24小时是最有效的输精时间，一般是安排在12～36小时之间。第一次在静立后12小时后进行，间隔12～24小时再输一次。如果在公猪不在场的情况下检查出静立发情，则已经超过了输精的最有效时间。

母猪排卵是从发情开始的，一般是在发情开始后24～36小时排卵，排卵持续时间长短不等，一般为10～15小时。卵子在输卵管中仅在8～12小时内有受精能力。公猪交配时排出精子在母猪生殖道内要经过2～3小时游动才能到达输卵管，精子在母猪生殖道内一般能存活 10～20 小时。据此推算，配种适宜时间是在母猪排卵前 2～3 小时，即在发情开始后的 19～30 小时。若交配过早，当卵子排出时精子已失去受精能力；若交配过晚，当精子进入母猪生殖道内时卵子已失去受精能力，两者都会降低受精率或失配，即使受精，因受精卵活力不强，易中途死亡。

二、仔猪的生理特点

1. 生长快、生长强度大、物质代谢旺盛

仔猪出生时 1.2 千克左右；1 月龄体重可达 7 千克左右，是初生时的 6 倍；2 月龄可达 18 千克以上，是初生时的 15 倍以上。

仔猪出生后的迅猛生长是以旺盛的物质代谢为基础的。一般出生后 20 日龄的仔猪，每千克增重沉积蛋白质 10～16 克，相当于成年猪的 30～35 倍。每千克体重所需代谢净能量是 72.8 大卡，为成年猪的 3 倍。矿物质代谢也比成年猪高，每千克增重中约含钙 7～10 克、磷 4～6 克。由此可见，仔猪对营养物质的需要不论是数量上还是质量上都相对较高，对营养不全的反应敏感。因此，供给仔猪以全价优质的饲料尤为重要。

2. 消化能力差，消化机能不完善

具体表现为：消化道容积小，消化液分泌不足，消化酶活力不足（缺乏盐酸），食物经过消化道的速度快等。哺乳仔猪消化器官的大小和机能发育得不完善，构成了它对饲料的质量、形态和饲喂方法、次数等饲养要求上的特殊性。

3. 保温能力差

仔猪相对体表面积较大、皮下脂肪薄、营养贮备少、毛稀、神经系统不完备、反应迟钝，其调节体温的机能发育不全，对寒冷的应激能力差。例如：它们处在 20℃左右环境中，出生后 1 小时内体温可降 2℃左右，约 2 天后才可恢复正常体温；如果裸露于 1℃环境中，2 小时后可冻昏、冻僵，甚至冻死。

4. 抗病能力差

初生仔猪缺乏先天性免疫力，只有通过吃初乳获得母源抗体后才具有抗病能力。母乳中以初乳中抗体水平最高，初乳中抗体以 IgG 为主，约占抗体总量的 80%，主要是在血清中起杀菌作用，可防败血病。IgA 约占 15%，能抑制大肠杆菌的活动，可抗胃肠道病。IgM 约占 5%，对杀灭革兰氏阴性菌的效力最强。常乳中抗体以 IgA 为主，约占 60%，IgG 约占 30%，而自体产生的抗体中以 IgM 为主，IgA 次之。

仔猪 10 日龄以后才开始产生自身抗体，20 日龄后才能达到较高水平。因此，3 周龄以前是最关键的免疫期（临界期）（并不是所有抗体水平均在 20 日龄左右达到高水平，因其免疫器官发育不完善及各种疫苗的作用或环境抗原水平不同等均能抑制抗体水平）。同时，仔猪刚开始吃料，消化机能不完善，胃液中又缺乏游离盐酸（饲料本身的蛋白质就是抗原），对随饲料、饮水进入胃内的病原微生物没有抑制作用，从而成为仔猪多病的原因。

三、猪的生长发育规律

1. 体重的增长

在正常情况下，猪体重的绝对值随年龄的增大而增加，其相对强度则随年龄的增长而降低，到成年时稳定在一定的水平，生长强度在4月龄最大，生长速度在8月龄左右最高。

2. 机体化学成分的变化

随着猪体组织及体重的增长，猪体的化学成分呈规律性变化，即随体重和年龄的增长，水分、蛋白质、灰分含量下降而脂肪迅速增加，随脂肪量的增加，猪油中饱和脂肪酸的含量也会相对增加，而不饱和脂肪酸减少（适时屠宰）。

3. 体组织的生长

躯体各部位的生长首先是体高、体长的增加，继之是深度和宽度的增加，腰部增长最晚。各组织器官生长早晚的大致顺序是：神经组织、骨、肌肉、脂肪。骨骼是由下而上，先长长度，后增粗度。脂肪的沉积是按花油、板油、肉间脂肪、皮下脂肪的次序。瘦肉的生长速度在30千克之前，呈加速上升的趋势，在30～60千克之间呈恒速增长的趋势，在60千克以后呈平稳且略有下降的趋势。而脂肪的沉积速度正好相反，随体重的增加而逐渐上升，以致体重越大瘦肉比率越低。

四、猪的消化生理特点

1. 消化和吸收

食物在猪的胃和小肠中被消化，消化了的营养物质主要在小肠中被吸收。

（1）消化就是吸收前的准备，它包括机械作用，如咀嚼和胃肠的肌肉收缩，另外还有胃肠道酶的化学作用。味觉的敏感性产生于口腔，以决定其是否喜欢所提供的饲料，如烧焦饲料的怪味会导致猪拒食。

几乎猪的所有的消化过程都是在小肠中进行，小肠的不断蠕动和混合起辅助作用。大肠包括两部分，一个呈袋状结构，称为盲肠，另一部分是结肠，通向直肠和肛门。这部分消化道没有消化液分泌，猪的盲肠很小，相对来说没有任何功能（有报道可能具有免疫功能）。肠内容物在结肠运动很慢，粗纤维被微生物不同程度地活化，产生挥发性脂肪酸，猪吸收这些脂肪酸作为能量利用，虽然日粮中这种形式来源的能量不多，但对老龄动物还是比较显著的。大肠的主要功能是吸收水和水溶性矿物质，在直肠形成粪便并贮存在那里由肛门排出。食物通过全部消化道需要24～36小时。

（2）吸收是营养物质通过肠壁进入血液循环的过程。

猪吸收营养物质有三种主要的方式。

A. 被动扩散。一些营养物质依靠简单的扩散过程穿过绒毛状的黏膜细胞进入血液循环，也就是通常所说的被动扩散或被动转移。被动扩散发生在血液外面营养分子浓度高于血液内时。

B. 主动运送。一些营养物质需要协助穿过黏膜进入血液，特别是在肠道中的浓度低于血液中的浓度时，各种机体生成机制实现这一功能。例如：载体（蛋白质或维生素）携带营养物质穿过细胞膜，一旦进入血液循环，这个载体就解离，所携带的营养物质即被机体自由利用。

C. 胞饮作用（细胞内吞作用）。这个过程只发生在初生动物。免疫球蛋白是由初乳提供的一种蛋白质，它不经过消化就能完全被消化道所吸收。免疫球蛋白对初生仔猪免疫是非常重要的。仔猪出生后对免疫球蛋白的完全吸收能力仅可持续12～18小时。这种吸收能力随着出生后时间的延缓而迅速降低，初生18小时后免疫球蛋白就如同其他蛋白质一样须分解后才能吸收进入血液。这就是仔猪初生后要尽快进行哺乳的重要原因之一。

2. 消化的特点

猪是单胃杂食动物，成年猪对饲料的利用率高，消化力强，具有发达的门齿，适于切断食物或从地上摄取食物。唾液腺等消化腺都很发达，能把食物中的营养物质转化为机体需要的营养成分。食物消化主要依靠化学的消化作用，而微生物的消化作用较小，因此，用适当的精饲料喂猪比用大量的青粗饲料更为适宜。

第三节 猪的经济类型及品种

一、猪的经济类型

根据猪的生产用途、肉脂比例和体型特点，可将其划分为脂肪型、瘦肉型和兼用型三个经济类型。

（一）脂肪型

脂肪型，又称脂用型，这种类型猪的特点是脂肪含量较高，一般脂肪占胴体比例的55%～60%，瘦肉占40%左右，背膘厚4厘米以上。

该类型猪外形特点是：身体短、背腰宽平、臀部圆、四肢矮、背膘厚。全身肥满，头、颈较重。体长与胸围相等或相差2～3厘米。胴体瘦肉率在45%以下。

我国的绝大多数地方品种属于脂肪型，英国的原种巴克夏猪、大约克夏猪都属于此类型。

（二）瘦肉型

瘦肉型，又称肉用型。这类猪的胴体瘦肉多，脂肪少，一般瘦肉率在58%以上，背膘厚为2～3.5厘米。

该类型猪外形特点是：与脂肪型相反，头颈较轻、体躯长、四肢高，整个身体呈流线型，前躯轻后躯重、背腰平、臀方圆、体躯丰满。体长与胸围之差大于20厘米。皮薄毛稀，习性活泼，产仔率高，生长发育快，但对饲料要求较高。

外国引进的长白猪、大约克夏猪、杜洛克猪、汉普夏猪和皮特兰猪，以及我国培育的三江白猪和湖北白猪均属这个类型。

（三）兼用型

这一类型的猪，生产性能介于瘦肉型和脂肪型之间，胴体中瘦肉率在45%～55%，背膘厚一般在3～5厘米。我国培育的大多数猪种属于兼用型猪种。

该类型猪的外形特点是：体中等长、背中等宽、腿中等高、腿臀丰满、身体结实、结构匀称、生产性能较高。本型猪肉品质优良，风味可口，性情温顺，适应性强。

我国新培育的猪品种大多属于这一类型，如哈白猪、新金猪、荣昌猪、民猪等，国外猪种以中约克夏猪、苏白猪为典型代表。

应该注意的是，猪的经济类型不是一成不变的，通过较长时间的选育，是可以转换的，因而猪的经济类型会因人们选种目标不同而不断改变。例如，过去是脂肪型的原种巴克夏猪，现已选育成兼用型猪种；过去是兼用型的杜洛克猪，现已选育成瘦肉型猪种；瘦肉型的长白猪，在我国有些地区不正确的饲养条件下（即日粮中碳水化合物过多），其体型和产品指标就会接近兼用型猪。

二、猪的品种

（一）地方猪种

1. 太湖猪

（1）产地与分布。太湖猪（图 1-1、图 1-2）是世界上产仔数最多的猪种，苏州地区是太湖猪的重点产区。太湖猪属于江海型猪种，产于江浙地区太湖流域，是我国繁殖力强、产仔数多的著名地方品种。依产地不同分为二花脸猪、梅山猪、枫泾猪、嘉兴黑猪、横泾猪、米猪和沙乌头猪等 7 个类群，1974 年起统称为“太湖猪”。

（2）体型外貌。太湖猪体型中等，被毛稀疏，腹部更少，被毛黑色或青灰色，梅山猪的四肢末端为白色，俗称“四脚白”，也有尾尖为白色的；头大额宽，额部皱褶多而深，耳特大，近似三角形，软而下垂，耳尖齐或超过嘴角，形似蒲扇；体躯较长，背腰宽平或微凹，腹大下垂；四肢稍高，多卧系，大腿欠丰满；后躯皮肤有皱褶，随着身体肥度的增强而逐渐消失；乳头 8～9 对，最多 12.5 对。

图 1-1 太湖母猪

图 1-2 太湖公猪

（3）生产性能。太湖猪高产性能蜚声世界，是全世界已知猪品种中产仔数最高的一个品种，尤以二花脸、梅山猪最高。初产平均 12 头，经产母猪平均 16 头以上，最高纪录产过 42 头。太湖猪成熟早，公猪 4～5 月龄精子的品质即达成年猪水平，母猪两月龄即出现发情。据报道 75 日龄母猪即可受胎产下正常仔猪。太湖猪护仔性强，泌乳力高，起卧谨慎，能减少仔猪被压，仔猪哺育率及育成率较高。太湖猪早熟易肥，性情温驯，易于管理。7～8 月龄体重可达 75 千克，屠宰率 65%～70%，胴体瘦肉率 40%～45%。太湖猪分布范围广，数量多，品种内类群结构丰富，有广泛的遗传基础；肉色鲜红，肌肉内脂肪较多，肉质好。但纯种太湖猪肥育时生长速度慢，胴体中皮的比例高，瘦肉率偏低。今后应加强本品种选育，适当提高瘦肉率，进一步探索更好的杂交组合，在商品瘦肉猪生产中发挥更大的作用。太湖猪遗传性能较稳定，与瘦肉型猪种结合杂交优势强，最宜作杂交母体。

小知识

太湖猪为中国猪的地方品种，主要分布于太湖流域，以早熟、繁殖力强著称，为全世界产仔数最多的猪种。按照体型外貌和性能上的某些差异，以及母猪的繁殖中心和幼猪的集散地等，可分为以下几个类群：①二花脸猪。主要分布在江苏省的江阴、武进、无锡、常熟、沙洲等地。②梅山猪。主要分布在上海市嘉定县和江苏省太仓、昆山等地。③枫泾猪。主要分布在上海市的金山、松江和江苏省的吴江县一带，以上海、浙江交界的枫泾镇为幼猪集散地。④嘉兴黑猪。主要分布在浙江省嘉兴市郊及平湖、嘉善、嘉兴地区各县。以上为主要类群。⑤横泾猪。以江苏省吴县的横泾镇为繁殖中心。⑥米猪。主要分布于江苏省金坛、扬中两县。⑦沙乌头猪。主要分布于江苏省启东、海门等县和上海市的崇明县。

（4）开发及保护。为保存和开发太湖猪这一宝贵资源，太湖猪育种中心于 1984 年 5 月在苏州成立。20 年来，育种中心建成了一个“国家重点种畜禽场”，育成了一个国家级的新猪种——苏太猪。20 年后，育种中心为进一步保护太湖猪中已越来越少的猪种原种，计划建立一个太湖猪活体基因库。目前，高产的二花脸猪和最具代表性的梅山猪已先期进入基因库隔离饲养。在今后的 10 年内，基因库将在对太湖猪保种、育种的同时，加以有效开发利用，争取再培育一个新猪种。

2. 民猪

（1）产地与分布。民猪（图 1-3、图 1-4）是东北地区的一个古老的地方猪种，300 多年前由移民将河北的小型华北黑猪和山东的中型华北黑猪带到东北地区，经长期风土驯化和选择而成。有大（大民猪）、中（二民猪）、小（荷包猪）三种类型，目前除少数地区农村养有少量大型和小型民猪外，大多地区主要饲养中型民猪。

（2）体型特征。民猪全身被毛为黑色。体质强健，头中等大。面直长，耳大下垂，并且额头还有些褶皱。背腰较平、单脊，乳头 7 对以上。四肢粗壮，后躯斜窄，猪鬃良好，冬季密生棕红色绒毛。8 月龄，公猪体重 79.5 千克，体长 105 厘米；母猪体重 90.3 千克，体长 112 厘米。

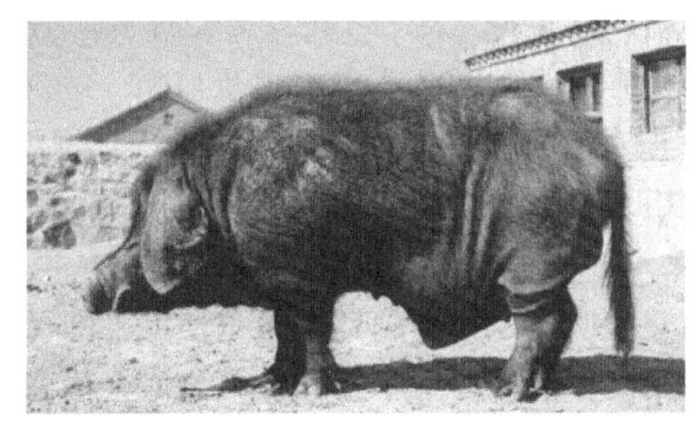

图 1-3 民猪公猪

图 1-4 民猪母猪

（3）生产性能。性成熟早，3～4 月龄左右即有发情表现，发情症状明显，配种受胎率高；分娩时不让人接近，有极强的护仔性。窝产仔数 14.7 头，活产仔 13.19 头，双月成活 11～12 头。民猪有较好的耐粗饲性和抗寒能力，在较好的饲养条件下，8 月龄体重可达 98～101.2 千克，日增重 495 克，屠宰率 75.6%。近年来经过选育和改进日粮结构后饲养的民猪，233 日龄体重可达 90 千克，瘦肉率为 48.5%，料肉比为 4.18∶1。

3. 金华猪

（1）产地与分布。金华猪（图 1-5、图 1-6）又称金华两头乌、义乌两头乌，是我国著名的优良猪种之一，产于浙江省金华地区的义乌、东阳和金华三个县，现已推广到浙江全省 20 多个市、县和省外部分地区。

（2）外型特征。金华猪体型中等偏小，毛色遗传性比较稳定，毛色除头颈和臀部、尾巴为黑色外，其余均为白色，故有“两头乌”之称。在黑白交界处有黑皮白毛的“晕带”。耳中等大小、下垂，额上有皱纹，颈粗短，背稍凹，腹大微下垂，臀较倾斜，四肢较短，蹄坚实，皮薄毛稀。乳头多为 7～8 对。

图 1-5　金华公猪

图 1-6　金华母猪

金华猪按头型可分为“寿字头”和“老鼠头”两种类型。“寿字头”型猪分布于金华和义乌等地，个体较大，生长较快，头短，额部有粗深皱纹，背稍宽，四肢较粗壮。“老鼠头”型猪分布在东阳等地，个体较小，头长，额部皱纹较浅或无皱纹，背较窄，四肢高而细。

（3）生产性能。金华猪以肉质好、适宜腌制火腿和腊肉而著称。它的鲜腿重 6～7 千克，皮薄，肉嫩，骨细，肥瘦比例恰当，瘦中夹肥，五花明显。以此为原料制作的金华火腿，是中国著名传统的熏腊制品，为火腿中的上品，皮色黄亮，肉红似火，香烈而清醇，咸淡适口，色、香、味、形俱佳，且便于携带和贮藏，畅销于国内外。金华猪具有性成熟早、性情温驯、母性好和产仔多等优良特性。经产母猪每窝产仔 14.22±0.31 头，仔猪育成率高（94.0%）。金华猪在每千克配合饲料含消化能 12.56 兆焦、粗蛋白质 14%和精、青料比例 1∶1 的营养条件下，在体重 17～76 千克阶段，平均饲养期 127 天，日增重 464 克，每千克增重耗消化能 51.41 兆焦，可消化粗蛋白质 425 克。75 千克体重屠宰，屠宰率 72.55%，瘦肉率 43.36%。

（4）杂交利用。以金华猪作母本的二元杂交能明显地提高肥育猪增重速度，降低饲料消耗。尤其是大约克×金华猪、汉普夏×金华猪、杜洛克×金华猪、长白猪×金华猪的杂种后代日增重提高 25.71%～38.25%，饲料消耗减少 10.30%～13.06%，瘦肉率提高 5.93%～8.90%。长白猪×苏联大白猪・金华猪，大约克×苏联大白猪・金华猪三元杂种猪的效果优于二元杂交。日增重分别达 614 克和 698 克，瘦肉率比纯种金华猪提高 5%～9%。

4. 荣昌猪

（1）产地与分布。荣昌猪（图 1-7、图 1-8）主产于重庆荣昌和隆昌两县，后扩大到永川、泸县、泸州、合江、纳溪、大足、铜梁、江津、璧山、宜宾及重庆等县、市。荣昌猪是世界八大优良种猪之一，现已发展成为我国养猪业推广面积最大、最具有影响力的地方猪种之一。

（2）体型外貌。荣昌猪体型较大，结构匀称，毛稀，鬃毛洁白、粗长、刚韧。头大小适中，面微凹，颌面有皱纹，有漩毛，耳中等大小而下垂；体躯较长，发育匀称，背腰微凹，腹大而深，臀部稍倾斜，四肢细致、坚实，乳头 6～7 对。绝大部分全身被毛，除两眼四周或头部有大小不等的黑斑外，其余均为白色；也有少数在尾根及体躯出现黑斑全身纯白的。群众按毛色特征分别称为“金架眼”“黑眼膛”“黑头”“两头黑”“飞花”和“洋眼”等。

（3）生产性能。日增重 313 克，以 7～8 月龄体重 80 千克左右为宜，屠宰率为 69%，瘦肉率 42%～46%，腿臀比例 29%。荣昌猪肌肉呈鲜红或深红色，大理石纹清晰，分布较匀。在保种选育场内，初配年龄公、母猪均在 6 月龄以后，使用年限公猪 2～5 年、母猪5～7 年，第一胎初产仔数 8.56 头左右，经产母猪产仔数 11.73 头左右。

图 1-7　荣昌公猪

图 1-8　荣昌母猪

5. 香猪

（1）产地与分布。香猪（图 1-9、图 1-10）是我国的小型猪种。中心产区在贵州省从江县、三都县与广西环江县等。主要分布在黔、桂两省（区）接壤的榕江、荔波、融水及雷山、丹寨等县，属微型猪种。其肉嫩味香，无膻无腥，故名香猪，是一个生产优质猪肉的良种。同时作为实验动物或宠物饲养也有广阔的前景。

图 1-9　香猪公猪

图 1-10　香猪母猪

（2）体型外貌。香猪体格短小。其被毛黑色，毛细有光泽，头长，额平，额部皱纹纵横，眼睛周围无毛区明显，耳薄向两侧平伸；背腰微凹，腹大而圆，下垂，四脚短细，尾巴细小，尾端毛呈白色。乳头 5～6 对。

（3）生产性能。香猪 6 月龄公猪平均体重 14.2 千克，体长 65 厘米，体高 33 厘米，胸围55厘米；母猪8月龄体重30千克，体长70厘米，体高47厘米，胸围73厘米。育肥香猪屠宰率为63.6%，瘦肉率达52.2%。香猪性成熟早，4～6个月即可发情配种，3～4天内配种2～3次为好。平均每胎产仔7～10头。公母比例以1∶8至1∶10为好。纯繁是保证香猪遗传稳定的关键。

香猪早熟易肥，皮薄骨细、肉嫩多汁，香味浓郁，乳猪无腥味，烹调时不加任何调料也香气扑鼻，是加工高档肉产品的最佳材料和烤乳猪的首选原料。香猪耐粗饲，病害少，易饲养，粉碎后的秸秆、花生壳、花生秧、干红薯秧等都可作为主料，菜藤、红萝卜、嫩草、树叶等都可作为青绿饲料。香猪的精饲料为玉米、糠、麸皮等，无需再用添加剂。香猪一日喂两次，以粗料、青绿料为主，适合农村一家一户养殖。香猪是我国养猪业向微型猪方向发展、用于乳猪生产很有前途的猪种与宝贵基因库。

小知识

香猪的特点可概括为："一小、二香、三纯、四净"。

一小，指其体型矮小灵巧。6～7斤，10来斤的小猪，早熟，两三个月即成佳品。

二香，指其肉嫩味香。肉质细嫩，味带醇香，汤清甜，进口齿颊留芳，回味深长，素有"一家煮肉四邻香""颊齿余香三日长"之美名。

三纯，指其基因纯合。近亲繁殖，使其基因高度纯合且似人类基因，有极高的医用研究价值。

四净，指其纯净无污染。从江县香猪产地山清水秀，无任何工业污染，其饲养以放牧野食为主，决不喂配合饲料、肥壮素等，为绝对纯净无污染的绿色食品。

（二）培育品种

1. 三江白猪

（1）产地与培育。三江白猪（图1-11、图1-12）产于东北三江平原，是由长白猪和东北民猪杂交培育而成的我国第一个瘦肉型猪种。具有生长快、省料、抗寒、胴体瘦肉多、肉质良好等特点。

（2）体型外貌。三江白猪被毛全白、毛丛稍密，头轻嘴直，耳下垂，背腰宽平，腿臀丰满，四肢粗壮，蹄质坚实，乳头通常7对，排列整齐。

图1-11 三江白猪公猪

图1-12 三江白猪母猪

（3）生产性能。按三江白猪饲养标准饲养，6月龄肥育猪体重可达90千克，每千克增重消耗配合饲料3.5千克。在农场条件下饲养，190日龄体重可达85千克。体重90千克屠宰，胴体瘦肉率58%，眼肌面积为28～30平方厘米，腿臀比例29%～30%。三江白猪继承了东北民猪繁殖性能高的优点。性成熟较早，初情期约在 4 月龄，发情征候明显，配种受胎率高，极少发生繁殖疾患。初产母猪产崽数 9～10 头，经产母猪产崽数 11～13 头。仔猪 60 日龄断奶窝重为 160 千克。

2. 湖北白猪

（1）产地与分布。湖北白猪是湖北省 1986 年育成的瘦肉型新品种，包括 5 个品系。湖北白猪原产于湖北，主要分布于华中地区。

（2）体型外貌。湖北白猪全身被毛全白，头稍轻，体长，两耳前倾或稍下垂，背腰平直，中躯较长，腹小，腿臂丰满，肢蹄结实，有效乳头 12 个以上。

（3）生产性能。成年公猪体重 250～300 千克，母猪体重 200～250 千克。该品种具有瘦肉率高、肉质好、生长发育快、繁殖性能优良等特点。6 月龄公猪体重达 90 千克；25～90 千克阶段平均日增重 0.6～0.65 千克，料肉比 3.5∶1 以下，达 90 千克体重为 180 日龄。产仔数初产母猪为 9.5～10.5 头，经产母猪产仔 12 头以上，以湖北白猪为母本与杜洛克和汉普夏猪杂交均有较好的配合力，特别与杜洛克猪杂交效果明显。该杂交种一代肥育猪20～90 千克体重阶段，日增重 0.65～0.75 千克，杂交种优势率 10%，料肉比 3.1～3.3∶1，胴体瘦肉率 62%以上，是开展杂交利用的优良母本。

湖北白猪能耐受长江中下游地区夏季高温和冬季湿冷的气候条件。另外，湖北白猪还能较好地利用青粗饲料，具有地方品种耐粗饲性能。

3. 哈尔滨白猪

（1）产地与分布。哈尔滨白猪（图 1-13、图 1-14）简称哈白猪，是由不同类型约克夏×东北民猪杂交选育而形成。产于黑龙江省南部和中部地区，以哈尔滨及其周围各县为中心产区，广泛分布于滨州、绥滨、滨北和牡佳等铁路沿线。

（2）体型外貌。体型大，结构匀称，体质坚实，毛色全白，头中等大，嘴中等长，两耳直立。具有皮薄、脂肪较少、骨轻、胴体可食部分比例高等优点。乳头 6～7 对。

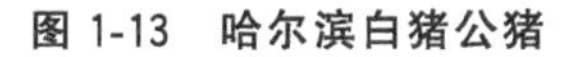

图 1-13　哈尔滨白猪公猪

图 1-14　哈尔滨白猪母猪

（3）生产性能。成年公猪平均体重 220 千克，母猪 180 千克，经产母猪平均每胎产仔 11 头，60 日龄断奶窝重 160 千克左右。与兰德瑞斯猪、民猪和三江白猪杂交均表现出良好的杂交效果，与杜洛克公猪杂交所得杂种猪的胴体瘦肉率为 56%左右。成年公猪体重可达 230～250 千克，成年母猪 210～240 千克。平均每胎产仔 11～12 个的肉猪体重达125～160 千克，高的可达 200 千克以上。育肥后屠宰率达 72.06%，胴体品质好，肥瘦比例适当，肉质细嫩适口。

4. 北京黑猪

(1) 产地与培育。北京黑猪(图 1-15、图 1-16)的中心产区是北京市双桥农场和北郊农场，是在北京本地黑猪引入巴克夏、中约克夏、苏联大白猪、高加索猪进行杂交后选育而成。主要分布在北京市朝阳区、海淀区、昌平区、顺义区、通州区等京郊各区县，并推广于河北、河南、山西等省。

(2) 体型外貌。北京黑猪全身被毛黑色，体质结实，结构匀称。头大小适中，两耳向前上方直立或平伸，面部微凹，额较宽，颈肩结合良好。背腰较直且宽，腿臀较丰满，四肢健壮。乳头多为 7 对。

图 1-15　北京黑猪公猪

图 1-16　北京黑猪母猪

(3) 生产性能。北京黑猪成年体重，公猪 262 千克，母猪 236 千克。初产母猪平均窝产仔数 10 头，经产母猪平均窝产仔数 11.52 头。据测定，20～90 千克体重阶段，平均日增重为 609 千克，每千克增重耗混合料 3.70 千克。屠宰率为 72.4%，胴体瘦肉率 51.5%。长白猪×北京黑猪一代杂种猪体重 20～90 千克阶段，日增重 650～700 克，每千克增重耗配合饲料 3.2～3.6 千克，胴体瘦肉率 55%左右。

(4) 杂交利用。杜洛克×长白猪·北京黑猪和大约克夏×长白猪·北京黑猪三元杂交后代，日增重 600～700 克，每千克增重耗配合饲料 3.2～3.5 千克。体重 90 千克时屠宰胴体瘦肉率 58%以上。

该品种体型较大，生长速度较快，与长白、大约克夏和杜洛克猪杂交，效果较好。但胴体瘦肉率还不高，体型一致性不够，腿臀不够丰满。

(三) 引入品种

1. 长白猪(兰德瑞斯)

(1) 产地与培育。长白猪(图 1-17)原产于丹麦，原名兰德瑞斯，是目前世界上分布最广的著名瘦肉型品种。它是由大约克夏猪与丹麦的本地猪杂交选育而成，目前分布于世界各国。因其体躯较长，全身被毛白色，故在我国被称为长白猪。

图 1-17　长白猪

(2) 体型外貌。被毛全白，体躯呈流线型，头小而清秀，嘴尖，耳大下垂，背腰长而平直，四肢纤细，后躯丰满，被毛稀疏，乳头 7 对。

(3) 生产性能。性成熟较晚，一般 6 月龄开始出现性行为，10 月龄左右体重达 100

千克以上时可配种，初产仔猪数 9～10 头，经产母猪产仔数 10～11 头。在良好的饲养条件下，长白猪的平均日增重应在 700 克以上，耗料增重比 3.0 以下，90 千克体重屠宰胴体瘦肉率在 62%以上。新引的长白猪平均日增重达到 850 克以上，耗料增重比 2.6 以下。

（4）杂交利用。长白猪具有生长快、饲料利用率高、瘦肉率高、母猪产仔多、泌乳性能好等优点。饲养条件好时杂交效果显著，在以长白猪为父本，以我国大多本地良种猪为母本杂交后均能显著提高日增重、瘦肉率和饲料转化率。在国外三元杂交中长白猪常作为第一父本或母本。经产母猪产仔数可达 11.8 头，仔猪初生重量可达 1.3 千克以上，多用作母本。在我国东北的气候条件下，长白猪性成熟的月龄为 6 月龄，10 月龄体重 130 千克左右开始配种。在江南一带，初配年龄为 8 月龄，体重约 120 千克。在提高我国商品猪瘦肉率方面，长白猪被广泛用作杂交的父本品种。但是长白猪存在体质较弱、不耐寒、抗逆性较差、对饲养条件要求较高等缺点。

2. 约克夏猪

（1）产地与培育。约克夏猪分大、中、小三种类型。中、小型已减少或近绝迹，大型因繁殖力强、背膘薄、瘦肉多、肉质好而遍布世界各国。

（2）体型外貌。大约克夏猪（图 1-18）体型大，全身大致呈长方形。头颈较长、稍轻，鼻直，脸微凹，耳朵大小中等，稍向前直立。背线外观大体平直，背腰长、微弓，腹部紧凑。乳头 7 对。

图 1-18　大约克夏猪

（3）生产性能。约克夏猪增重速度快，饲料转化率高。在营养良好、自由采食的条件下，日增重可达 700 克左右。每千克增重消耗饲料 3 千克左右。体重 90 千克时屠宰率为 71%～73%，瘦肉率为 60%～65%。出生 6 月龄体重可以达 100 千克左右。约克夏猪繁殖性能较高，在我国饲养的约克夏猪，母猪的初情期为 5 月龄左右，一般在 8 月龄时，体重达到 120 千克以上就可以配种。初产母猪产仔 9～10 头，经产母猪产仔 10～12 头，成年公猪体重 250～300 千克，成年母猪体重 230～250 千克。

（4）杂交利用。在国内的二元杂交中，常用约克夏猪作父本，地方种猪作为母本开展杂交生产，均获得了较好的杂交效果，其杂交一代猪日增重比母本提高 19.5%～26.8%。总之，约克夏猪具有增重快、肉质好、饲料利用率高、产仔数相对较多、母猪泌乳性良好等优点，且在我国分布较广范，其适应性强，耐粗饲，应激反应少。

3. 杜洛克猪

（1）产地与分布。杜洛克猪（图 1-19），产于美国，是由红毛杜洛克猪、新泽西州的泽西红毛猪及康涅狄格州的红毛巴克夏猪育成的。原来是脂肪型猪，后来为适应市场需求，改良为瘦肉型猪，是当代世界著名瘦肉型猪种之一。

(2) 体型外貌。杜洛克种猪毛色棕红，体躯高大，结构匀称紧凑，四肢粗壮，胸宽而深，背腰略呈拱形，腹线平直，全身肌肉丰满平滑，后躯肌肉特别发达。头大小适中、较清秀，颜面稍凹陷，嘴短直，耳中等大小半下垂挡眼，蹄部呈黑色。乳头 6～7 对。

图 1-19 杜洛克猪

(3) 生产性能。杜洛克猪是生长发育最快的猪种，肥育猪 25～90 千克阶段日增重为 700～800 克，料肉比为 2.5～3.0；在 170 天以内就可以达到 90 千克，体重 90 千克屠宰时，屠宰率为 72%以上，胴体瘦肉率达61%～64%；肉质优良。杜洛克初产母猪产仔 9 头左右，经产母猪产仔 10 头左右。杜洛克母猪母性较强，育成率高。

杜洛克猪具有生长发育快、饲料报酬高、瘦肉率高，胴体品质好、眼肌面积大，耐粗性能强等优点。缺点是繁殖力不太高，母性差，胴体产肉量稍低，肌肉间脂肪含量偏高。在生产商品猪的杂交体系中适合做终端父本。最常用的配套系为杜洛克猪×（长白猪×大白猪)，即俗称的杜洛克猪。

4. 皮特兰猪

(1) 产地与培育。皮特兰猪（图 1-20）原产于比利时的布拉帮特省，是由法国的贝叶杂交猪与英国的巴克夏猪进行回交，然后再与英国的大白猪杂交育成的。主要特点是瘦肉率高，后躯和双肩肌肉丰满。

图 1-20 皮特兰猪

(2) 体型外貌。皮特兰猪毛色呈灰白色并带有不规则的深黑色斑点，偶尔出现少量棕色毛。头部清秀，颜面平直，嘴大且直，双耳略微向前；体躯呈圆柱形，腹部平行于背部，肩部肌肉丰满，背直而宽大。体长 1.5～1.6 米。

(3) 生产性能。在较好的饲养条件下，皮特兰猪生长迅速，6 月龄体重可达 90～100 千克。日增重 750 克左右，每千克增重消耗配合饲料 2.5～2.6 千克，屠宰率 76%，瘦肉率可高达 70%。公猪一旦达到性成熟就有较强的性欲，采精调教一般一次就会成功，射精量 250～300 毫升，精子数每毫升达 3 亿个。母猪母性不亚于我国地方品种，仔猪育成率在 92%～98%。母猪的初情期一般在 190 日龄，发情周期 18～21 天，每胎产仔数 10 头左右，产活仔数 9 头左右。

缺点是 90 千克以后生长显著减慢，肌纤维较粗，应激性强。

5. 汉普夏猪

图 1-21 汉普夏猪

（1）产地与培育。汉普夏猪（图 1-21）原产于美国肯塔基州，是美国分布最广的猪种之一。优点是背最长肌和后躯肌肉发达，瘦肉率高。早期曾称为“薄皮猪”，1904 年起改称现名。19 世纪 30 年代首先在美国肯塔基州建立基础群。现已成为美国三大瘦肉型品种之一。

（2）体型外貌。体型大，毛色特征突出，被毛黑色，在肩部和颈部结合处有一条白带围绕，在白色与黑色边缘，由黑皮白毛形成一条灰色带，故有“银带猪”之称。头中等大小，耳中等大小而直立，嘴较长而直，体躯较长，背腰呈弓形，后躯臀部肌肉发达。

（3）生产性能。汉普夏猪繁殖力不高，产仔数一般在 9～10 头左右，母性好，体质强健。生长形状一般，育肥期平均日增重 845 克，饲料转化率 2.53；成年公猪体重约 315～410 千克，母猪约 250～340 千克。

第四节 猪的一般饲养管理

要提高猪的生产水平，必须实行科学的饲养管理，最大限度提高猪的生产潜力，以科学的态度认真对待每个生产环节。尽管公猪、母猪、仔猪、育成猪在饲养管理上有不同的特点，但必须掌握以下共同的原则。

一、合理地调制饲料，科学地配合日粮

饲料作为猪生长发育的基础，必须予以满足。俗话说：“三分料，七分养。”深刻地说明了饲料调制的重要性。常用的饲料加工方法有切碎、切短、打浆、煮熟、粉碎等。

由于各种饲料不仅体积有大有小，其所含营养成分的种类和数量也不同，适口性也不一样。又由于猪胃容积不大，但它却需要大量各种营养成分。所以，在配合猪口粮时，粗料、青料和精料之间需有适当比例，就是同一类饲料也要多样化。这样才可以使猪食欲好，吃得饱，并获得所需要的各种营养成分。

在变换饲料种类或增减喂量时，都要逐渐减少或增多，不要突然改变，以免引起消化不良。不要喂发霉变质的饲料或含泥土太多的饲料，防止中毒和患肠胃病。

青绿多汁饲料含有丰富的维生素与矿物质，而且蛋白质与氨化物的含量也较多，品质好，因此，有条件的猪场可常年饲喂青绿多汁饲料。但是，由于青绿多汁饲料含能量较少，在日粮中的比例不可过高，否则会影响猪的增重。

二、正确饲养

1. 饲喂要“四定”

“四定”即定质、定量、定时和定温。对不同日龄和用途的猪按照饲养标准配制相应的日粮，要求营养全面平衡，种类齐全，多样搭配，适口性好，质优新鲜。定时有利于猪

形成习惯，有规律地分泌消化液，促进物质的消化吸收。按猪的营养情况和食欲情况，确定猪的日投饲料量，一般以饲喂的槽内不剩食，猪不舔槽为宜。春、夏、秋季一般以常温饲喂，冬季应酌情用热水调制饲料和喂温水。

2. 少餐与多餐

根据猪的类别、年龄、季节和饲料性质来决定餐数。7 日龄仔猪诱食不限餐数；20 日龄起至断奶，每天可喂 6 次以上；断乳仔猪每天 4～5 次；带仔母猪和妊娠后期的母猪每天 4 次；架子猪、大肉猪、公猪每天 3 次。炎夏昼长夜短可酌情加喂 1～2 次；冬季昼短夜长则早晨第一顿要喂得早，晚上一次喂得迟，夜间加餐一次。

3. 合理的饲喂方法

(1) 饲喂方式。根据饲料种类的特性决定猪采取生喂或熟喂。应以减少饲料营养损失、提高利用率、预防中毒和疾病发生为原则。

生喂：就是用生的饲料来喂猪。生喂的好处是可提高饲料中的蛋白质转化率，提高饲料中维生素的利用率，节省燃料，预防饲料中毒等。其缺点是猪对高淀粉类饲料的消化率低于煮熟方式，长期生喂猪易感染寄生虫病。

熟喂：就是将饲料加工成熟料来喂猪。熟喂的好处是可以用高温杀灭饲料中的寄生虫卵，还可以利用高温来软化饲料中的纤维素，提高淀粉类饲料的消化率。其缺点是降低饲料中蛋白质的转化率，降低饲料中维生素的含量，浪费燃料等。

在生产实际中，根据饲料类型来确定是生喂还是熟喂，如新鲜的青绿饲料以洗干净后生喂为好。

(2) 饲喂的料型。据饲料形态不同，常用的饲料有干粉料、颗粒料、湿拌料、稀粥料四种。

干粉料：所谓干粉料喂猪，就是将青料切碎或打浆，精、粗料粉碎，粗料最好先经发酵，然后混合均匀利用自动食槽饲喂生猪，另外再设一个自动饮水器，让猪自由饮水。采用干粉料饲喂，各种营养物质的消化率比较高。猪仔由于细嚼慢咽，使消化液（特别是唾液）分泌较多，从而提高了消化速度，也就相应增加了采食量，消化和吸收的营养分增加，这样可以促进猪仔的生长，提高饲料利用率。同时，干粉料在胃中停留的时间长而耐饥，所以使猪的睡眠时间长，有利于育肥。在机械化养猪时，采用干粉料喂猪比较方便。但因这种方法喂猪，消耗精料量较多，猪在吃食时浪费精料也较多，所以主张以稠料（料水比例为1∶3）喂猪为好。

颗粒料：颗粒料是粉状饲料的深加工产品，优点十分明显：一是饲料通过熟化杀菌可以抑制病菌的滋生。二是饲料通过高温熟化后在动物体内更容易消化，饲料转化率和报酬率明显提高。三是颗粒饲料更容易采食，丢弃和浪费现象减少，饲料利用率较高。当然，颗粒料在具有优点的同时也存在缺陷，如高温可破坏部分对温度敏感的饲料原料的有效成分等。

湿拌料：就是将干粉料经过加水搅拌，使饲料成潮湿状来喂猪。料水比 1∶1，以手握成团，松手即散为宜。其优点是适口性好，猪舍内空气的混浊度小，猪不易偏食等。其缺点是饲喂时不利于机械化操作，也容易形成冰霜和变质腐败。

稀粥料：料水比 1∶2～1∶5。其优点是采食量大，缺点是采食后体热散失多，同时大量水分将会冲淡胃液。

不同饲喂方法的饲养效果由好到差依次为颗粒料、湿拌料、干粉料、稀粥料。

三、科学管理

1. 保障充足的饮水

根据猪的生理特性饮水。有资料表明，猪每采食 1 千克干饲料，需要饮水 2～5 千克。冬季猪的饮水量稍低，每采食 1 千克干饲料，需要饮水 2～4 千克；春秋两季，猪每采食 1 千克干饲料，需饮水 8 千克；夏季，猪每采食 1 千克干饲料，需水 10 千克。哺乳期的母猪需水量则更大。因此，养猪户无论饲喂配合饲料或混杂饲料或单纯饲料，都要满足猪饮水这一基本生理需要，并且最好能在饲喂精饲料的同时搭配一些青绿多汁的青饲料。

2. 精心管理猪群

（1）分群分圈饲养。为了有效地利用饲料和圈舍，提高劳动生产率，应将猪按品种、性别、年龄、体重、强弱、性情和吃食快慢等进行分群管理，分槽喂养，这样就可使各类猪得到正常的发育。各类猪群一圈喂养多少，应根据猪舍条件、猪的大小及饲养员的经验等具体情况而定。

分群原则是："留弱不留强，拆多不拆少，夜合昼不合"。为了保障合群效果，合群时应给猪混淆气味。

（2）加强调教，搞好卫生。由于猪的神经类型比较平和，因此，从小就应该加强猪的调教，使其养成"三点定位"的习惯，使猪吃食、睡觉和排粪尿的地点固定，这样不仅能够保持猪的圈舍清洁卫生，还有利于垫土积肥，减轻饲养员的劳动强度。猪舍应每天打扫，猪体要经常刷拭，这样既减少猪病，又有利于提高猪的日增重和饲料利用率。

（3）适当运动。使各类猪适当运动，是增强猪体健康的重要管理措施。运动可以增强猪的新陈代谢、结实肌肉、促进食欲、增强体质。

3. 认真调控猪的生活环境

我国养猪多为舍饲，所以猪的生活环境主要是指猪舍内环境。保持猪舍适宜温度、湿度、光照与空气新鲜度，是提高猪生产性能的重要措施。

（1）温度。猪的生理特点是小猪怕冷、大猪怕热，且猪对过冷、过热的环境很敏感。猪舍温度过低，会增加饲料消耗，猪的增重减慢，甚至发生疾病或死亡。据试验，猪舍温度在 4℃以下时，增重会下降 50%，每千克增重所消耗的饲料要比适宜温度时增加 2 倍。因此，在低温季节，猪舍应注意加热保温。猪在高温条件下会出现食欲下降、采食量减少等现象，甚至中暑、死亡。因此，在高温条件下，应采取防暑降温措施。

一般猪舍适宜温度，哺乳仔猪为 25～30℃，育成猪为 20～23℃，成年猪（100 千克以上）为 15～18℃，体重 60 千克以下的肉猪为 16～22℃（最低 14℃），体重 60～90 千克的肉猪为 14～20℃（最低 12℃），体重 90 千克以上的肉猪为 12～16℃（最低为 10℃）。气温过低、过高均影响猪的增重与饲料利用率。

（2）湿度。如果猪舍内气温适宜，空气相对湿度的高低对猪肉增重与饲料利用率影响不大。猪舍内的相对湿度以 40%～75%，平均 60%为宜。但高温、高湿或低温、高湿对肉猪的健康、增重与饲料利用率有不良影响。特别是低温、高湿的影响更为严重。空气相对湿度过低（低于40%）也不利，会增加猪的呼吸道疾病与皮肤病（皮肤与外露黏膜干裂）的发生率。

（3）光照。猪舍的光照因光源不同可分为自然光照与人工光照。自然光照指太阳光的直射光与散射光通过门、窗等透光结构进入猪舍而进行光照。人工光照是用人工光源（如白炽灯、日光灯等）进行光照。一般情况下，光照对肉猪的生产性能影响不大，但强烈的光照会影响猪的休息与睡眠。所以育肥猪舍一般采取暗光照管理。

（4）空气新鲜度。一般低层大气的气体成分几乎是相对固定的。但是，在猪舍内由于猪的呼吸、粪尿及饲料与垫草的发酵或腐败等因素，不仅改变了大气原有各种成分的比例，而且还产生了原来没有的成分，如氨气、硫化氢、甲烷等气体。如果猪舍设计不合理，通风换气不良，饲养密度过大，猪舍卫生管理不好，就会造成舍内空气潮湿、污浊，充满大量氨气、硫化氢与二氧化碳等有害气体，以致严重影响猪的食欲、增重与饲料利用率，还会造成猪的眼病、呼吸系统与消化系统疾病的增加，死亡率也会提高。猪舍中氨气、硫化氢和二氧化碳分别以不超过25毫克/立方米、10毫克/立方米、1500毫克/立方米为宜。

为此，猪舍要求设计合理，注意通风换气，特别是封闭式猪舍更应如此，猪舍要每天清扫，以保持猪舍空气新鲜。

4. 合理安排圈舍的饲养密度

猪虽然是群居性动物，可以群养，但如果群体饲养密度过大，每一头猪在群体中的位置就不稳定，致使猪群争咬不断，直接影响猪的生长发育。因此，确定一个较为合理的饲养密度是养好猪的基础之一。一般猪的群体数量规定：小猪为20～30头/群，育肥阶段为10～12头/群。每头仔猪应占有0.5平方米的有效面积，每头大猪应占有1平方米的有效面积。

5. 建立可靠的防疫治病程序

猪生长发育好坏的另一个关键是猪的健康状况。猪患病时，原有的生产能力不能正常展示，自身的生产潜力更不能发挥。因此，应防止猪发生疾病，特别是传染病。生产上需要预防的重要传染病有猪瘟、猪丹毒、猪肺疫、猪副伤寒、口蹄疫、仔猪黄痢、仔猪白痢及赤痢、细小病毒病、伪狂犬病和一些常见的寄生虫病等。

6. 稳定的饲养管理制度

猪的饲养管理制度，是猪场饲养管理工作的根本依据。一旦确定，不得随意更改和变动。饲养员必须认真遵守，严格执行。

第五节　种猪生产

一、种公猪的饲养管理

种公猪的饲养管理是一个猪场的核心。饲养种公猪是为了得到质量好的精液，因此要加强对种公猪的饲养管理，使种公猪具有健壮的体质和旺盛的性欲。

（一）种公猪的饲养要点

1. 种公猪的营养需要

公猪精液干物质占5%，蛋白质占干物质的75%。所以饲料中蛋白质的质和量对猪精液的质和量有很大影响。要使公猪体质健壮、性欲旺盛、精液品质好，就要从各方面保证公猪的营养需要。首先精蛋白质含量要在14%左右。种公猪饲料含消化能应适当，消化能过高易沉积脂肪，体质过胖，公猪性欲和精液品质下降；消化能过低，公猪身体消瘦，精液量减少，精子浓度下降影响受胎率。消化能水平以12.6～13.0兆焦/千克为宜。钙和磷不足会使精子发育不全，降低精子活力，死精增加，所以饲料中应含钙0.65%、含磷0.55%。微量元素必须添加铁、铜、锌、锰、碘和硒，尤其是硒缺乏时可引起睾丸退化，精液品质下降。公猪饲料中一般添加复合维生素，尤其是维生素A和维生素E对精液品质有很大影响。长期缺乏维生素A，引起睾丸肿胀或萎缩，不能产生精子，失去繁殖能力。每千克饲料中维生素A应不少于3500国际单位。维生素E也影响精液品质，每千克饲料中维生素E应不少于9毫克。维生素D对钙磷代谢有影响，间接影响精液品质，每千克饲料中维生素D应不少于200国际单位。如果公猪每天有1～2小时日照，就能满足对维生素D的需要。

2. 种公猪的饲喂技术

种公猪的日粮中应该有较多的精料，最好是全价配合饲料，这有利于提高精液品质及公猪的配种能力。不能对种公猪饲喂太多的粗饲料，因为粗饲料体积大、营养价值低，如果公猪的日粮体积太大，就容易把肚子撑得太大，从而影响配种。有条件的地区可适当喂些胡萝卜或优质青饲料，但不宜过多，以免造成腹大下垂，影响配种。

如果母猪实行季节性产仔，种公猪就必须季节性配种，在配种季节前一个月就应该加强营养，比非配种期的营养增加20%～25%。在配种季节过后，逐渐降低营养水平，维持一般的状态即可。冬季气候寒冷，饲粮的营养水平应提高10%～20%。如果母猪全年产仔，种公猪就必须全年配种，应该对种公猪一直采取加强营养的饲养方式，可饲喂泌乳母猪料。

饲喂种公猪应该定时定量，一般每天饲喂2～3次，冬天2次、夏天3次，每次都不要喂得太饱，每天喂料量1.5～2.5千克，最好采用生料干喂法。种公猪体重在90千克之前自由采食，90千克之后限制采食。

（二）种公猪的管理要点

1. 运动

运动能使公猪的四肢和全身肌肉得到锻炼，使公猪体质健壮、精神活泼、食欲增加，提高性欲和精子活力。一般来说，每天运动2小时，上午和下午各1小时。运动不足，公猪贪睡、肥胖，性欲降低，四肢软弱，影响配种效果。在配种季节，应加强营养，适当减轻运动量。在非配种季节，可适当降低营养，增加运动量。对于肥胖的种公猪，应该在饲料中减少能量饲料的数量，增加青饲料的数量，并将公猪放到栏外适量增加运动以保持体形。对于体态消瘦的种公猪，应加强营养，并减少或暂时停止配种。

2. 防止自淫

公猪自淫是受到不正常的性刺激，引起性冲动而爬跨其他公猪、饲槽或围墙而自动射精，容易造成阴茎损伤。公猪形成自淫后体质瘦弱、性欲减退，严重时不能配种。防止公猪自淫的措施是杜绝不正常的性刺激：将公猪舍建在远离母猪舍的上风向，不让公猪见母猪，闻不到母猪气味，听不到母猪声音。如果公猪群饲，当公猪配种后带有母猪气味，易引起同圈公猪爬跨，可让公猪配种后休息1～2小时后再回圈。配种场地应与公猪舍有一定距离，防止发情母猪到公猪舍逗引公猪。后备公猪和非配种期公猪应加大运动量或放牧时间，公猪整天关在圈内不活动容易发生自淫。

3. 保持猪体清洁

每天用硬毛刷给种公猪刷拭 1 次。

4. 专人饲养，合理调教

种公猪性情比较暴躁，无论是饲喂或是配种采精都严禁大声喊骂或随意赶打，否则会引起公猪反感，影响公猪射精效果甚至咬人，所以公猪管理人员和采精人员要固定。同时采用科学的饲养管理制度，定时饲喂、饲水、运动、洗浴、刷拭和修蹄，合理安排配种，使公猪建立条件反射，养成良好的生活习惯。从公猪断奶起就要结合每天的刷拭对公猪进行合理调教，训练公猪要以诱导为主，切忌粗暴乱打，以免公猪对人产生敌意，养成咬人恶癖。

5. 夏季做好防暑防湿工作

因为气温过高、湿度过大，都会阻碍公猪产生正常的精子，故夏季要做好防暑降温工作。发生热性疾病，应即时治疗。

6. 加强防疫，防止疾病

要加强卫生和消毒，严防各种传染病发生，每年要进行各种疫苗的注射和驱虫。防止种公猪患蹄病和乙脑、细小病毒病等。种公猪患病时，应推迟配种，治愈后 30 天才可利用。

（三）种公猪的合理利用

对种公猪要合理利用，定期检查种公猪精液的质量：一般 1～2 岁的青年公猪，每 3 天配种 1 次，2～5 岁的种公猪可每天配种 1 次。在配种季节到来前 20 天，检查精子的数量、密度、活力、颜色和气味等。在配种季节即使不采用人工授精，也应每隔 10 天检查一次精液。根据检查结果调整配种次数、营养和运动量，保证配种期的高受胎率。

二、种母猪的饲养管理

在养猪生产过程中，母猪的饲养管理至关重要。母猪按生理阶段分为后备母猪、妊娠母猪和哺乳母猪三个阶段，每个阶段的饲养管理有所侧重，下面分别阐述。

（一）后备母猪的饲养管理

管理的目标是让后备母猪的身体充分发育，保持不肥不瘦的良好体况。

1. 营养标准

建议按照表 1-1 营养标准提供后备母猪的日粮营养。

表 1-1　后备母猪的日粮营养参数

体重（千克）	10～20	20～40	40～60	60～100
消化能（千焦/千克）	12970.4	12970.4	12552	12133.6
粗蛋白质（%）	18.00	16.00	14.00	13.00

2. 饲喂方式与饲喂量

后备母猪采用限量饲喂方式，每个阶段应根据母猪的体重和体况来适当调整饲喂量。每天的饲喂量为：10～20 千克体重时 0.45～0.80 千克；20～40 千克时为 0.80～1.20 千克；40～60 千克时为 1.20～1.70 千克；60～100 千克时为 1.70～2.10 千克。

3. 饲养管理要点

（1）体重 60 千克以下阶段。

应提高日粮的营养水平，. 保证其骨骼和肌肉的充分发育，使其具有结实的肢蹄和足够的肢蹄面积，以便能承载母猪不断增加的体重。并要适当运动，减少肢蹄疾病的发生。做好各种疫苗的接种，提高母猪的抗病力。

（2）60～100 千克阶段。

要适当控制其生长速度，避免过肥或过瘦。在这个阶段，要对后备母猪再进行一次挑选，将患严重疾病和因生长发育不好或因管理不当而达不到种猪要求的母猪及时淘汰处理。每次挑选都要对后备母猪的档案记录进行完善和补充。

（3）6 月龄以后。

6 月龄后后备母猪将会出现首次发情，表现为食欲减退或不食，烦躁不安，爬跨其他猪只，阴唇、阴门红肿。此时一定要做好发情开始时间和结束时间的记录，如果这种现象过 21 天左右又一次出现，说明是有规律的发情，待第 3 次出现发情表现时，便可以配种。

配种时间是否适当，是决定能否受胎和产仔数多少的关键环节，所以要认真观察母猪的发情表现。母猪发情后配种时间因品种和年龄而异，不能一概而论，应以手按猪背则猪不动，母猪阴道分泌的黏液粘手时为最佳配种时间，总体上应掌握“老配早、少配晚、不老不少配中间”的原则。

目前，母猪配种常采用的方式有两种：①人工授精，可节约种公猪饲养成本，但必须由经过专门技术培训的人员进行操作，以免给母猪造成伤害；②重复配种，母猪第 1 次配种结束后，间隔 12 小时再用同一公猪或不同公猪进行第 2 次交配，这种方法可以提高受胎率和产仔数。

母猪配种结束后，开始变得安静，食欲增强，如果 21 天后不再出现发情症状，可初步判断母猪配种成功，转入妊娠管理阶段。

（二）妊娠母猪的饲养管理

饲养管理的目标是保持母猪体质健康，将体重控制在 120～180 千克，使胚胎发育良好、成活率高。

1. 妊娠母猪的营养需求

配种至妊娠后 85 天，所需消化能为 12133.6～12552 千焦/千克，粗蛋白质为 12%～13%；妊娠 86 天直至产仔前，所需消化能为 12761.2～13179.6 千焦/千克，粗蛋白质含量为14%～16%。

2. 饲喂方式与饲喂量

妊娠母猪采用限量饲喂方式，每个阶段应根据母猪的体重和体况来适当调整饲喂量，具体饲喂量见表 1-2。

表 1-2　妊娠母猪的具体饲喂量

阶段	妊娠前期（配种至妊娠 85 天）			妊娠后期（妊娠 86 天至产仔）	
	配种 1～7 天	8～36 天	37～85 天	86～110 天	111 天～产仔
饲喂量（千克/天）	1.8	2.0	2.5	2.5～3.5	1.0～2.2

3. 饲养管理要点

(1) 配种后前 7 天。

饲喂低水平日粮是减少胚胎死亡率、增加产仔数的重要技术措施。因为母猪配种后 24～72 小时是胚胎死亡的高峰期，过多的采食量和过高的日粮营养均会导致胚胎的死亡率增加。

(2) 配种后 8～14 天。

该阶段受精卵处于着床初期，胚胎缺乏保护，易受各种因素的影响而死亡。此时，应加强对妊娠母猪圈舍的温度、湿度和卫生状况的控制，适当提高日粮的水平和饲喂量，以确保胚胎的着床发育，提高产仔率。

(3) 妊娠 60～70 天。

胚胎逐渐发育成熟，胎儿由发育阶段转为生长阶段。该阶段应尽量让母猪保持安静，避免剧烈运动，防止造成流产或死胎。

(4) 妊娠 85 天以后。

妊娠 85 天以前，胎儿只有 450 克左右，胎儿 2/3 的体重是在妊娠后期的近 30 天内生长发育而成的。为了满足胎儿在母体内生长发育的需要，妊娠 85 天以后，要提高妊娠母猪的日粮营养，增加采食量。

(5) 产前 1 周。

产前 1 周将母猪转进已经消毒好的产房待产，准备好接生用品，接好红外线保温灯。每天用温热消毒水清洗 1 次母猪的阴户与乳房，并对乳房进行适当的按摩，这样可以减少乳房炎和仔猪腹泻的发生。

(6) 产前减料和产后加料。

当母猪怀孕到 111 天时，每天饲喂量要逐步减少，直至产前 1 天的 0.5～1 千克。这样做的目的是为了减少母猪腹腔对子宫的挤压，以免造成胎儿死亡或母猪难产。产仔当天不喂料，可以喂适量的糖盐水和麸皮水。产后的第 2 天开始喂料，饲喂量为 1.2 千克，第 3 天饲喂量要每天逐步增加，每天增加的量为 0.25～0.35 千克，直至增加到 3.5 千克时，再视母猪体况和仔猪数量进行适当调整。母猪产仔后，即进入哺乳管理阶段。

(三) 哺乳母猪的饲养管理

饲养管理的目标是保持母猪体质健康，泌乳充足，使仔猪发育良好，成活率高；提高仔猪断奶体重。

1. 哺乳母猪的营养需求

建议每千克日粮中含消化能 13598 千焦，粗蛋白质 17.5%。

2. 饲喂方式与饲喂量

母猪因体质和产仔数的差异，饲喂量亦有所不同。一般在产仔当天饲喂适量麸皮水；产仔第 2 天，喂 1.2 千克饲料和适量麸皮水；3～10 天，在每天 1.2 千克饲料的基础上，每天递增 0.25～0.35 千克；10 天以后，在每天 3.5 千克饲料的基础上，根据母猪体况和仔猪数量适当调整饲喂量。

3. 饲养管理要点

（1）保证所有仔猪吃到初乳。

母猪分娩后 3 天内所产的乳汁为初乳，初乳有很高的营养价值，除蛋白质含量较高外，还含有大量的免疫球蛋白，是初生仔猪获得免疫的重要来源。因此，仔猪最好在出生 2 小时以内吃到初乳。所以，母猪分娩后，要对母猪的乳头进行检查，以找出个别不通的乳头，并做上标记，以免仔猪吃不到初乳。同时，要对仔猪进行观察，将体质弱的仔猪放在母猪前面的乳头上，体质强壮的放在后面的乳头上，因为母猪前面乳头的泌乳量要大于后面的泌乳量，以便体质弱的仔猪能吃到更多的母乳，保证仔猪的成活率和整窝仔猪的整齐度。

（2）保持清洁卫生的环境。

母猪分娩前，要对圈舍进行清扫消毒。分娩后，要及时清理分娩现场，并用温水清洗母猪的外阴，防止炎症的发生，同时对乳房进行清洗，保证仔猪吃到清洁的初乳，防止仔猪因吃到不洁物而发生腹泻。

（3）预防乳房炎的发生。

母猪分娩后，每天用温生理盐水清洗按摩母猪的乳房 1～2 次，可以减少乳房炎的发生概率。如果已经发生乳房炎，可以增加按摩次数，同时配合药物治疗。

（4）提高母猪泌乳量。

母猪泌乳量的多少是决定仔猪质量的关键。提高母猪泌乳量常见的方法有几种：

①适当提高泌乳母猪的日粮水平和采食量。

②母猪产后恢复正常采食后，投喂新鲜的青绿多汁饲料，喂量由少到多，夜间补喂一次青绿饲料，对促进泌乳有明显效果。

③良好的生活环境，可减少母猪疾病的发生，有助于提高泌乳力。

④必要时在专业人员的指导下进行药物催奶。

（5）做好仔猪补饲。

母猪分娩 3 周后，泌乳量开始下降，而仔猪采食量逐步增加。所以，为了保证仔猪的健康发育，仔猪出生 7 天后应强制补饲，即把饲料塞入仔猪嘴内，每天 4～5 次，直到仔猪开始主动采食为止。

仔猪出生 28 天后，可断奶转入保育舍，即进入育肥阶段。而母猪一般在仔猪断奶 1 周后发情，配种后即为妊娠母猪，进入下一轮循环。

第六节　仔猪的培育

一、哺乳仔猪的生理特点

哺乳仔猪的主要特点是生长发育快和生理上不成熟，从而造成难饲养、成活率低。

（一）生长发育快、代谢机能旺盛、利用养分能力强

仔猪初生体重小，不到成年体重的 1%，但生后生长发育很快。一般初生体重为 1 千克左右，10 日龄时体重达出生重的 2 倍以上，30 日龄达 5～6 倍，60 日龄达 10～13 倍。

仔猪生长快，是因为物质代谢旺盛，特别是蛋白质代谢和钙、磷代谢要比成年猪高得多。生后20日龄时，每千克体重沉积的蛋白质，相当于成年猪的30～35倍，每千克体重所需代谢净能为成年猪的3倍。所以，仔猪对营养物质的需要，无论在数量和质量上都高，对营养不全的饲料反应特别敏感，因此，对仔猪必须保证各种营养物质的供应。

猪体内水分、蛋白质和矿物质的含量是随年龄的增长而降低，而沉积脂肪的能力则随年龄的增长而提高。形成蛋白质所需要的能量比形成脂肪所需要的能量约少40%（形成1千克蛋白质只需要23.63兆焦，而形成1千克脂肪则需要39.33兆焦）。所以，小猪要比大猪长得快，能更经济有效地利用饲料，这是其他家畜不可比拟的。

（二）仔猪消化器官不发达、容积小、机能不完善

仔猪初生时，消化器官虽然已经形成，但其重量和容积都比较小。例如，胃重，仔猪出生时仅有4～8克，能容纳乳汁25～50克，20日龄时胃重达到35克，容积扩大2～3倍，当仔猪60日龄时胃重可达到150克。小肠也生长迅速，4周龄时重量为初生时的10.17倍。消化器官这种迅速生长保持到7～8月龄，之后开始降低，一直到13～15月龄才接近成年水平。

仔猪初生时胃内仅有凝乳酶，胃蛋白酶很少，由于胃底腺不发达，缺乏游离盐酸，使胃蛋白酶没有活性，不能消化蛋白质，特别是植物性蛋白质。这时只有肠腺和胰腺发育比较完全，胰蛋白酶、肠淀粉酶和乳糖酶活性较高，食物主要是在小肠内消化。所以，初生小猪只能吃奶而不能利用植物性饲料。

在胃液分泌上，由于仔猪胃和神经系统之间的联系还没有完全建立，缺乏条件反射性的胃液分泌，只有当食物进入胃内直接刺激胃壁后，才分泌少量胃液。而成年猪由于条件反射作用，即使胃内没有食物，到时候同样能分泌大量胃液。

随着仔猪日龄的增长和食物对胃壁的刺激，盐酸分泌的不断增加，到35～40日龄，胃蛋白酶才表现出消化能力，仔猪才可利用多种饲料，直到2.5～3月龄盐酸浓度才接近成年猪的水平。

哺乳仔猪消化机能不完善的又一表现是食物通过消化道的速度较快，食物进入胃内排空的速度，15日龄时为1.5小时，30日龄时3～5小时，60日龄时为16～19小时。

（三）缺乏先天免疫力

仔猪出生时没有先天免疫力，容易得病，这是因为免疫抗体是一种大分子γ-球蛋白，胚胎期由于母体血管与胎儿脐带血管之间被6～7层组织隔开，限制了母体抗体通过血液向胎儿转移。因而仔猪出生时没有先天免疫力，自身也不能产生抗体。只有吃到初乳以后，靠初乳把母体的抗体传递给仔猪，以后过渡到自体产生抗体而获得免疫力。

1. 初乳中免疫抗体的变化

母猪分娩时初乳中免疫抗体含量最高，以后随时间的延长而逐渐降低，分娩开始时每100毫升初乳中含有免疫球蛋白20克，分娩后4小时下降到10克，以后还要逐渐减少。所以，分娩后立即使仔猪吃到初乳是提高成活率的关键。

2. 初乳中含有抗蛋白分解酶

初乳中的抗蛋白分解酶可以保护免疫球蛋白不被分解，这种酶存在的时间比较短，如

果没有这种酶存在，仔猪就不能原样吸收免疫抗体。

3. 仔猪小肠有吸收大分子蛋白质的能力

仔猪出生后 24～36 小时，小肠有吸收大分子蛋白质的能力。不论是免疫球蛋白还是细菌等大分子蛋白质，都能吸收（可以说是无保留地吸收）。当小肠内通过一定的乳汁后，这种吸收能力就会减弱消失，母乳中的抗体就不会被原样吸收。

仔猪出生 10 日龄以后才开始自身产生抗体，直到 30～35 日龄前数量还很少。因此，3 周龄以内是免疫球蛋白青黄不接的阶段，此时胃液内又缺乏游离盐酸，对随饲料、饮水等进入胃内的病原微生物没有消灭和抑制作用，因而造成仔猪容易患消化道疾病。

（四）调节体温的能力差，怕冷

仔猪出生时大脑皮层发育不够健全，通过神经系统调节体温的能力差。还有仔猪体内能源的贮存较少，遇到寒冷血糖很快降低，如不及时吃到初乳很难成活。仔猪正常体温约 39℃，刚出生时所需要的环境温度为 30～32℃，当环境温度偏低时仔猪体温开始下降，下降到一定范围开始回升。仔猪生后体温下降的幅度及恢复所用时间视环境温度而变化，环境温度越低则体温下降的幅度越大，恢复所用的时间越长。当环境温度低到一定范围时，仔猪则会冻僵、冻死。

据研究，出生仔猪如处于 13～24℃的环境中，体温在生后第一小时可降 1.7～7.2℃，尤其前 20 分钟内，由于羊水的蒸发，降低更快。仔猪体温下降的幅度与仔猪体重大小和环境温度有关。吃上初乳的健壮仔猪，在 18～24℃的环境中，约两日后可恢复到正常，在 0℃（－4～2℃）左右的环境条件下，经 10 天尚难达到正常体温。出生仔猪如果裸露在 1℃环境中 2 小时可冻昏、冻僵，甚至冻死。

（五）体内含铁少，易患贫血症

初生仔猪体内铁元素含量很少，母乳中铁含量也少，仔猪肝脏所储的少量铁质也仅够用 2～3 周。所以，仔猪从 1～2 周龄就开始有缺铁现象，若不及时补铁，几天内就可出现贫血，表现为食欲减退、异嗜，生长停滞，被毛蓬乱，皮肤与黏膜苍白，有时伴有下痢。特别是生长快和拉稀的仔猪，贫血更为明显。因此，应早期补铁。

二、养好哺乳仔猪的关键措施

养好哺乳仔猪的关键是要抓好三食、过好三关，争取使哺乳仔猪全活、全壮。

（一）抓乳食，过好初生关

最大限度减少死亡，力求在哺乳期内获得最大增重，最大的增重可为日后生长发育打下基础，既是体况良好的表现，也是母猪生产效益所在。所以根据仔猪怕冷、易患病的特点，重要的是让小猪吃到初乳，做好保温、防压工作。

仔猪出生后，生活环境发生了很大变化，即从母体内的恒温条件进入低于体温的外界环境，如果饲养管理稍不细致，极易引起仔猪死亡，其中以前 5 天死亡率最高，占哺乳期总死亡数的 58%以上。死亡的原因有先天发育不良；吃不上初乳；冻死、压死；患仔猪黄痢、白痢。

1. 哺食初乳，固定乳头

母猪产后 3 天内分泌的乳汁称为初乳，3 天后的乳汁称为产乳。

仔猪一出生就有固定乳头哺乳的习惯，乳头一旦固定，一直到断乳都不更换。刚出生的仔猪第一个行动就是靠嗅觉寻找乳头，吃到足够的初乳。但是弱小的仔猪行动不灵，往往不能找到乳头吃不上初乳，这就需要人工辅助哺乳让其吃到初乳。在生产中，强调让初生仔猪在生后 1 小时内吃到初乳，使仔猪得到充足的水分和能量，达到增强抗寒能力的目的。寄养出去的仔猪最好吃 1～2 天自己“亲娘”的初乳。那些不吃“亲娘”初乳就寄养出去的仔猪，尽管初生体重较大，但也会逐渐落后，或形成僵猪，甚至最后消瘦而死。

哺食初乳的具体方法是根据仔猪有固定吸乳的习惯，在前面乳头乳汁较充足的情况下，先固定弱仔在前面 1～2 对出奶较多的乳头上；把发育较好而体长的仔猪固定在中间乳头上；把发育较好而体短的仔猪固定在后面乳头上，一般经过 2～3 天后仔猪基本就固定了。如果仔猪较多，可分批饲喂，第一批吃乳 40～60 毫升时，再让第二批哺乳，每次轮换 1～2 次，就可得到均匀健壮、大小整齐的仔猪。

2. 加强保温，防冻防压

(1) 防冻。仔猪出生时的适宜温度是 32～34℃，1 周龄时为 28～30℃，4 周龄时为 22～24℃，60 日龄断乳时保持在 18～20℃。

受冻往往是压死仔猪的起因，一般在冬春季节分娩的仔猪死亡的主要原因就是被冻死或压死，仔猪出生后受冻行动不便，喜钻草，大母猪起卧时就容易将其压死。解决的措施如下。

①避开寒冷季节产仔。

②采取保温措施：如果采取常年产仔，在本圈内设保育栏（70 厘米×150 厘米），上方设置红外线灯增温。

③产仔时迅速擦干初生仔猪全身黏夜，是防冻的重要措施之一。圈内防贼风与防潮湿也是防冻措施之一。

(2) 防压。一般体大过肥、行动不便、腹大下垂、年老耳聋与初产无护仔经验的母猪易压死仔猪。防压措施如下。

①加强对仔猪的护理：在仔猪死亡率最高的 1～7 日龄，加强管理，做到精心护理，耐心照顾，巡视每头母猪在饮食、排便及趴卧的情况，特别注意母性不强的母猪，一旦听到仔猪的尖叫声，迅速去解救。在短时间内压死的仔猪，可拍打仔猪耳根或用人工呼吸的方法来救活。

②掌握母猪压死仔猪的规律：母猪多是在吃食或排便后，回圈躺下时压死仔猪。因此在母猪产后的 3～5 天内应派专人值班、巡逻，一旦发现母猪压住仔猪，应马上进圈抽打母猪耳朵，或提起母猪尾巴或腿，把小猪救出。

在哺乳期内，严禁饲养员粗暴的饲养管理，不得鞭打母猪，否则不仅会发生踩伤或踩死仔猪，还会降低母猪的泌乳量，严重影响仔猪的生长发育。

③栏圈内设护仔间：即在母猪经常躺卧睡觉处的附近设一个仔猪可以自由出入的护仔间或暖窝，内放柔软垫草，让仔猪在里面睡觉。开始时仔猪每次吃奶后，饲养人员要把仔猪捉进去睡觉，当仔猪习惯后，就会自动出来吃奶，自动回去睡觉。也有在产后 5 天内，

采用护仔箱（或筐）把母仔隔开，每隔 1.5～2 小时定时哺乳 1 次，对防冻、防压很有好处。

④栏圈内设护仔栏：在母猪床靠墙的地方用直径 40 毫米的铁管或木棍、竹竿等，离墙与地面各 25 厘米的距离埋上护仔栏，可防止母猪沿墙卧下时，将身后或身下的仔猪挤死或压死。

⑤采用高床网上分娩栏：在母猪的左右两侧均安装了防压隔栏，不必再设防压装置。仔猪箱可直接放置在隔栏的一侧，另一侧放有仔猪料槽作为开食补料使用。

3. 仔猪寄养

母猪所生仔猪因种种原因需要其他母猪带养，称为寄养。

（1）寄养原因。母猪产出的仔猪数超过其抚育能力，或出现母猪患病、产后无乳、产仔数少等情况，应尽早对仔猪进行寄养。

（2）仔猪寄养的方法。

①紧急寄养。当母猪死亡或患急性病而停止哺乳时，找一只或多只保姆母猪来接替养育仔猪。

②直接寄养。调整大窝小窝仔猪数，使每窝仔猪数相等，以确保每只仔猪至少有 1 只有效乳头哺乳。

③交错寄养。把所有同期出生的仔猪按相近体重分类，然后把体重相差不大的仔猪作一窝分配给每只母猪。研究证明，这种方法能减少仔猪死亡率、增加仔猪断奶重和断奶后增重。

④返寄养。断奶后生长不良的仔猪转移到未断奶的母猪继续哺乳。返寄养有造成疾病向低日龄仔猪扩散、增加仔猪死亡率的可能性，应尽量避免。如果没有选择余地，应把强壮的仔猪转移给另一只母猪，把较弱的仔猪留给自己的母猪。

（3）仔猪寄养的注意事项。两窝小猪的产期要尽量接近，最好是前后相差不超过 2～3 天，以免仔猪日龄相差太大，发生大欺小的现象；有病的仔猪不寄养，注意区别仔猪营养不良和患病；寄养出的小猪一定要让它吃到足够初乳（1～3 天），否则不易成活；要挑选性情温顺、泌乳充足的母猪来寄养，从而提高成活率和断乳体重；仔细观察寄养候选者：较弱的仔猪最好留给自己的母猪；选择强壮、明显健康的仔猪进行寄养；要向高日龄范围而不要向低日龄范围寄养；后产的仔猪往先产的窝里寄养时，要寄养体大的，而先产的仔猪往后产的窝里寄养时，则要寄养体小的，以免仔猪体重相差较大，影响体小仔猪的发育；使被寄养的仔猪与寄养窝里的仔猪有相同的气味，可将被寄养的仔猪涂抹上寄养母猪的奶或尿液，或在仔猪身上喷上气味相同的液体（如来苏儿），也可将仔猪混群几小时后同时放到寄养母猪身边。在饲养人员的看管下，吃上 2～3 遍奶，寄养就基本成功了。

总之，个体猪群选择什么方法进行寄养有赖于猪群规模、健康状况、生产性能及饲养员和管理人员的技术和训练水平。

（二）抓料食，过好补料关

仔猪出生后不久便迅速生长发育，体重直线上升，营养需要大量增加，而母猪产后 3 周达泌乳高峰后，泌乳量就逐渐下降，这样营养供需发生了矛盾，仔猪的生长发育光靠母猪乳已不能满足需要。因此，只有给仔猪进行早期补料才能补上母猪供应不足的那部分营养，同时还能使仔猪的消化器官与机能得到锻炼，促进胃肠的发育与机能的健全，而且仔猪学会吃料后，才不会乱啃、乱吃脏东西，从而减少疾病的发生。

给哺乳仔猪进行科学早期补饲有以下几方面的好处：一是可以提高仔猪断奶窝重和经济效益；二是可以增强仔猪的抗病力，提高成活率；三是可以提早给仔猪断奶，促进母猪早发情、早配种，提高母猪的繁殖率。

1. 开始补料时间

规模化养猪场一般从 3～5 日龄开始补料，散养母猪也应在仔猪 7 日龄时开始补料较好，使仔猪在母猪产后 3 周的泌乳量下降时已能正常采食饲料。

2. 补料的品种和选择

规模化养猪场一般都使用营养全面的饲料，形状有膨化颗粒、颗粒破碎料或粉料；散养母猪可使用一些煮熟的黄豆、高粱、玉米等混合料。但一般都应选择和使用专门供乳猪使用的乳猪饲料。

3. 补料的方法

补料的方法多种多样，一般有以下几种。

（1）把乳猪料撒少量在保温箱或保温室内地板上，或放少量料到仔猪料槽内，让仔猪自由觅食。当其觉得口感较好，并能充饥时，便逐渐采食起饲料来。

（2）开始补料时，把少许乳猪料调成糊状涂抹在母猪的乳头上，让乳猪吃奶时品尝到乳猪料的味道；同时，把少量乳猪料放到仔猪料槽内，当仔猪吃到料槽内饲料，感觉味道和吃奶时的味道一样时，仔猪的食欲会增强，采食量也增加得较快。

（3）开始补料时，直接把乳猪料调成糊状，用手抹入仔猪嘴内，也能使仔猪很快认识饲料，并适应饲料，更快地增加采食量。

别外，补料期应注意的问题：

①乳猪饲料必须新鲜和清洁，不喂霉烂变质的饲料。

②食槽与水槽要经常洗刷与消毒，保持干净和卫生。

③要少喂勤添或使用自动食槽，使仔猪能均匀采食。

④要给予充足的清洁饮水或使用自动饮水器供水。

⑤饲料更换时要逐步过渡，不能突然变换。

⑥观察仔猪的采食情况、皮毛色情况和排便情况，有不同情况的要及时处理。

4. 铁、铜、硒的补充

（1）补铁：仔猪 2～3 日龄补铁。注意：补铁不能对母猪补，因母猪血液中铁含量再高，其乳汁中的铁量仍不会高。

补铁、铜有口服和肌肉注射两种方法。①口服铁铜合剂补饲法：3 日龄起补饲。铁铜合剂是把 2.5 克硫酸亚铁和 1 克硫酸铜溶于 1000 毫升水中配制而成。喂时将溶液装入奶瓶中，当仔猪吸乳时滴于乳头上令其吸食，也可用奶瓶直接滴喂。喂量：每天每头 10 毫升。②注射补铁：牲血素、右旋糖酐铁剂等，在 3～4 日龄注射 100～150 毫克；14 周龄再注射一次。

（2）补硒：硒是仔猪生长不可缺少的一种微量元素。硒是谷胱甘肽过氧化物酶的重要组成成分，可防止脂类过氧化，保护细胞膜。硒-维生素 E 有协同抗氧化作用。仔猪缺硒时会突然发病，表现为白肌病、心肌坏死等。

补硒的方法：仔猪生后 3～5 日龄肌注射 0.1%的亚硒酸钠溶液 0.5 毫升，60 日龄再注射 0.1%的亚硒酸钠液 1 毫升。

(三) 断料关

哺乳仔猪到了一定年龄，离开母猪不再吃奶，称断奶。

1. 断奶日龄

猪自然断乳时间为 8～12 周龄，此时母猪乳腺接近干乳，无乳汁分泌。传统养猪生产多实行 8 周龄断乳，现在逐渐缩短到 4～5 周龄。

2. 断乳方法

常用断乳方法有以下几种：

(1) 一次性断奶法。当仔猪达到预定的断奶日期，断然将母猪与仔猪分开。这种方法省工省时，操作简单，适合规模化养猪场。采用此方法断奶时，在断奶前 3 天左右适当减少母猪的饲喂量。为减少仔猪的环境应激，仔猪断奶时应将母猪转走，而让仔猪在原产床继续饲养 1 周，然后转至仔猪舍。

(2) 分批断奶法。根据仔猪食量、体重大小和体质强弱分别断奶，一般是发育好、食量大、体重重、体格健壮的仔猪先断奶，发育差、食量小、体重轻、体质弱的仔猪适当延长哺乳期。采用这种方法会延长哺乳期，影响母猪年产窝数，而且先断奶仔猪所吮吸的乳头成为空乳头，易患乳房炎，但这种断奶方法对弱小仔猪有利。

(3) 逐渐断奶法。在仔猪预期断奶前 3～4 天，把母猪赶到离原圈较远的圈里，定时赶回让仔猪吃奶，逐日减少哺乳次数，到预定日期停止哺乳。这种方法可减少对仔猪和母猪的断奶应激，但较麻烦，不适用于产床上饲养的母猪和仔猪。

(4) 早期断乳。一般仔猪在出生 2～3 周就断乳的称为早期断乳。早期断乳的意义在于缩短母猪的繁殖周期，提高母猪的终生产仔数量。本法适用于工厂化养猪形式。

此外，仔猪生后还应做好如下处理：剪牙，防止仔猪争奶而咬伤乳头；断尾，为防止咬尾和方便母猪本交配种，仔猪生后 1 周内，将其尾巴断掉（可以留 1/3），然后消毒；去势，仔猪生后 1 周内，将不做种用的小公猪去势，此时去势止血容易，应激小。

注意环境卫生。环境卫生差是仔猪病原性腹泻的重要因素，仔猪有捡拾或啃食地下异物的习惯，当地面上致病微生物超标或食用了霉变的食物就会导致仔猪腹泻，所以保持良好的环境卫生是预防仔猪腹泻的关键。在养殖过程中应每天及时清理圈舍内的污物，使用高碘进行圈舍内带猪喷洒消毒。

仔猪药物保健。引起仔猪腹泻的病原主要为大肠杆菌、沙门氏菌及病毒性腹泻。预防仔猪腹泻除了加强母猪饲养管理、加强环境消毒外，还应注意对仔猪进行药物保健预防，如仔猪三针保健（仔猪 3 日龄、7 日龄、21 日龄分别注射头孢先锋 0.5 毫升、0.5 毫升、1 毫升）或仔猪哺乳时将药物涂抹于母猪乳头上供仔猪吮食，也可将药物喷洒于教槽料上供仔猪教槽时食入，可有效预防仔猪补料期间各种疾病的发生。

三、断乳仔猪的饲养管理

从仔猪断乳到 4 月龄内都被称为断乳仔猪，如培育作种用的称为育成猪或后备猪；去势准备做肉用的仔猪称为小架子猪。饲养断乳仔猪的主要任务是：保证仔猪断乳后正常生长发育，减少疾病，力争仔猪断乳后全活、全壮，并获得较高的日增重，既为培育后备猪打下基础，又为肥育打基础。

（一）断乳仔猪生长发育特点

这一阶段仔猪的绝对生长继续递增，每头每日消耗的饲料量亦表现递增趋势。同时，幼龄仔猪本身的生理机制尚不完善，使幼龄仔猪对饲养的要求更高。这一阶段，仔猪消化机能逐步发育完善，在 40 日龄后，胃蛋白酶就表现消化蛋白质的能力；45 日龄后，胃和神经系统间机能联系已建立条件反射，消化液中胆汁分泌增加，脂肪酶、蔗糖酶、麦芽糖酶的活性加强，能较好地消化植物饲料；胃的排空速度变慢，胃液消化饲料时间延长。随着消化机能的完善，仔猪食欲增强，采食量增多，对饲料中营养物质利用效率提高，出现所谓“旺食”现象。如能充分利用仔猪这一时期的生理特点，就能使仔猪生长发育加快，断乳后体重明显增大。

但是，幼龄仔猪这一阶段会由于断乳而产生应激反应，其来源是多方面的，最主要是因为饲料的变更造成的。断奶前的仔猪吮食香味和营养俱全的母乳，断奶后采食味道气味、营养价值、理化特性均不同的干饲料，仔猪的消化道酶系统需逐渐地适应。所以，应注意解决因饲料变更而造成的营养应激。

另外，幼龄仔猪在这一阶段的免疫能力，尚不完善。如前所述，仔猪出生时不具备先天免疫能力，其对疾病的抵抗能力来自母猪初乳中的抗体，而自身免疫能力是在 4 周龄或以上才真正拥有。但是，断乳降低了机体的抗体水平，抑制了细胞的免疫力和免疫水平，使仔猪抗病力弱，容易拉稀和生病。特别是 2～3 周龄早期断乳的仔猪可表现明显的免疫抑制反应。而 5 周龄断乳仔猪与哺乳仔猪免疫能力无明显差异。在低温环境下，仔猪的免疫抑制更加明显。因此，提高早期断奶仔猪的免疫力对幼龄仔猪的饲养十分重要。

（二）断乳仔猪的营养需要

仔猪断乳后，肌肉、骨骼生长十分旺盛，因此需要丰富的营养物质。断奶仔猪的营养需求决定于断奶时的体重和以后的生长水平。

1. 能量

饲养标准规定，10～20 千克的断乳仔猪每日每头需消化能 12.59 兆焦，由于仔猪食量较少，要求日粮中所含消化能水平要高，10～20 千克仔猪每千克日粮中消化能不低于 13.85 兆焦。

2. 矿物质

仔猪在断奶后，骨骼发育非常迅速，必须供给充足的矿物质，主要是钙、磷。饲料中一般钙、磷含量不足，因此，日粮中必须另外补加。10～20 千克仔猪饲料中应含钙 0.64％、磷 0.54％，钙与磷的比例为 1.5：1～2：1. 每千克日粮中含铁与锌各 78 毫克，碘与硒各 0.14 毫克。

3. 蛋白质

断乳仔猪肌肉生长十分强烈，蛋白质代谢也很旺盛，为此必须供给充足而质优的蛋白质饲料。10～20千克的断乳仔猪日粮中应含有粗蛋白质19%，含赖氨酸0.75%，蛋氨酸加胱氨酸0.51%。20～60千克生长肥育猪日粮中分别含有粗蛋白质16%、赖氨酸0.75%、蛋氨酸加胱氨酸0.38%。

4. 维生素

骨骼与肌肉的生长都需要维生素参与代谢过程，特别是维生素A、维生素D、维生素E等较为重要。10～20千克的断乳仔猪，每千克日粮中分别含有1700IU、200IU、11IU。20～60千克的生长肥育猪每千克日粮中，分别含有1250IU、190IU、10IU。

青绿多汁饲料不仅适口性好、易消化、营养价值较高，且富含维生素。因此，在断乳仔猪日粮中应补充适量品质好的青绿多汁饲料，但不能过多，否则会引起仔猪拉稀。另外让仔猪多晒太阳，以获得维生素D。

（三）断乳仔猪的饲养

1. 少喂勤添，定时定量

断乳仔猪生长发育虽快，所需的营养物质虽多，但消化道容积仍然比成年猪小，为此，应采取少喂勤添的少喂方法。一般每天喂4～6次，每次喂八九成饱为宜，使其保持旺盛的食欲。夜间21～22时可加喂1次，这不仅能使仔猪多吃饲料，有利于生长发育，还可防止猪在寒夜里压垛而造成伤害，避免冬天夜长仔猪因饥饿而睡卧不安，从而影响生长发育。

在饲养方式上，应尽量减少干饲料对断奶仔猪胃肠道的损伤，最好用稀料的形式来饲喂。等仔猪逐渐适应后再换为干料饲喂。在断奶的当天也应适量控制喂料量。刚断乳的仔猪通常会减少采食，这主要是由断奶应激造成的生理异常。有研究表明，断乳期间的仔猪若采食正常，在断奶后1周内可增重1千克，即可比那些在断奶后1周内因采食不足而保持体重不增加的仔猪提前15天达到屠宰体重。可见，断奶后幼龄仔猪的饲养有着特殊的要求。

断奶后在1～2周内继续喂饲哺乳仔猪料，待仔猪适应环境后逐渐改为断乳仔猪料。断乳仔猪的饲料首先应要求容易消化，即具有高消化率。仔猪采食高消化率的日粮可使每日的总采食量保持较低，从而既能满足仔猪的营养需要又不致因胃肠道负担过重而引发下痢。

2. 供给充足、清洁的饮水

仔猪快速生长发育需要大量水分，如饮水不足，会影响食欲从而影响增重。供水要充足、新鲜、清洁，全天不断水，最好饮用流动水，用乳头式自动饮水器更好。饮水量一般是：冬季为饲料量的2～3倍，春季、秋季为饲料量的4倍，夏季为饲料量的5倍。

（四）仔猪的疫病防治

仔猪生产中的疫病防治，首当其冲的是猪瘟病的防治，该病的唯一防治方法就是防疫注射。仔猪的防疫注射第一次宜在断乳后7天进行，猪瘟冻干苗可用说明书剂量的2倍；母猪的防疫注射每年2～3次，可结合仔猪防疫注射同时进行，但剂量应为说明书的4倍。

其他疫病的防治根据当地实际确定。下面主要谈谈仔猪黄、白痢的防治。

仔猪黄、白痢是以由致病性大肠杆菌引起的仔猪下痢为特征的传染病。感染此菌由于不同的日龄而呈现不同的病型，生后数日发生的为仔猪黄痢，2～3周龄发生的叫仔猪白痢。仔猪黄痢发病率可达100%，死亡率很高；仔猪白痢发病率可达68%，死亡率略低。据调查，仔猪黄、白痢死亡率可达6%。大肠杆菌属于常在性条件性细菌，广泛存在于母猪肠道内及被粪便污染的地面、饮水、饲料和用具中。该菌容易变异，在一定条件下非致病性菌型会变异成致病性菌型。致病性菌型也只有在特定条件下才引起仔猪发病。

发病原因：致病性大肠杆菌经口腔进入仔猪消化道及仔猪抗病力差是仔猪黄、白痢的发病原因。造成病菌感染仔猪的原因是仔猪生活环境由于卫生条件差、阴暗潮湿、不按时清扫消毒而存在致病性大肠杆菌，病菌进入仔猪消化道。造成仔猪抗病力差的原因有仔猪生活环境阴暗潮湿、通风不良、防寒保暖性能差，母猪营养过剩乳汁浓稠或仔猪饥饿时过食补料导致仔猪消化不良，母猪疾病（特别是乳房疾病）或母猪饲料霉坏引起乳汁变化导致仔猪消化机能紊乱，仔猪缺铁贫血或疾病。

防治措施主要有以下方法。

（1）改善仔猪生活环境：仔猪生活环境要求清洁、干燥、光照条件好（最好有一定的阳光照射）、通风良好、温度适中、定期消毒（每周一次）。

（2）积极防治和治疗母猪疫病，搞好哺乳母猪的饲养管理。

（3）搞好仔猪的饲养管理，特别注意补铁、补料及饮食卫生。

（4）搞好母猪的免疫注射：母猪产前45天和20天分别注射“仔猪大肠杆菌灭活菌苗”。

（5）母猪产前饲喂“仔母康”等仔猪黄、白痢预防药。

（6）发病后的治疗：治疗仔猪黄、白痢的药物很多，如土霉素、庆大霉素、卡那霉素、氟哌酸、环丙沙星、恩诺沙星、痢菌净、敌菌净、磺胺咪等，近年又有许多新药面市。但应注意，大肠杆菌很容易产生抗药性，同一窝仔猪几次发病一次只能选择一种有效的药物，这次治好后下一次发病就应选择新的药物；为防止一窝仔猪治好一头另一头又发病的现象产生，最好是发病一头全窝治疗；为防止药物中毒的发生，应掌握好用药的剂量，不得随意增加用药量；为防止治疗不彻底反复发作，应按疗程用药，一般连用2～3天；防止病原残留，治好后要对仔猪生活环境作彻底消毒。

第七节　肥育猪生产

商品肉猪的饲养管理是养猪生产中的最后一个环节，也是最重要的环节。商品猪饲养管理的主要任务是，利用最少的饲料与劳力，在尽可能短的时间内，获得大量成本低质量好的猪肉。

在养猪生产中，肉猪的数量占养猪总头数的80%以上，而饲料成本又占养猪总成本的60%～80%，为此，提高商品肉猪的增重速度，降低饲料消耗，特别是降低精料的消耗，是提高养猪生产经济效益的关键。

一、猪的生长规律

猪的生长发育具有一定规律性，表现在体重、体组织及化学成分的生长率不同，由此构成一定的生长模式。掌握猪的生长发育规律后，就可以在生长发育的不同阶段，调整营养水平和饲养方式，加速或抑制某些部分、组织、化学成分等的生长和发育程度，改变猪的产品结构，提高猪的生产性能，使其向人民需要的方向发展。

（一）生长速度与饲料利用效率的变化

猪的生长速度呈现先慢后快又慢的规律，由快到慢的转折点大致在 6 月龄上下或成年体重的 40%左右，转折点出现的早晚受品种、饲养管理条件等的影响，一般大型晚熟品种，饲养管理条件优越，转折点出现较晚；相反则早，如长白猪在 100 千克左右。生产上应抓住转折点前这一阶段，充分发挥其生长优势。

猪在肥育期每千克增重的饲料消耗，随其日龄和体重的增加而呈线性增长，2～3 月龄的猪，每千克增重耗料 2 千克左右；5～6 月龄的猪，体重达 90 千克左右时，上升到 4 千克左右；以后随体重的增大上升幅度更大，同时日增重开始降低，经济效益显著下降，因此，应注意适时出栏。

（二）猪体各组织的生长

肉猪骨骼、肌肉、脂肪虽然同时生长，但生长顺序和强度是不同的。骨骼是体组织的支架，优先发育，在幼龄阶段生长最快，其后稳定；肌肉居中，4～7 月龄生长最快，60～70 千克时达最高峰；脂肪是晚熟组织，幼龄时期沉积很少，但随年龄的增长而增加，到 6 月龄、90～110 千克以后增加更快。

（三）猪体化学成分的变化

猪体化学成分也随猪体重及猪体组织的增长呈现规律性的变化。猪体内水分、蛋白质和矿物质随年龄和体重的增长而相对减少，脂肪则相对增加；45 千克之后，蛋白质和水分含量相对稳定，脂肪迅速增长，水分明显下降，这也是饲料报酬随年龄和体重的增长而变差的一个重要原因。

二、影响生长猪肥育的因素

（一）品种与经济类型

在商品肉猪生长肥育过程中，猪的品种与经济类型对肥育的效果（日增重、饲料利用率、胴体品质）影响较大，由于形成不同品种与经济类型的猪的自然条件与培育条件不同，使其经济特性有一定的差别。例如：长白猪、大约克猪、杜洛克猪等瘦肉型品种猪，生长速度快，瘦肉率高，饲料报酬高，适合精料喂养，而且瘦肉型猪的价格较高，销路好，市场竞争潜力大。脂肪型猪和兼用型猪的，生长速度与瘦肉型猪相比较慢，饲料报酬低。因此，养殖户可选择瘦肉型优良品种猪，用一贯育肥法育肥效果比较好。

（二）经济杂交

在猪的生长中，开展不同品种或品系间的经济杂交，可以产生明显的杂种优势。具体表现在：杂交猪一般生活力提高，生长发育加快，肥育期缩短，日增重、饲料利用率、胴体品质明显提高，商品猪整齐一致，生产成本大大下降。生产中根据技术条件可以采用二元杂交、三元杂交、轮回杂交等杂交方式。在杂交时，要进行配合测定，选择好的杂交组合，力争获得最大的杂交优势。

（三）仔猪初生体重与断奶体重

在正常情况下，仔猪初生体重的大小与断奶体重的大小关系十分密切，即仔猪初生体重越大，则生活力就越强，生长速度也越快，断奶体重就大。仔猪的断奶体重与肥育期增重关系十分密切，哺乳期体重大的仔猪，肥育期增重快，死亡率也低。在生产中可观察到那些小而瘦弱的仔猪，在肥育期中易患病，甚至中途死亡。为了获得初生重与断奶重大的仔猪，必须重视并加强妊娠母猪、哺乳母猪的饲养管理工作，特别要注意加强哺乳仔猪的培育工作，才能提高仔猪的初生重、断奶体重，为提高肥育效果打下良好的基础。

（四）营养水平与饲料品质

1. 营养水平的影响

营养水平不仅影响商品肉猪的增重速度，而且还影响猪的胴体品质，即影响肌肉、脂肪、骨骼的比例。育肥猪的生长发育具有规律性，生长发育的早期，骨骼生长最快；生长中期，肌肉发育最快；后期脂肪沉积加快。为此，肉猪营养物质的供给，应根据各组织在其不同生长阶段的重点不同而有所侧重，前期与中期应满足矿物质、蛋白质、维生素的需要，而后期应当供应大量的能量饲料。营养水平采用前高后低式，粗蛋白质含量由前期的16%～18%逐渐过渡到13%～14%，日粮中粗纤维含量不超过5%，过高会影响饲料消化率，降低增重效果。

2. 饲料品质的影响

饲料的品质对肉猪胴体品质影响较大，养猪生产证明，能量饲料以玉米、小麦、大麦、麸皮为好，蛋白质饲料以豆粕较好，若用大豆籽粒、花生饼喂猪，因含不饱和脂肪酸过多，容易形成软脂肪，影响胴体品质，后期催肥时应限喂。

（五）群体大小与圈养密度

商品肉猪实行群饲，能有效地利用猪舍建筑面积与设备，提高劳动生产率，降低肥育成本，而且还可利用猪抢食性，使其多吃饲料，从而提高增重速度。因此在肥育过程中，要根据猪的品种、性别、体重与吃食快慢等情况合理分群，避免大欺小、强欺弱与生长不均的现象。实践证明，每群10头左右为宜，每头猪占地面积以1平方米左右为宜。

（六）防疫、去势与驱虫

1. 防疫

预防免疫注射是预防猪传染病发生的关键措施，用疫苗给猪注射，能使猪产生特异性抗体，在一定时间内猪就可以不被传染病侵袭，保证较高的免疫密度和免疫水平。同时对猪舍应经常清洁消毒，杀虫灭鼠，为猪的生长发育创造一个清洁的环境。

2. 去势

现代饲养的瘦肉型品种猪及其杂种后代，由于小母猪发情晚，肥育的影响较小，肥育时只对公猪进行去势，而不对母猪去势。给小公猪去势后，性机能停止活动，肉猪保持安静，食欲增加，可提高饲料利用率及日增重，便于饲养管理，肉质细嫩，品质好。对小公猪在生后30日龄去势较好。

3. 驱虫

仔猪一般在哺乳期易感染体内寄生虫，以蛔虫感染最为普遍，对幼猪危害大，患猪生长缓慢、消瘦、贫血、被毛蓬乱无光泽，甚至形成僵猪。为此在整个肥育期间应驱虫两次，第一次在断奶后的20～30天进行，第二次在催肥前进行，可用左旋咪唑、丙硫咪唑、伊维菌素等药物。驱虫后应及时挑出虫体，清除粪便，粪便堆积发酵以杀死虫卵。

（七）环境条件

猪在肥育期间需要适宜的气温，过冷过热都会影响肥育效果。猪体越小，所需要的适宜温度越高，随体重的不断增加，肉猪适宜温度也逐渐降低，一般猪肥育的最适温度为20～23℃。为此，在商品肉猪肥育过程中，夏季要防止暴晒，注意猪舍与运动场的遮阴与通风；冬季要注意猪舍的保温与防寒工作。在肉猪的肥育期，要保持猪舍安静、光线暗淡，以使猪能够充分休息，利于生长肥育。

三、猪的肥育方式

根据肥育猪对肉脂品质的要求，饲养条件及猪只的类型和早熟性等情况，我国常用的肥育方法有阶段肥育法和一贯肥育法两种。此外，活猪出口还有中猪肥育法。

肉猪饲养方式对增重速度、料肉比和胴体肥瘦都有重要影响。适于农家副业养猪的传统阶段肥育方式，已不适应商品肉猪生产的要求，应用一贯肥育方式取而代之。兼顾增重速度、饲料利用率和胴体品质，商品瘦肉猪应采取“前敞后限”的饲养方式。

（一）生长猪肥育法

1. 一贯肥育法

一贯肥育法又称一条龙肥育法。从仔猪断奶到育肥结束，全程均采用较高的饲养水平，实行均衡的饲养方式，一般6～8月龄时体重可达90～100千克以上。在规模化养猪场（户）饲养瘦肉型猪采用此法，可实现高投入获得高回报。但饲料投入成本较大，需要有相应的经济承受力。在具体实施中，要求抓好以下几点。

（1）日粮配合。要求饲料组成多样化、营养物质较为全面。针对不同生长发育阶段，要充分满足猪的能量、蛋白质水平的要求。能量水平总的要求是逐步提高，蛋白质水平是前高后低。在小猪日粮中，要求有较高的蛋白质水平，一般要求蛋白质含量为16%左右，架子期以14%左右为宜。体重达50千克以上育肥后期日粮粗蛋白质含量还可适当降低（13%），并增加碳水化合物饲料，加速脂肪沉积。场饲养的瘦肉型三元杂交猪，小猪阶段日粮中粗蛋白质为18%～20%，架子期为15%～16%，育肥后期为14%，对能量的供给应前期高，而后期适当降低，并适度限制饲养，防止脂肪过度沉积而降低胴体瘦肉率。

（2）饲喂方法。利用小猪阶段生长快、饲料利用率高的特点，此期间适当增加饲喂次数，随着日龄和体重的增加，可减少饲喂次数。采用自动料箱给料，让猪昼夜随意采食；或人工定时投料，以饱为度。以精料为主进行一条龙育肥时，在整个育肥过程中，应注意供给青饲料，否则会造成维生素缺乏，还会降低猪的食欲和消化功能，影响增重效果。另外饮水既要清洁卫生，又要保证供量充足。因日粮食中精料多，较浓稠，特别是采用干粉料、颗粒料、生拌料饲喂，故应设置饮水器，让猪自由饮水。

(3) 加强管理。肥育开始时，应做好防疫、防寒或防暑、驱虫等技术管理工作，并做好日常的清洁卫生管理工作。

2. 阶段肥育法

阶段肥育法即吊架子肥育法，是我国人民在长期养猪实践中，根据猪的骨、肉、脂的生长发育规律，把猪的整个肥育过程，划分为几个阶段，分别给以不同的营养水平，把精料集中在小猪阶段和肥育阶段，在中间架子猪阶段主要利用青粗饲料，尽量少用精料，这是巧用精料的一种肥育方法。阶段肥育法通常划分为三个阶段。

(1) 小猪阶段：从断奶至体重 25 千克左右，饲养期约为两个月。这个阶段小猪生长速度较快，对营养要求全面，特别是能量和蛋白质的需要，因而日粮中精料比重较大，以防小猪掉膘或生长停滞，小猪阶段要求日增重 150～200 克。

(2) 架子猪阶段：体重以 25～50 千克左右，饲养期约为 4～5 个月，主要饲喂青粗饲料，要求骨骼和肌肉得到充分发育，长大架子。架子猪阶段，日增重较低，约 200～250 克。

(3) 催肥阶段：体重 50 千克左右到出栏为催肥阶段，一般为两个月左右，此时为脂肪大量沉积的阶段，因此要求集中使用精饲料，使之迅速沉积脂肪，加快肥育，日增重一般在 500 克以上。

除抓好以上三个阶段饲养管理之外，还应顺利地实行两过渡，即小猪进入架子猪阶段，架子猪进入催肥阶段两次过渡，防止因突然增减精粗料喂量而导致猪消化不良和增重减少。值得强调的是，阶段肥育法只有在清粗饲料质优的条件下使用才能节约精料养好猪。

一贯肥育法的猪增重快，公育期短，周转快，出栏率高，饲料利用率和屠宰率高，背膘厚，需要精料多，经济效益高。阶段肥育的猪增重慢，能充分利用青粗饲料，节省精料，但经济效益低。因此，在选用肥育方法时，应根据实际条件，做到因猪因地制宜。就猪品种而言，地方品种耐粗性较强，而且骨骼、肌肉、脂肪三者生长出现高峰期相距较远，宜采用阶段肥育法；而瘦肉型猪或含有妆肉型猪血液较高的杂种猪，骨骼、肌肉、脂肪生长出现的高峰期相距较近（即边长边肥）宜采用一贯肥育法。工厂化养猪由于设备投入高，为了充分利用栏舍生产产品，节省每批新产品对栏舍的分摊成本，必须采用一贯肥育法。

阶段肥育法虽能大量利用农副产品饲料，在商品肉猪生产中，不应再采用这种传统的肥育法，应该用直线饲养方式代替。

（二）淘汰种猪肥育法

淘汰种猪多是年老体瘦，可利用价值差。因此，利用淘汰的成年公母猪进行肥育的任务在于改善肉的品质，获得大量的脂肪，因此，所供给的营养物质，主要是含丰富的碳水化合物的饲料。

在肥育前进行去势，既能改善肉的品质，又利于催肥。成年猪经去势后体质较弱，食欲又差，应加强饲养管理，供给容易消化的饲料。催肥阶段应减少大容积饲料的喂量，增加精饲料。

四、肥育猪的饲养管理

（一）合理分群

肉猪采取群饲方式，可以充分利用圈舍，节省能源，提高劳动效率，同时由于猪的群体易化作用较强，可以促进猪的食欲。但不良的群饲或群养同样也能影响动物的生产性能，如猪群整齐度不良和互相咬尾、咬耳等。在分群时最主要的原则是尽量保证群体的同质性，按杂交组合分群，不同杂交组合的杂种猪习性不同；按体重大小、体质强弱分群。另外，还应保证群体的稳定性，即不要频繁更改群体。

（二）采用适宜的肥育方法

饲养瘦肉型肥育猪应采用一贯肥育法。采用这种肥育方法，就是在整个肥育期，按体重分成两个阶段，即前期30～60千克，后期60～90千克或以上；或者分成三个阶段，即前期20～35千克，中期35～60千克，后期60～90千克以上。根据肥育猪不同阶段生长发育对营养需要的特点，采用不同营养水平和饲喂技术。一般是从肥育开始到结束，始终采用较高的营养水平，但在肥育后期，采用适当限制喂量或降低饲粮能量水平的方法，以防止脂肪沉积过多，提高胴体瘦肉率。一贯肥育法，日增重快，肥育期短，一般出生后155～180天体重即可达90千克左右，因而出栏率高，经济效益好。

（三）合理安排去势、防疫和驱虫

肥育猪的去势、防疫和驱虫是饲养过程中的三项基本技术措施，但对肥育猪来说，这是强烈刺激，不能同时进行，在时间上应恰当分开。

1. 去势

如果不去势，屠宰后有性激素的难闻气味，尤其是公猪，膻气味更加强烈，所以肥育开始前都需要去势。去势时间一般安排在20～30日龄左右，体重约5～7千克。此时仔猪已能正常地吃料，体重小，手术较易进行。

2. 防疫

肥育猪使用疫（菌）苗预防接种的免疫程序，目前尚无统一规程。通常采用20-55-70免疫程序，即仔猪出生后20日龄注射猪瘟疫苗，55日龄重复注射猪瘟疫苗及猪丹毒、猪肺疫和仔猪副伤寒菌苗，70日龄重复注射仔猪副伤寒菌苗，获得良好的免疫效果。

3. 驱虫

肥育猪的寄生虫主要有蛔虫、肺丝虫、姜片虫、疥螨和虱子等体内外寄生虫。通常在70日龄进行第1次驱虫，必要时在130日龄左右再进行一次驱虫。

（四）适宜的猪群规模和饲养密度

肥育猪圈养密度影响猪增重速度和饲料转化率。猪群的头数太多，或每头猪占的面积太小，都会增加猪的咬斗次数，减少卧睡时间和采食量。尤其是夏季，圈养密度过大，使猪舍内湿度增高，对日增重和饲料转化率都有不良影响，也容易使猪发病。一般限制饲喂以每群10～15头为宜，最多不超过30头。若在自由采食条件下，每群可增多到50头。

肥育猪饲养密度的大小根据体重和猪舍的地面结构确定。通常随肥育猪体重增大，每栏饲养的头数减少，每头猪占的面积相应增大。对于有小运动场结构的猪舍，每头猪的运动场最小的占地面积可与内圈相同；或者体重 35 千克，每头所需小运动场面积为 0.20～0.30 平方米；体重 75 千克，每头需 0.25～0.35 平方米；体重 100 千克，每头需 0.30～0.40 平方米。但在我国南方地区，夏季因气温较高，湿度较大，应适当降低饲养密度，才能使猪生长发育正常。大群饲养肥育猪，在猪圈内要设活动板或活动栅栏，可根据猪的个体大小调节猪圈面积大小。同时将生长发育差的猪，及时调到另外圈内集中加强饲养。

（五）合理调制饲料

配制肥育猪配（混）合饲料的几种主要原料，如大麦、玉米、豆粕、麸皮和米糠等，一般宜生喂，生喂营养价值高，煮熟后营养价值约降低 10%。但大豆、豆饼因含有抗胰蛋白酶抑制物质和其他不利物质，需经高温加热处理，破坏其中影响消化的不利物质，才能提高豆饼中的蛋白质和氨基酸的利用率。

（六）适宜的饲喂次数

在相同营养和饲养管理条件下，不同日喂次数，肥育猪的日增重没有显著差异；每增重 1 千克，饲料消耗也无显著差异。我国饲养肥育猪普遍日喂 3 次，现在有不少的猪场和农户采用日喂 2 次是比较适宜的。每日喂 2 次的时间安排，是清晨和傍晚各喂 1 次，因傍晚和清晨猪的食欲较好，可多采食饲料，有利增重。

（七）饲喂方式和每日喂量

肥育猪的饲喂方式，一般分为自由采食和限量饲喂两种。肥育猪自由采食，日增重较高，胴体脂肪沉积较多，每增重 1 千克消耗饲料亦较多。限量饲喂，则日增重较低，胴体肪沉积较少，瘦肉率较高，每增重 1 千克消耗饲料较少。养猪生产实践中，若为了追求日增重高，则采用自由采食；若是追求胴体瘦肉率高，可采用前期（体重 50～60 千克前）自由采食与后期（体重 50～60 千克后）限量饲喂相结合的饲喂方式。在采用限量群饲时，要有充足的料槽位。但在自由采食饲喂方式下，并不能使所有猪同时采食，料槽位可适当减少些。

（八）供给充足而洁净的饮水

肥育猪的饮水量与体重、环境温度、湿度、饲粮组成和采食量相关。一般在冬季，其饮水量应为风干饲料量的 2～3 倍，或体重的 10%左右；春秋季节，为风干饲料量的 4 倍，或体重的 16%；夏季为风干饲料量的 5 倍，或体重的 23%。饮水设备以自动饮水器较好，或在圈内单独设一水槽，经常保持充足而清洁的饮水，让猪自由饮用。

五、肉猪适时出栏

肉猪什么时间出栏是影响经济效益的重要因素，过早或过迟屠宰在经济上都不合算。肉猪生长到了一定时期，生长速度变慢，饲料报酬随着体重的增加急剧下降。同时随着饲养期的延长脂肪比例增大，影响肉的品质。肉猪什么时候进行屠宰，一方面要看育肥性能和市场对猪肉产品的要求，另一方面要考虑生产者的经济效益。适宜的屠宰时期通常用体重来表示。

（一）根据育肥性能和市场要求确定屠宰体重

根据猪的生长发育规律：在一定条件下，肉猪达到一定体重，出现增重高峰。在增重高峰过后屠宰，可以提高生产者的经济效益。另一方面，屠宰体重过大，胴体脂肪含量增加，瘦肉率下降。因此肉猪并不是养得越大越好，需要选择一个瘦肉率高、肉脂品质令人满意的屠宰体重。

（二）以生产者的经济效益确定屠宰体重

肉猪日龄和体重不同，日增重、饲料利用率、屠宰率、胴体瘦肉率也不同。一般情况下，肉猪体重的增加在60～67.5千克阶段，日增重随体重增加而提高；67.5～100千克阶段，日增重维持在一定水平；100千克以后日增重下降。如体重过大屠宰，随体重增加，屠宰率提高，但维持消耗增多，饲料报酬下降，瘦肉率下降，不符合市场需要，同时经济效益也下降；如体重过小屠宰，猪的增重潜力没有得到充分发挥，经济上不合算。

（三）综合诸多因素确定合适的屠宰体重

我国猪种类型和杂交组合繁多，饲养条件差别很大。因此，增重高峰期出现的迟早也不一样，很难确定一个合适的屠宰体重。在实际生产中，生产者应综合诸多因素，根据市场需要和自身的效益确定合适的屠宰体重。根据各地研究和推广总结，小型早熟品种适宜屠宰体重为70千克左右；体型中等的地方猪种及其杂种肉猪适宜屠宰体重为75～80千克。我国培育猪种和某些地方猪种为母本、国外瘦肉型品种为父本的二元杂种猪，适宜屠宰体重为80～90千克；以地方猪为母本、国外瘦肉型品种为父本的三元杂种肉猪，适宜屠宰体重为90～100千克；国外三元杂种肉猪，适宜屠宰体重为100～114千克。国外许多国家由于猪的成熟期推迟，肉猪屠宰适期已由原来的90千克推迟到110～120千克千克。

第八节　猪场建设

一、猪场场址选择标准

1. 地形地势

地形开阔整齐，有足够的生产经营土地面积。面积不足会给饲养管理、防疫防火及猪舍环境造成不便。地势要较高、干燥、平坦、背风向阳、有缓坡。地势低洼易集水潮湿，夏季通风不良空气闷热，易滋生蚊蝇和微生物，冬季阴冷。

2. 水源水质

水源要求水量充足，水质量好，便于取用和进行卫生防护，并易于清洁和消毒。水源水量要满足猪场生活用水、猪只饮用及饲养管理用水。

3. 土壤特性

猪场对土壤的要求是透气性好，易渗水，热容量大，这样可抑制微生物、寄生虫和蚊蝇的滋生。也可使场区昼夜温差较小。土壤化学成分也会影响猪的代谢和健康，某些化学元素过多过少都会造成地方病，如缺碘造成甲状腺肿大，过多则造成斑齿和大骨节病。土壤虽有净化作用，但是许多微生物可存活多年，应避免在旧猪场场址或其他畜牧场场地建造。

4. 周围环境

养猪场饲料产品粪污废弃物等运输量很大，交通方便才能降低生产成本和防止污染周围环境，但是交通干线往往会造成疫病传播，因此场址既要交通方便又要与交通干线保持距离。距铁道和国道不少于 2000～3000 米，距省道不少于 2000 米，县乡和村道不少于 500～1000 米。于居民点距离不少于 1000 米，与其他畜禽场的距离不少于 3000～5000 米。周围要有便于生产污水进行处理以后（达到排放标准）排放的水系。

5. 电力和能源的供应

猪场 2～5 千米以内应有 380 伏以上的高压电源，燃料就近供应。对当地地方病和疫情要准确清楚地了解。

6. 附近城镇的发展

当今中国各大小城市的发展速度以 3～8 千米/年的速度发展，所以要距城市 30 公里以上

二、猪场布局与工艺流程

（一）猪场布局

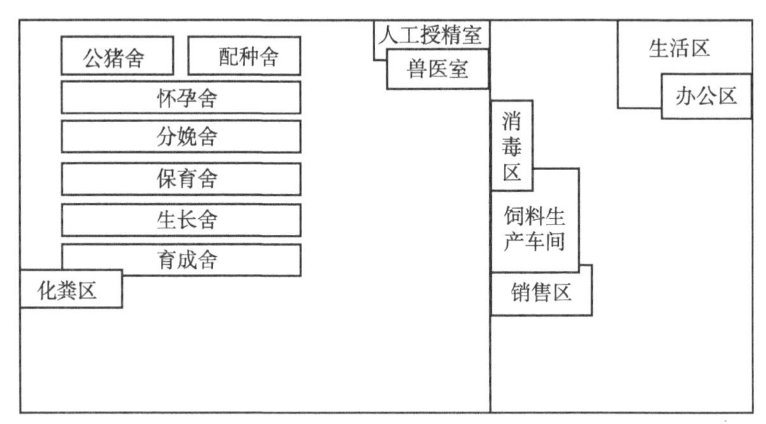

图 1-22　养猪场建设布局简图

工厂化养猪场（大中型）（图 1-22）在进行猪场规划和安排建筑物布局时，应将近期规划与长远规划结合起来，因地制宜，合理利用现有条件，在保证生产需要的前提下，尽量做到节约占地，并做好猪场粪便和污水处理。

根据上述原则，在总体布局上至少将猪场划分为生产区、管理与生活区、病猪隔离区等三个功能区。

1. 生产区

该区是整个猪场的核心区，包括各种类别的猪舍、饲料加工调制间、饲料仓库、人工授精室等。该区应放在猪场的适中位置，处于病猪隔离区的上风或偏风方向，地势稍高于病猪隔离区，而低于管理区。该区建筑物布局一般为：种猪舍放在隔离区出口较远的位置，育肥猪及断奶仔猪舍放在进出口附近。这样既便于生产，又减少了种猪感染疾病的机会。同时，要求公猪舍应位于母猪舍上风方向，与县城相距 50 米以上。交配场应设在母猪舍附近，不宜靠公猪舍太近。

饲料调制室和仓库应设在与各栋猪舍差不多远的适中位置，且便于取水。

各类猪舍应坐北朝南或稍偏东南而建，以保持充足的光照，达到冬暖夏凉，各类猪舍间距应保持 50 米以上，各栋猪舍间距应保持在 15～20 米的安全距离。

2. 管理与生活区

管理与生活区包括办公室、职工宿舍、食堂等，是猪场与外界接触的门户。应建在高处、上风处、生产区进出口的外面。

3. 病猪隔离区

该区包括隔离舍、兽医室和贮粪场，一般设在猪场的下风或偏风方向。隔离舍和兽医室应距生产区 150 米以上，贮粪场应距生产区 50 米以上。

4. 场内道路和排污

道路是猪场总体布局中一个重要组成部分，它与猪场生产、防疫有重要关系。猪场内应分出净道、污道，互不交叉。净道正对猪场大门，是人员行走和运送饲料的道路。污道靠猪场边墙，是处理粪污和病死猪等的通道，由侧后门运出。场内道路要求防水防滑，生产区不宜设直通场外的道路，以利于卫生防疫。

场区污水不应排放到河流、湖泊中，小型猪场的排污道可与较大的鱼塘相连，也可建在灌溉渠旁，在灌溉时将污水稀释后浇地。大型猪场应有专门的排污及污水处理系统，以保证污水得到有效的处理，确保猪场的可持续生产。

5. 场区绿化

猪场绿化可以美化环境、吸尘灭菌、净化空气、防疫隔离、防暑防寒，改善猪场的小气候。同时还可以减弱噪声，促进安全生产，提高经济效益。猪场绿化可在猪场北面设防风林，猪场周围设隔离林，场区各猪舍之间、道路两旁种植树木以遮阴绿化，场区裸露地面上种植花草。绿化植树时，需考虑其树干高低和树冠大小，防止夏季阻碍通风和冬季遮挡阳光。

猪场的绿化，过去只是着眼于改善猪场的小气候和美化猪场环境，随着养猪生产的发展，应将场区绿化与经济生产结合起来，种植果树、用材林木等，也有相当可观的经济收入，可以做到一举多得。

6. 建筑物布局

猪场建筑物的布局在于正确安排各种建筑物的位置、朝向、间距。布局时需考虑各建筑物间的功能关系、卫生防疫、通风、采光、防火、节约用地等。

为保障猪群防疫，生活区和生产管理区宜设在猪场大门附近，门口分设行人和车辆消毒池，两侧设值班室和更衣室。生产区，种猪、仔猪应置于上风向和地势高处，分娩猪舍要靠近妊娠猪舍，又要接近仔猪培育舍，育成猪舍靠近育肥猪舍，育肥猪舍设在下风向。商品猪置于离场门或围墙近处，围墙内侧设装猪台，运输车辆停在围墙外装车。商品猪场可按种公猪舍、空怀母猪舍、妊娠母猪舍、产房、断奶仔猪舍、育肥猪舍、装猪台等建筑物顺序排列。病猪和粪污处理应置于全场最下风向和地势最低处，距生产区宜保持至少 50 米的距离。

猪舍的朝向应根据当地主导风向和日照情况确定。一般要求猪舍在夏季少接受太阳辐射，舍内通风量大而均匀；冬季应多接受太阳辐射，冷风渗透少，增加热辐射。一般以冬季或夏季主风与猪舍长轴有 30°～60°夹角为宜，应避免主风方向与猪舍长轴垂直或平行。考虑到猪舍防暑和防寒，猪舍一般以向南或南偏东、南偏西 45°以内为宜。

建筑物的排列既要利于道路、给排水管道、绿化、电线等的布置，又要便于猪场的生产和管理。猪舍间的距离以能满足光照、通风、卫生防疫和防火的要求为原则，距离过大则猪场占地过多，间距过小则南排猪舍会影响北排猪舍的光照，同时也影响其通风效果，也不利于防疫、防火。综合考虑光照、通风、卫生防疫、防火及节约用地等各种要求，猪舍间距一般以 10～25 米为宜。

总之，猪场建筑物的总体布局要尽量使猪舍建成坐北向南的朝向，各建筑物排列成行，以便于道路、供水、绿化和电线管线呈直线分布。

（二）养猪场的工艺

一个基本完整的养猪生产工艺流程如图 1-23 所示。

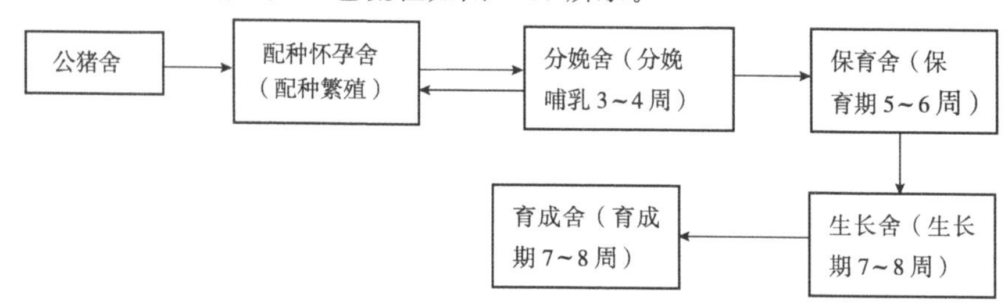

图 1-23　养猪生产工艺流程图

三、猪舍的结构和基本建筑要求

猪舍的基本结构包括地面、墙、门窗、屋顶等，这些又统称为猪舍的“外围护结构”。猪舍的小气候状况，在很大程度上取决于外围护结构的性能。

1. 基础和地面

基础的主要作用是承载猪舍自身重量、屋顶积雪重量和墙、屋顶承受的风力。基础的埋置深度，根据猪舍的总荷载、地基承载力、地下水位及气候条件等确定。基础受潮会引起墙壁及舍内潮湿，应注意基础的防潮防水。为防止地下水通过毛细管作用浸湿墙体，在基础墙的顶部应设防潮层。猪舍地面是猪活动、采食、躺卧和排粪尿的地方。地面对猪舍的保温性能及猪的生产性能有较大的影响。猪舍地面要求保温、坚实、不透水、平整、不滑，便于清扫和清洗消毒。地面一般应保持 2%～3%的坡度，以利于保持地面干燥。土质地面、三合土地面和砖地面保温性能好，但不坚固、易渗水，不便于清洗和消毒。水泥地面坚固耐用、平整，易于清洗消毒，但保温性能差。目前猪舍多采用水泥地面和水泥漏缝地板。为克服水泥地面传热快的缺点，可在地表下层用孔隙较大的材料（如炉灰渣、膨胀珍珠岩、空心砖等）增强地面的保温性能。

2. 墙壁

墙壁为猪舍建筑结构的重要部分，它将猪舍与外界隔开。按墙所处位置可分为外墙、内墙。外墙为直接与外界接触的墙，内墙为舍内不与外界接触的墙。按墙长短又可分为纵墙和山墙（或称端墙），沿猪舍长轴方向的墙称为纵墙，两端沿短轴方向的墙称为山墙。猪舍一般为纵墙承重。猪舍墙壁要求坚固耐用，承重墙的承载力和稳定性必须满足结构设计要求。墙内表面要便于清洗和消毒，地面以上 1.0～1.5 米高的墙面应设水泥墙裙，以防冲洗消毒时溅湿墙面和防止猪弄脏、损坏墙面。同时，墙壁应具有良好的保温隔热性能，这直接关系到舍内的温湿度状况。据报道，猪舍总失热量的 35%～40%是通过墙壁散失的。我国墙体的材料多采用黏土砖。砖墙的毛细管作用较强，吸水能力也强，为保温和防潮，同时为提高舍内照度和便于消毒等，砖墙内表面宜用白灰水泥砂浆粉刷。墙壁的厚度应根据当地的气候条件和所选墙体材料的热工特性来确定，既要满足墙的保温要求，同时尽量降低成本和投资，避免造成浪费。

3. 门与窗

窗户主要用于采光和通风换气。窗户面积大、采光多、换气好，但冬季散热和夏季向舍内传热也多，不利于冬季保温和夏季防暑。窗户的大小、数量、形状、位置应根据当地气候条件合理设计。门供人与猪出入。外门一般高 2.0～2.4 米，宽 1.2～1.5 米，门外设坡道，便于猪只和手推车出入。外门的设置应避开冬季主导风向，必要时加设门斗。

4. 屋顶

屋顶起遮挡风雨和保温隔热的作用，要求坚固，有一定的承重能力，不漏水、不透风，同时由于其夏季接受太阳辐射和冬季通过它失热较多，因此要求屋顶必须具有良好的保温隔热性能。猪舍加设吊顶，可明显提高其保温隔热性能，但随之也增大了投资。

四、建造猪舍有十忌

1. 忌选址不当

猪场场址宜选择在离公路 100 米以上，远离村庄和畜产品加工厂，地势高干燥、避风向阳、土质坚实、渗水性强，未被病原微生物污染和水源清洁、取水方便的地方建造。

2. 忌猪舍位置设计不佳

公猪舍应建在猪场的上风区，既与母猪舍相邻，又要保持一定的距离。哺乳母猪舍、妊娠母猪舍、育成猪舍、后备猪舍要建在距猪场大门口稍近的地方，以便运输。

3. 忌猪舍密度大

有些养猪户为了节省土地、减少投入，将猪舍建造得简陋、密集，致使猪的饲养密度大，造成环境污染及猪群间相互感染疾病。猪舍之间的距离至少要在 8 米以上，中间可种果树、林木以便夏季遮阳。

4. 忌建筑模式单一

母猪舍、公猪舍、育肥猪舍模式都有各自的具体要求，如母猪舍须设护子间，公猪舍的墙壁要坚固，围墙要高。养什么猪，就要建什么猪舍。

5. 忌猪舍窗户小或无窗户

有的猪场猪舍没有窗户，有的虽有，但窗户太小、太少，夏天不利舍内通风降温。一般情况下，10 头育肥猪的猪舍，后墙要留 4 个 60～70 厘米的窗户。

6. 忌粪便无法污水排放

猪舍外无粪池，一是收集粪尿难，肥料易流失，肥力降低；二是影响猪舍清洁卫生。猪舍内污水沟应有足够的坡度，以利于污水顺利流出舍内；污水的流出顺序应遵循就近原则，不要让污水在场内绕圈。猪舍外必须建造沤粪池或沼气池；沤粪池或沼气池可根据养猪规模的大小而定。

7. 忌缮瓦多、缮草少

农村猪场猪舍屋顶都是缮瓦多、缮草少。这样做一是瓦比草贵，加大了养猪成本；二是瓦防寒效果不如草，缮瓦夏热冬冷，缮草冬暖夏凉。

8. 忌饲槽规格不当

饲槽一般要依墙而建，槽底应呈 U 形，饲槽大小应根据猪的种类和猪的数量多少而定。

9. 忌猪舍内无水槽

缺少清洁的饮用水会影响猪的生长发育。所以，猪舍内必须设置水槽或自动饮水器。

10. 忌猪舍小、围墙矮

猪舍建造得太低不利于空气流通，猪舍的运动场围墙矮小，易使猪越墙外逃，给管理带来麻烦。猪舍后墙高度宜在 1.8 米左右，围墙高度宜在 1.3 米左右。

五、各类猪舍的构造

自然养猪法对猪舍结构的要求与传统猪舍基本一致，特殊之处在于增加了前后空气对流窗，合理设置垫料池。应按猪群的性别、年龄、生产用途，分别建造各种专用猪舍，如育肥猪舍、保育猪舍、母猪舍等。基本结构为：在猪舍内设置 1 米左右的走道、一定宽度（1.5 米左右）的水泥饲喂台，与饲喂台相连的是发酵床，墙体南北均设较大的通风窗，房顶设通风口，推荐使用饲喂及饮水一体的自动喂料槽。设置水泥饲喂台的目的，一是防止垫料污染饲料，影响采食量；二是夏天高温季节为猪只提供选择趴卧休息凉爽区，以减少发酵床过热对生猪的影响；三是有利于生猪肢体发育，这一点对种猪饲养尤其重要。

（一）育肥猪舍

一般单列式（图 1-24）比较合适，阳光充足，猪只活动区域大。

自然养猪法育肥猪舍（图 1-25）坐北向南，猪舍跨度为 8 米，猪舍屋檐离发酵床面高度 2.2～2.5 米；南面立面全开放卷帘，窗户高 2 米左右，宽度在 1.6 米左右；北面采用上窗和地窗，也可采用与南面同样模式的窗户，屋顶设通风口；在猪舍北端设置 1 米的水泥饲喂走道，1.3～1.5 米宽的水泥饲喂台。为减少猪舍成本，除发酵床外，育肥猪舍也可采用塑料大棚式的结构，也可对现有猪舍进行改造，只要符合夏天通风降温、冬天保温除湿条件即可。

在单列式自然养猪法育肥猪舍，设计饲喂走道整体比饲喂台低 15～20 厘米，到夏季高热季节，可以将过道注入 15 厘米左右的凉水，形成水浴池。每天清晨在自动料槽内加满料后，将每个猪栏栏门打开闩挂在北墙上，让猪只可以自由进出水浴池降温。

垫料池可采用地上式、地下式或半地上半地下式。如果当地地下水位低可采用地下式或半地上或半地下式，如果地下水位高，可采用地上式。为便于管理，防止雨季渗水入垫料池，推荐使用地上式猪舍。规模猪场实行自然养猪法栋舍间距要宽畅些，并且设计过程中注意能让小型挖掘机或小型铲车开动行驶，一般在 4 米以上。

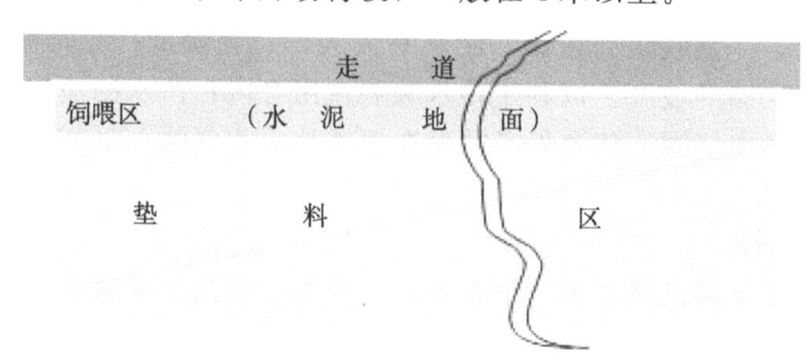

图 1-24　育肥猪舍平面示意图

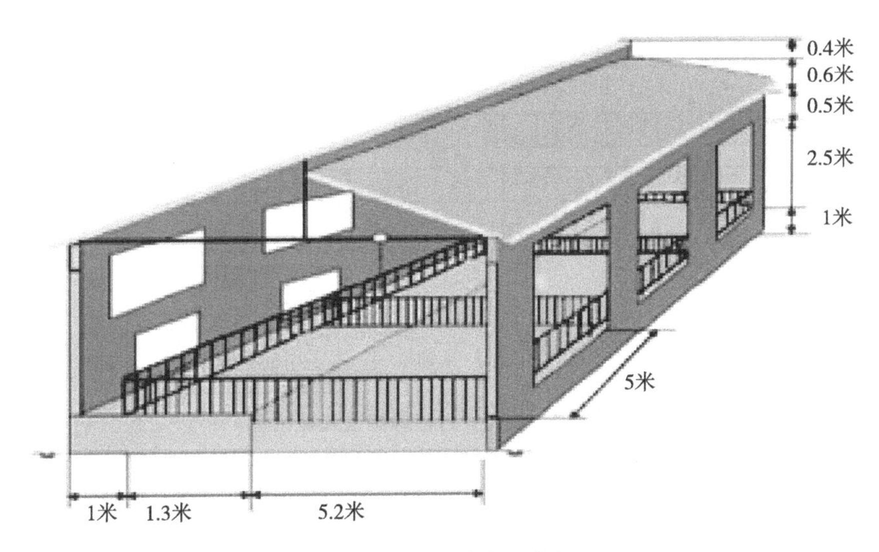

图 1-25　育肥猪舍示意图

对于地上式结构、半地上半地下式垫料池结构，一般每个猪舍垫料池靠近舍外的一面墙体（或栏舍）留设 1.5～3.0 米缺口，缺口用木板等遮拦垫料，方便垫料进出和翻耙垫料用。

（二）母猪舍

母猪舍又分为妊娠猪舍和分娩猪舍。妊娠猪舍可采用小群饲养模式，分娩猪舍常采用分娩栏或产床进行饲养，对保暖性能要求较高。

1. 妊娠猪舍

妊娠猪舍可用单列式结构（图 1-26）或双列式结构（图 1-27），其建筑跨度不宜太大，以自然通风为主，充分利用空气对流原理，结合当地太阳高度角及风向风频等因素建造。单列式妊娠猪舍也是坐北向南，猪舍跨度为 8～13 米，北面采用上窗和地窗，南面立面全开放卷帘，猪舍屋檐高度 2.2～2.5 米。双列式猪舍坐北向南，猪舍跨度为 8～13 米，南北面可采用上窗和地窗，窗户开启可使用升降卷帘，猪舍屋檐高度 2.2～2.5 米，为补充光照，屋顶南面可使用两张保温隔热板配合一张阳光板的方式以增加采光。垫料池可采用地上式、地下式或半地上半地下式，为便于管理，防止雨季渗水入垫料池，推荐使用地上式猪舍。

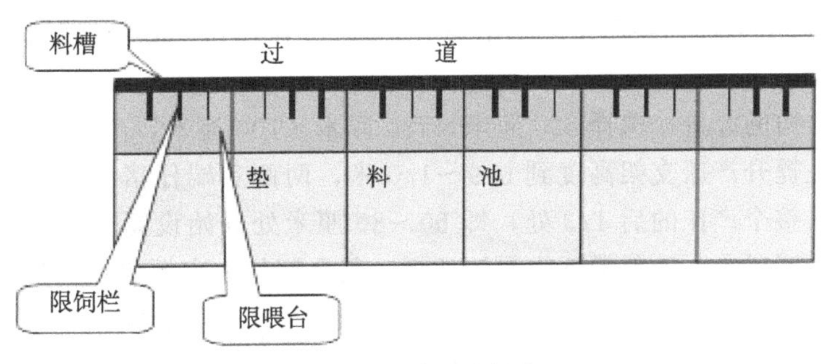

图 1-26　单列式结构

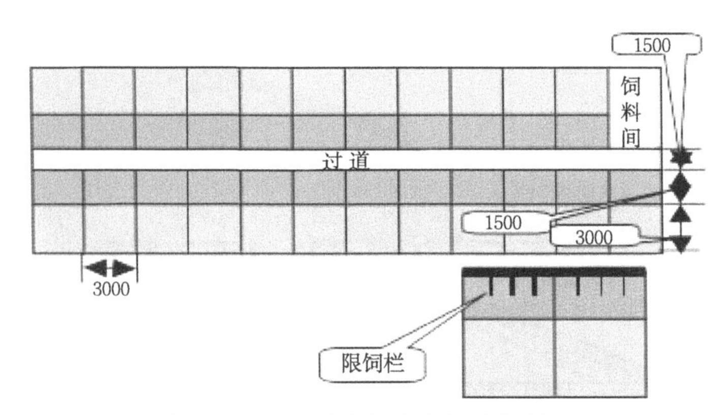

图 1-27 双列式自然养猪法妊娠猪舍

2. 分娩猪舍

分娩猪舍即产房。自然养猪法产房扩大了母仔活动范围，一般有四种可用模式：一是母猪、仔猪均在产床上，粪尿流入发酵垫料池，垫料池仅起到分解粪尿的作用，如图 1-28 (a) 所示。二是产床限制母猪，仔猪可以在产床（图 1-29）或垫料池活动，增加了仔猪活动范围，恢复其自然习性。仔猪可选择休息、活动区域，如图 1-28 (b) 所示。三是无限位栏（图 1-30），有饲喂台，母仔均可自由在垫料上活动，母仔均有单独饲喂台，如图1-28 (c) 所示。四是母猪仅有一部分接触垫料，但不能在垫料床上活动，如图 1-28 (d) 所示。

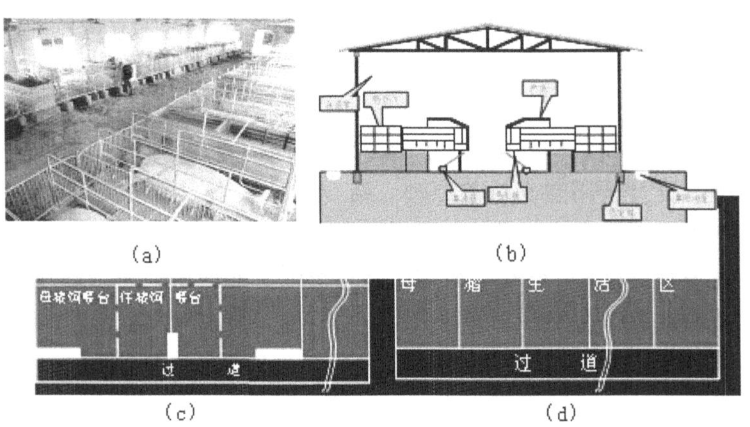

图 1-28 各类产房布置示意图

以图 1-28 (b) 为例，生产中多采用头对头式（图 1-31）和尾对尾式（图 1-32）产房结构，效率较高。

传统产房结构的改造，选择 220 厘米×180 厘米×100 厘米，离地 35 厘米的传统产床改造而成，首先提升产床支架高度到 0.9～1.0 米，两侧后端仔猪围栏卸去，中间母猪尾端围栏保留，从整个产床的后 1/3 处，即 60～80 厘米处开始设置垫料挡板，形成垫料发酵池。母猪躺卧区后 1/3 及料槽下为漏缝地板，其余部位为水泥或铸铁地板。两侧仔猪栏后 1/3 板取消，前面为塑料地板。头对头式自然养猪法产房垫料池面积（130～140）厘米×180 厘米。尾对尾式自然养猪法产房垫料池面积（160～170）厘米×180 厘米。在垫料区设置保温箱，内照取暖灯，由于垫料本身发酵产生生物热，不再使用电热板。一般两窝仔猪共用垫料区，为进入保育阶段作准备。

图 1-29　母猪产床

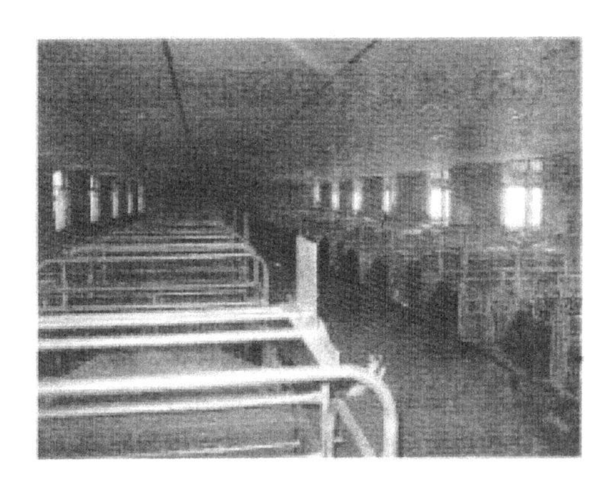

图 1-30　限位母猪栏

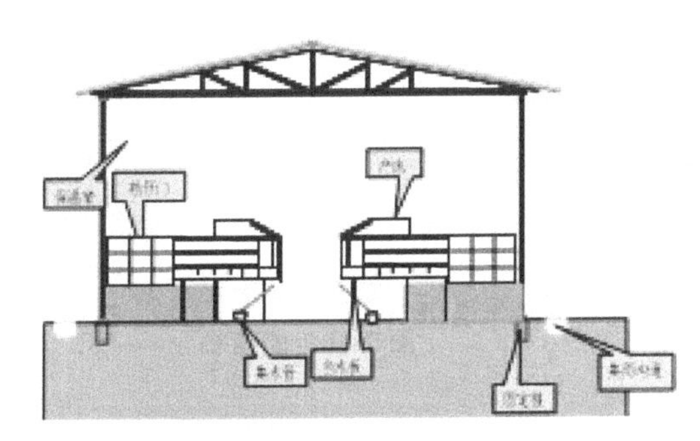

图 1-31　头对头式发酵垫料产房

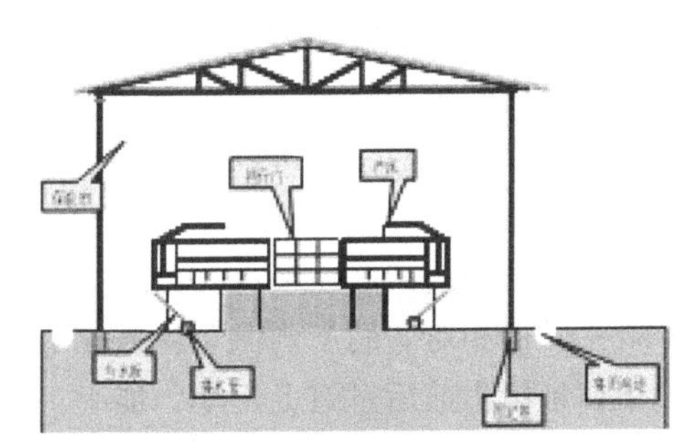

图 1-32　尾对尾式发酵垫料产房示意图

（三）保育猪舍

刚断奶并转入保育栏的仔猪，生活上是一个大的转变，由依靠母猪生活过渡到完全独立生活，对环境的适应能力差，对疾病的抵抗力较弱，而这段时间又是仔猪生长最强烈的时期。因此，保育栏要为小猪提供一个清洁、干燥、温暖、空气新鲜的生长环境。要求有专门的饲喂台和垫料区。一般采用双列式猪舍，如图 1-33 和 1-34 所示。

保育床可由 240 厘米×165 厘米×70 厘米，离地 35 厘米的传统保育床改造而成，首先提升保育床支架高度到 1 米，饲喂槽一侧保留 0.8～1 米的硬面饲喂台，安置料槽。延长围栏至墙根，约扩展 80～100 厘米。从饲喂台边沿统一用栏板固定，以遮挡垫料，形成发酵垫料池。原有保育床中间围栏取消，两栏并为一栏，设置 2 台自动喂料槽，这样就形成了拥有 2 个料槽，(80～100) 厘米×330 厘米的饲喂台、(220～260) 厘米×330 厘米的垫料池，饲养密度 0.3～0.8 平方米/头。

对接两传统保育围栏，从饲喂台边沿统一用栏板固定，以遮挡垫料，形成发酵垫料池。两栏并为一栏，两头分别设置 1 台自动喂料槽。这样就形成了拥有 2 个料槽，两个 (80～100) 厘米×165 厘米的饲喂台、一个 (380～400) 厘米×165 厘米的垫料池。猪只活动面积加大，可以嬉戏，恢复其生物习性。

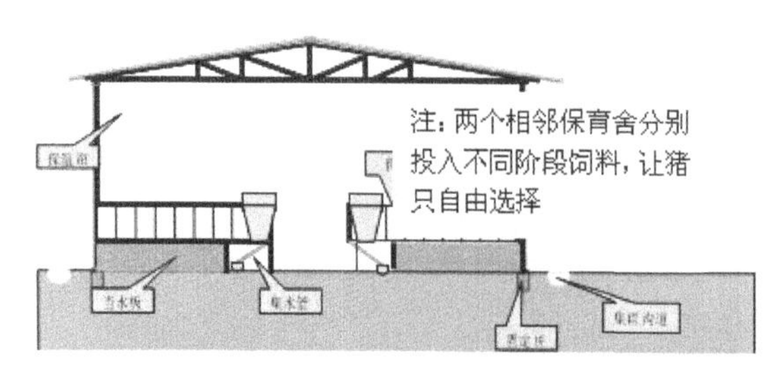

图 1-33　双列相临选择饲喂发酵垫料保育猪舍

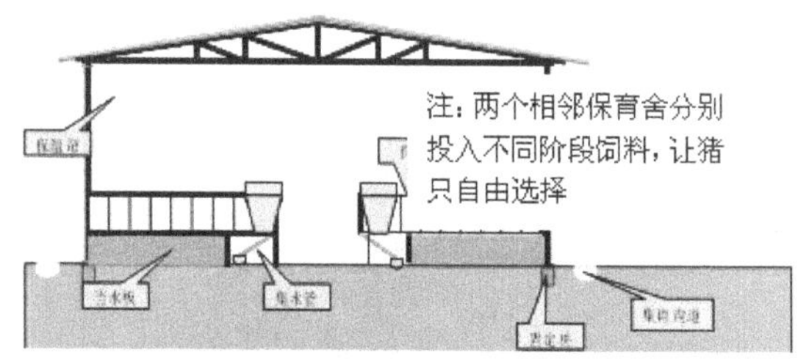

图 1-34　双列相临选择饲喂发酵垫料保育猪舍

(四) 公猪舍

公猪舍多采用带运动场的单列式，给公猪设运动场，保证其充足的运动，可防止公猪过肥，对其健康和提高精液品质、延长公猪使用年限等均有好处。公猪栏（图 1-35）要求比母猪和肥猪栏宽，隔栏高度为 1.2～1.4 米，面积一般为 7～9 平方米，长 2.9 米，宽 2.4 米。栅栏结构可以是混凝土、金属或水泥漏缝地板，栏面较大利于运动，对提高公猪性欲和精液品质很有好处。公猪栏与母猪栏遥遥相对，利于刺激母猪发情，公猪放出在母猪栏前后过道上运动，能及早地发现母猪发情，对于配种及提高受胎率大有好处。同时，便于通风和管理人员观察和操作。

图 1-35　公猪栏

第九节　提高商品肥育猪的出栏率

提高肥育猪的出栏率，也就是提高猪的日增重和缩短肥育周期，用少量的饲料换取较多的猪肉。为此，应抓好以下科学饲养管理措施。

1. 充分利用杂种优势

不同品种杂交所得到的杂种猪，比纯种亲本具有较强的生活能力，在生长肥育过程中，具有好喂养、生长快、抗病力强、育肥周期短等特点。大量试验证实，采用二元杂交猪，比纯种猪提高日增重 15%～20%，三元杂交猪比纯种猪提高 25%左右。目前国内多采用长白与大约克杂交母猪，再与杜洛克、皮特兰或汉普夏公猪交配，从而获得最佳的三元杂交组合。

2. 早补铁

仔猪刚出生后，要靠母乳生活，每天需要 7 毫克铁，而仔猪从母乳中只能获取 1 毫克铁。仔猪在生长发育过程中，往往因出现缺铁性贫血而影响生长速度，因此，一定要早补铁。一般仔猪 2～3 日龄肌注 1 毫升“血铁素”，其效果较佳。

3. 提高仔猪初生重与断奶重

仔猪初生重大，说明仔猪在胎儿期生长发育好，在其后的生长过程中，体质健壮，患病少，好饲养，增重快，断奶体重大。根据试验证实，断奶体重大的猪，在同样饲养管理条件下，将比断奶体重小的仔猪缩短肥育出栏期1～2个月。

4. 提供适宜的温、湿度环境

猪舍要控制好温、湿度，温度、湿度过高，会导致猪的采食量减少，日增重下降；温度过低，则热能消耗大，采食量多，而饲料报酬低。因此猪舍的适宜温度范围应控制在小猪20～30℃、成猪15～20℃，湿度以控制在50%～55%为宜。

5. 供给充足洁净的饮水

水是猪生长发育所必需的重要物质，猪的饮水量因体重、饲料和气候条件的不同而不一样，一般体重大、喂料越干、气温越高，则饮水量就越多。供给的饮水必须充足、洁净。

6. 饲喂采取“四定一改”

“四定一改”即定喂的次数、定喂的时间、定喂量、定饲养标准，改湿拌料为干粉料喂猪。饲喂次数要根据猪的不同生长阶段来确定，仔猪一般日喂5～6次，中猪4～5次，大猪3次。饲喂时间，每天要相对固定。饲料喂量，每次要保持均衡。饲养标准，要根据猪的体重和生长阶段，调配不同的日粮配方饲料营养标准。饲料要将过去传统的饲喂湿拌料，改为水料分开，饲喂干粉料，有利于猪的消化吸收和提高饲料的利用率。

7. 合理的饲养密度

猪的饲养密度应根据猪的大小和不同季节来进行调整，一般以每头肉猪占0.8～1.0平方米为宜。3～4个月龄每头肉猪需要占0.6平方米，4～6个月龄每头肉猪需要占0.8平方米，7～8月龄占1平方米。大猪在夏季每头猪一般占用1.1～1.2平方米，冬季占用0.9～1.0平方米。

8. 实行同窝原圈饲养

仔猪从出生到肥育出栏，实行同窝原圈饲养，比仔猪断奶后移圈混养效果好。由于减少了应激刺激，可提高日增重7%～8%，缩短肥育出栏期20～30天。

9. 实行早去势

去势后可使仔猪性情安静温顺，食欲增加，生长速度加快。去势日龄越早，对仔猪造成的应激影响越小，一般以20～25日龄去势为宜，根据试验，这个日龄比60日龄断奶后再去势的仔猪，可提高日增重5%～6%，缩短育肥期15～20天。

10. 适时进行防疫和驱虫

对肥育猪要严格按照科学的卫生防疫程序进行猪瘟、猪丹毒、猪肺疫等病的疫苗预防注射和药物驱虫工作，以确保猪的健康和实现养猪的高效益。

第十节 猪常见病的防治

一、仔猪黄白痢

1. 发病原因及病症

仔猪黄痢、白痢是由致病性大肠杆菌引起的仔猪的肠道传染病。黄痢常发生于一周龄以内的仔猪，1～3 日龄多发；白痢常发生于 1～4 周龄的仔猪，1～2 周龄为多发期。黄痢病表现为拉黄色糊状稀便，含小块凝乳块，身体虚弱，进而脱水，昏睡而死；白痢以排泄乳白色或灰白色糨糊状粪便为特征。

2. 预防措施

疫苗预防，常采用大肠杆菌 K88. K99. 987P 三价灭活菌苗，于预产期前 15～30 天对母猪进行耳下肌肉注射，剂量应严格按照说明书使用。

3. 药物治疗

仔猪黄痢常用庆大霉素进行注射，每次 4 毫升/千克体重，1 天 1 次；同时口服磺胺脒 0.5 克加甲氧苄氨嘧啶 0.1 克，研末，每次 5～10 毫克/千克体重，1 日 2 次；仔猪白痢常用庆增安注射液，每次每千克体重 0.2 毫升。上述药物均需连用 3 天以上。

二、猪水肿病

1. 发病原因及病症

猪水肿病是断奶仔猪常发生的疾病，一般在断奶后 1～2 周发生，死亡率高达 90%。发病突然，精神委顿，食欲减退，口流白沫，病猪不时抽搐，四肢如游泳状，站立时弓背发抖，步态不稳。常在脸部、眼睑、颈部、腹部、皮下发生水肿。

2. 预防措施

加强饲养管理，饲喂全价饲料，防止饲喂过饱。免疫预防接种多价大肠杆菌灭活疫苗或基因工程疫苗。

3. 药物治疗

治疗水肿病方法很多，但没有特效疗法，一般以综合疗法为主。

（1）按量腹腔注射 50%葡萄糖注射液，同时用 2.5%恩诺沙星注射液、亚硒酸钠维生素 E 注射液、硫酸镁注射液，按量分别肌肉注射。

（2）樟脑磺酸钠、硫酸庆大霉素按量静脉滴注或缓慢推注，同时分别按量肌肉注射呋喃苯胺酸（速尿）、亚硒酸钠维生素 E 注射液。猪排尿后，补液盐或电解多维饮水。

（3）用那霉素（25 万单位/毫升）2 毫升、5%碳酸氢钠 30 毫升、25%葡萄糖液 40 毫升，混合后 1 次静脉注射，每日 2 次；同时肌肉注射维生素 C（0.1 克）2 毫升，每日 2 次。

三、仔猪红痢

1. 发病原因及病症

仔猪红痢又称猪梭菌性肠炎，是由 C 型产气夹膜梭菌引起的传染病，主要侵害 1～3 日龄仔猪，死亡率高，往往造成“全窝端”。拉血痢或红褐色稀便。

2. 预防措施

在母猪分娩前半个月和一个月，肌肉注射仔猪红痢疫苗 1 次，剂量 5～10 毫升；或仔猪生下后，连续 3 天内，向母猪投服青霉素，或与链霉素并用，剂量为 8 万单位/千克体重。

3. 药物治疗

用青霉素注射液按 10 万单位/千克体重对仔猪进行肌肉注射，每天 2 次。

四、猪痢疾

1. 发病原因及病症

这是由猪痢疾密螺旋体引起的传染病，以黏液性、出血性下痢为主。7～12 周龄多发。发病初病猪水样下痢，黄褐色或灰色稀粪，随后粪便中充满血液和黏液。

2. 预防措施

本病尚无菌疫苗预防，在饲料中添加药物，可控制本病的发生，减少死亡，起到短期的预防作用，但不能彻底消灭病原，主要是靠综合性防疫措施。

3. 药物治疗

药物治疗有较好的效果，治疗药物也很多，若发现疗效不佳，应迅速更换。常用药有痢菌净、痢立清、二甲硝基咪唑、新霉素等，均有良好的治疗效果；用法及剂量可参照说明书。

五、猪传染性胃肠炎

1. 发病原因及病症

猪传染性胃肠炎是由猪冠状病毒引起的以呕吐和水样腹泻为特征的传染病，不分年龄均可感染发病，以 2 周内的仔猪发病率较高，最终因高度脱水而死，死亡率可达 100%。本病无明显的季节性，以冬季和春季产仔期间发生较多，特别是猪的饲养密度过大时，常爆发流行。

2. 预防措施

对怀孕母猪于产前 15 天左右，以猪传染性胃肠炎弱毒疫苗经肌肉及鼻内各接种 1 毫升，使其产生足够的免疫力，或在仔猪出生后，以无病原性的弱毒疫苗口服免疫，每头仔猪口服 1 毫升，使其产生主动免疫。

3. 药物治疗

本病无特效药物治疗，通常采用对症疗法，以减少死亡。仔猪自由饮服下列配方溶液：氯化钠 3.5 克、氯化钾 1.5 克、碳酸氢钠 2.5 克、葡萄糖 20 克、常水 1000 毫升。为防止继发感染，对 2 周龄以下的仔猪，可适当应用抗生素及其他抗菌药物。如用庆大霉素注射液肌肉注射，每千克体重 2000 单位，每天 1～2 次；磺胺脒 0.5～4 克、次硝酸铋 1～5 克、小苏打 1～4 克，混合口服。此外，还可用中医药疗法，如用马齿苋、积雪草、一点红各 60 克（新鲜全草），水煎服，以及采用针灸治疗（主穴：三里、交巢、带脉；配穴：蹄叉、百会）。

六、猪流行性腹泻

1. 发病原因及病症

猪流行性腹泻由冠状病毒科猪流行性腹泻病毒引起，是以水泻为特征的传染病。冬春季气候突变时易爆发，呈地方性流行，拉灰黄色稀便。

2. 预防措施

免疫预防可按说明书注射猪传染性胃肠炎-猪流行性腹泻二联油乳剂灭活疫苗。

3. 药物治疗

目前尚无特效治疗方法，一般治疗办法可参照猪传染性胃肠炎。

七、猪丹毒

1. 发病原因及病症

猪丹毒是由猪丹毒杆菌引起的一种急性、热性传染病。发病特征为高烧和皮肤上产生紫红色疹块，俗称“打火印”，慢性病例表现为心内膜炎及关节炎。多发生在3～9月龄的猪，尤其以4～6个月龄的架子猪多发。炎热多雨季节呈现散发或地方性流行。主要通过消化道感染，也可经皮肤创伤或蚊蝇等媒介传染。人也能感染发病。急性型：最为多见，表现为发热（42～43℃），结膜充血，皮肤发红或出现红斑，指压褪色。亚急性型：胸膜、脊背、四肢、皮肤等处出现界限明显的红色疹块。疹块出现后，体温正常。慢性型：以心内膜炎为主要症状，腹下及四肢发生水肿。

2. 预防措施

免疫预防可接种猪丹毒弱毒疫苗1头份，可获得良好的免疫力。

3. 药物治疗

常用青霉素，20千克以下的猪用20～40万单位，20～50千克的猪用40～100万单位，50千克以上的猪酌情增加，每天2次，连用3～5天，一般均可治愈。

八、猪肺疫

1. 发病原因及病症

猪肺疫由多杀性巴氏杆菌引起的猪的一种急性、败血性传染病，又称猪出败。主要表现纤维性胸膜肺炎症状，咽喉部发生急性肿胀，使病猪高度呼吸困难，俗称“锁喉风”。最急性型：呈败血症症状，多突然死亡，发展转慢者表现发烧至41℃，呼吸困难，咽喉肿胀，坚硬而热，高度呼吸困难，呈犬坐姿势，口吐白沫，常因窒息死亡。急性型：呈纤维素性胸膜肺炎症状，发烧至40～41℃，咳嗽，有黏性鼻液流出，结膜发炎，初便秘后下痢，皮肤呈红斑。慢性型：表现为慢性肺炎及胃肠炎症状，持续咳嗽、下痢。

2. 预防措施

用猪肺疫弱毒疫苗进行接种，可收到较好的预防效果。但应注意，不同的疫苗接种途径不同，应严格按产品说明书使用。

3. 药物治疗

应用恩诺沙星、氨苄青霉素、磺胺类药物均有较好疗效。若同时注射猪肺疫高免血清效果更佳。

九、猪链球菌病

1. 发病原因及病症

猪的链球菌感染有多种类型，分别有不同的菌型引起，链球菌常生长于大多数动物的扁桃体和鼻腔内，在应激因素作用下极易发病，如脑膜炎、败血症、关节炎、败血症、心内膜炎、脓肿等。

2. 预防措施

可接种链球菌冻干疫苗或铝胶灭活疫苗。

3. 药物治疗

可选用氨苄青霉素、氧氟沙星、磺胺等药物。

十、仔猪副伤寒

1. 发病原因及病症

仔猪副伤寒又称猪沙门氏菌病，是猪常见的消化道疾病。其特征为肠黏膜坏死及严重下痢。病原为猪霍乱沙门氏杆菌。2～4 月龄仔猪多发。急性型：病猪发烧 41～42℃，不吃，先便秘后拉稀，鼻端、耳、四肢末端皮肤紫绀。亚急性及慢性型：发烧 40.5～41.5℃，便秘下痢交替进行，粪便为淡黄色或灰绿色。

2. 预防措施

定期进行预防接种，常用疫苗有仔猪副伤寒弱毒冻干菌苗。

3. 药物治疗

可用庆大霉素、链霉素、恩诺沙星、磺胺类药物等进行治疗。也可口服生大蒜或 40% 大蒜酊，每日 2～3 次，至食欲开始恢复后，再将 40% 大蒜酊加入饲料中继续服用数日，可获得显著疗效。

十一、猪气喘病

1. 发病原因及病症

猪气喘病为猪的一种慢性呼吸道病，病原为猪肺炎霉形体。主要特征为咳嗽、气喘。本病多发于寒冷、潮湿、气候骤变时。急性型：多见于新发病的猪群，主要表现呼吸困难，像拉风箱，腹式呼吸，不爱动，死亡率较高。慢性型：消瘦，毛焦，生长发育停滞，弓背干咳。尤为清晨喂猪或赶猪时，可呈连续的痉挛性咳嗽。

2. 预防措施

我国已制成两种弱毒疫苗，一种是猪气喘病冻干兔化弱毒疫苗，另一种是猪气喘病 168 株弱毒疫苗。都必须注入肺内才能产生免疫力。

3. 药物治疗

常用泰乐菌素每千克体重 10 毫克，肌肉注射，每天一次，连用 3 天为一个疗程。也可用泰妙菌素和磺胺嘧啶每千克体重各 20 毫克拌料，连喂 10 天为一疗程。

十二、猪附红细胞体病

1. 发病原因及病症

猪附红细胞体病是由立克次氏体目的猪附红细胞体引起的一种人兽共患的传染病。其主要寄生于红细胞内，也可游离在血浆中。主要表现为皮肤和黏膜苍白，出现贫血现象，黄疸，体温升高可达 40～41.5℃。有的出现拉稀或粪便干结，呈小球状。

2. 预防措施

每吨饲料混入 180 克对氨基苯砷酸可用于预防本病的发生。

3. 药物治疗

目前比较有效的药物有新胂凡纳明、对氨基苯砷酸、对氨基苯砷酸钠等。新胂凡纳明的用法：每千克体重10～15毫克，静脉注射，在2～24小时内，病原体可从血中消失，在3天内症状可消除。对氨基苯砷酸的用法：对病猪群，每吨饲料混入180克，连用一周，以后改为半量，连用1个月。对感染猪群可用半量。

十三、猪传染性胸膜肺炎

1. 发病原因及病症

猪传染性胸膜肺炎是由猪胸膜肺炎放线杆菌引起的猪的重要呼吸道传染病之一，急性病猪体温升高至41.5℃以上，沉郁，不食，继而呼吸困难，张口伸舌，常站立或呈犬坐姿势，口鼻流出泡沫样分泌物，耳、鼻及四肢皮肤呈蓝紫色。若病猪体温不高，发生间歇性咳嗽，生长迟缓，则可能转为慢性经过。

2. 预防措施

注射猪胸膜肺炎多价蜂胶佐剂灭活疫苗或由乳剂灭活疫苗，注射剂量按说明书使用。

3. 药物治疗

可选用氟甲砜霉素、先锋霉素、氧氟沙星、大观霉素/林可霉素合剂注射，其中以大观霉素/林可霉素合剂效果最佳，其用量为每千克体重0.1毫升，肌肉注射，每日1～2次，连用3～5天。

十四、猪细小病毒病

1. 发病原因及病症

猪细小病毒病是引起母猪发生繁殖障碍的疾病。母猪发生繁殖障碍是本病的唯一表现。主要是初产母猪，而经产母猪极少发生。

2. 预防措施

我国制成的猪细小病毒灭活疫苗，在母猪配种前2个月左右注射一次可获得良好的免疫力。

3. 药物治疗

目前对本病尚无有效的治疗方法。

十五、猪伪狂犬病

1. 发病原因及病症

猪伪狂犬病是由伪狂犬病病毒（PPV）引起的猪的重要传染病。其他家畜和野生动物也可感染发病。除猪以外的其他动物发病后，通常具有发热、奇痒、流涕及脑脊髓炎等典型症状，均为致死性感染，但多呈散发。猪是该病毒的贮存宿主和传染源。猪感染后其症状因日龄而异，成年猪呈隐性感染。种猪表现不育，公猪发生睾丸肿胀、萎缩等。母猪则表现为反情、不孕。妊娠母猪常表现流产、产死胎和木乃伊胎。仔猪常表现高热、食欲废绝、呼吸困难、流涎、呕吐、腹泻、抑郁、震颤、神经症状等。2周龄以内仔猪死亡率高达100%，断奶仔猪发病率为20%～40%，因此猪伪狂犬病对养猪业的危害最大，已成为危害全球养猪业最严重的猪的传染病之一，损失巨大。近年来，该病在我国也开始流行，给我国养猪业带来了巨大经济损失。

2. 预防措施

本病无有效治疗药物，主要采取预防措施。

（1）严格防疫制度，保持良好的卫生条件，消灭鼠类，对预防本病有重要意义。

（2）猪是PRV的贮存宿主及重要的传染源，要严格将牛、羊等易感动物分开饲养。

（3）引进场外猪只时，应作好调查工作，不从疫区购猪。

（4）猪场周围有疫情发生时，应给大小猪只全部接种伪狂犬病病毒灭活疫苗或基因缺失弱毒苗，间隔4～5周加强免疫一次，可有效预防本病的发生。

3. 药物治疗

本病无有效的治疗药物，但应用抗菌素控制继发感染，降低死亡率。

十六、猪繁殖与呼吸障碍综合征

1. 发病原因及病症

猪繁殖与呼吸障碍综合征俗称“蓝耳病”，母猪可出现发热、嗜睡、咳嗽和不同程度的呼吸困难。新生仔猪被毛粗乱，失去光泽。极少数病猪在耳、腹侧及外阴部皮肤呈现青紫色或蓝色斑块。断奶仔猪多于断奶2～3周内发病。

2. 预防措施

主要措施是接种疫苗。种猪场应接种猪繁殖与呼吸障碍综合征灭活疫苗1头份，间隔20天以同等剂量再接种1次；商品仔猪可于断奶前后接种猪繁殖与呼吸障碍综合征弱毒疫苗1头份，可获得保护。

3. 药物治疗

本病无有效的治疗药物，但发现病症后应用抗菌素控制继发感染可降低死亡率。

十七、猪蛔虫病

1. 发病原因及病症

猪蛔虫病是造成养殖业巨大经济损失的最重要的寄生虫病，主要危害断奶后的猪，能使幼猪生长发育不良，严重者形成僵猪，甚至引起死亡。当大量幼虫移行至肺脏时，引起蛔虫性肺炎，表现咳嗽、呼吸增快、体温升高、食欲减退、卧地不起等。成虫寄生小肠时，使仔猪生长缓慢、被毛粗乱、贫血、腹泻、呕吐，常造成僵猪。

2. 预防措施

定期驱虫，对50日龄仔猪驱虫，25天驱1次，共驱2～3次。

3. 药物治疗

（1）左旋咪唑5～7毫克/千克体重，肌肉注射；

（2）伊微菌素0.3毫克/千克体重，皮下注射。

第二章　鸡的生产

第一节　鸡的生物学特性及品种

一、鸡的生物学特性

鸡和其他家禽一样，都是经人类驯化和培育，在家养条件下能够生存和繁衍后代，有一定经济价值的鸟类动物，具有鸟类动物的生物学特性。学习其生物学特性，有利于制定更加合理的饲养管理措施，从而获得较高的经济效益。

1. 代谢作用旺盛，体温高

鸡的平均体温为41.5℃（40.9～41.9℃），高于任何其他家畜。体温来源于体内物质代谢过程的氧化作用产生的热能。机体内产生热量的多少取决于代谢强度。鸡体的营养物质来自日粮，因而就要利用它代谢作用旺盛的特点给予所需要的营养物质，使鸡能维持生命和健康，并且能达到最佳的产肉和产蛋性能。另外，还要为鸡提供冬暖夏凉、通风透光、干爽清洁的生活环境，以利于调节体温，维持旺盛的代谢作用。

2. 生长迅速，成熟期早

在目前的遗传育种和饲养条件下，肉仔鸡饲养到8周龄出栏时，体重可达2.4千克，是初生雏鸡（40克）的60倍。肉用或肉蛋兼用型鸡养到160～180日龄开始产蛋，蛋用型鸡养到140～150日龄时可开产。如要其发挥生长迅速、成熟期早的特性，必须给予适量的全价日粮，合理饲养，加强日常管理，并根据肉鸡、蛋鸡与种鸡的不同要求，适当调节光照与饲养密度，才能获得良好的效果。

3. 自然换羽

通常1年以上的鸡每年秋冬季换羽1次。鸡在换羽期间，多数停止产蛋，而且换羽需要相当长的时间。蛋鸡一般在72周龄或76周龄，即产蛋1年后淘汰，而且在光照、温度、通风等人为控制适合鸡生长生产的条件下，其产蛋性能受自然换羽的影响不大。对于产蛋1年以上的鸡，如想继续留用，可进行强制换羽，以提高鸡群的产蛋量。

4. 消化道短，日粮通过消化道快

鸡的消化道长度仅是体长的6倍，与牛（20倍）、猪（14倍）相比短得多，以致食物通过快，消化吸收不完全。鸡口腔无牙齿咀嚼食物；腺胃消化性差，只靠肌胃与砂粒磨碎食物；盲肠只能消化少量的粗纤维。基于鸡的这种特点，把饲料制成颗粒状或于饲料中加入饲料酶制剂，可提高饲料利用率。

5. 饲料转化率高

鸡的日粮以精料为主，由于代谢旺盛，因此，鸡长肉快、产蛋多、耗料少、报酬高。一般现代化养鸡的饲料报酬：肉仔鸡料肉比为（1.9～2.2）：1；产蛋鸡料蛋比为（2.5～

3.0）：1。饲料报酬的高低取决于鸡的品种、饲料、饲养管理条件的优劣等。

6. 对环境变化很敏感

鸡的视觉很灵敏，一切进入视野的不正常因素，如光照、异常的颜色等均可引起“惊群”；鸡的听觉不如哺乳动物，但突如其来的噪声会引起鸡群惊恐不安；此外鸡体水分的蒸发与热能的调节主要靠呼吸作用来实现，因此对环境变化较敏感，所以养鸡业要注意尽量控制环境变化，减少鸡群应激。

7. 抗病能力差

由于鸡解剖学上的特点，决定了鸡的抗病力差。尤其是鸡的肺脏与很多的胸腹气囊相连，这些气囊充斥于鸡体内各个部位，甚至进入骨腔中，所以鸡的传染病由呼吸道传播的多，且传播速度快，发病严重，死亡率高，并且严重影响产蛋率。

8. 群居性很强，适合规模饲养

鸡有很强的群居性，这可能是与鸡的祖先是树栖动物有关。鸡在高密度的笼养条件下仍能表现出很高的生产性能。另外鸡的粪便、尿液比较浓稠，饮水少而又不乱甩，这给机械化饲养管理创造了有利条件。尤其是鸡的体积小，每只鸡占笼底的面积仅 400 平方厘米，即每平方米笼底面积可以容纳 25 只鸡。所以在畜禽养殖业中，工厂化饲养程度最高的是鸡的饲养。

二、鸡的品种

（一）标准品种

标准品种是人类生活和生产活动的产物，也是人类长期发展过程中的生活资料和生产资料。我国幅员广大，养禽历史悠久，家禽遗传资源十分丰富，形成了不少地方品种。在 20 世纪前，家禽育种尚处于经验育种阶段，主要是由养禽爱好者作为业余爱好而进行的。他们对家禽的体型、外貌、羽色等进行选择，而对生产性状考虑得较少。经过他们的努力，创造了许多各具特色的标准品种。我国标准品种的鸡有九斤黄鸡、狼山鸡和丝羽乌骨鸡。由于标准品种鸡选育历史不同、基础生产性能有较大差异，加上某些实用价值性状的有无，所以保留下来的标准品种有为数不多的几个，现主要介绍对现代商品鸡培育影响较大的品种。

1. 白来航鸡

图 2-1　白来航鸡

白来航鸡（图 2-1）是原产意大利、在世界上分布甚广的著名蛋用型品种。该鸡体型小而清秀。全身羽毛白色而紧贴。冠大鲜红，公鸡的冠较厚而直立，母鸡冠较薄而倒向一侧。喙、胫、趾和皮肤均呈黄色。耳叶白色。成熟早，无就巢性，产蛋量高而饲料消耗少。雏鸡出壳 140 天左右开产，年平均产蛋量为 200 个以上，优秀品系可超过 300 个。平均蛋重为 54～60 克。蛋壳白色。标准体重：公鸡约 2 千克，母鸡约 1.5 千克。

2. 洛岛红鸡

图 2-2　洛岛红鸡

洛岛红鸡（图 2-2）属蛋、肉兼用鸡品种。原产于美国。耳垂红色，喙红褐色，皮肤、脚、趾为黄色，羽毛深红色，尾羽黑色有光泽。体躯中等。背长而平。产蛋和产肉性能均好。标准体重：成年公鸡 3.8 千克，母鸡 2.9 千克。蛋壳褐色。雏鸡生后 6 月龄开产，年产蛋量 200 个以上。蛋重 55～65 克。通过不断的选育，产蛋性能还在进一步提高。现代养禽业多用其作父本与其他兼用型鸡或来航鸡杂交，育成高产的褐壳蛋商品鸡。

3. 新汉夏鸡

新汉夏鸡（图 2-3）育成于美国新汉夏州，属兼用型鸡种。羽毛呈浅红色，尾羽黑色。体躯呈长方形。头中等大。单冠。脸部、肉垂和耳叶均鲜红色。喙褐黄色。胫、趾黄色或微带红色。皮肤黄色。背部较短，体躯各部肌肉发达，体质强健。适应性强。年产蛋量为 180～200 个。蛋重为 56～60 克，蛋壳褐色。标准体重，公鸡为 3.0～3.5 千克，母鸡为 2.5～3.0 千克。

图 2-3　新汉夏鸡

图 2-4　横斑洛克鸡

4. 横斑洛克鸡

横斑洛克（图 2-4）在我国常称芦花（洛克）鸡。该鸡体型椭圆，体躯各部发育良好。全身羽毛呈黑白相间的横斑纹，羽毛末端为黑边，斑纹清晰一致。耳叶红色，喙、胫、趾、皮肤黄色。一般年产蛋量为 180 个左右，经选育的高产品系可达 250 个。蛋重为 56 克，蛋壳褐色。

5. 白洛克鸡

白洛克鸡（图 2-5）是肉用型鸡品种。为洛克鸡的一个变种。原产美国。单冠。耳垂红色，喙、脚、皮肤黄色。体大丰满，公鸡体重 4～4.5 千克，母鸡 3～3.5 千克。蛋壳褐色，年产蛋量 150～160 个，蛋重 60 克左右。而后又经不断改良，鸡的体型、外貌与生产性能均有很大改变。其主要特点是，早期生长快，胸、腿肌肉发达，羽色洁白，体型美观，并保持一定的产蛋水平。

图 2-5　白洛克鸡

6. 白科尼什鸡

肉用型鸡品种。原产英国。豆冠或单冠，耳垂红色，喙、脚、皮肤为黄色，羽毛短而密紧，呈白色。体躯坚实，肩胸很宽，脚粗壮。体重大，公鸡 4.5～5.0 千克，母鸡 3.5～4 千克。蛋壳浅褐色。早期生长快，胸肉特别发达。年产蛋 120～130 个，蛋重 55～60 克。

7. 澳洲黑鸡

原产于澳大利亚。单冠。肉髯、耳叶、皮肤白色，喙、胫、趾、羽毛黑色。本品种鸡羽毛紧密，体躯深广，胸部丰满。是著名的优良肉蛋兼用型鸡品种。全身羽毛黑色，并带有墨绿色光泽。体躯高大，单冠大型，红色，冠峰 5 个，肉垂，耳叶也为红色。嘴、脚均为黑色。成年公鸡体重约 3～4 千克，母鸡 2.5～3 千克。肉质细嫩。

（二）我国主要的地方品种

地方品种是指在特定地区的自然条件、农业生产、饲养管理方式和社会需要等条件下，经过长期选育出来的品种，具有良好的地方适应性、耐粗饲、抗病力强和产品质优等优点，但生产性能较低，缺乏市场竞争力。我国这类鸡种很多，其中比较著名的有以下品种。

图 2-6　仙居鸡

图 2-7　大骨鸡

1. 仙居鸡

仙居鸡（图 2-6）原产于浙江省中部靠东海的台州地区，重点产区是仙居县，分布很广。体型较小，结实紧凑，体态匀称秀丽，动作灵敏活泼，易受惊吓，属神经质型。成年公鸡体重1.25～1.5千克，母鸡0.75～1.25千克，产蛋量目前变异度较大。

2. 大骨鸡

大骨鸡（图2-7）又名庄河鸡，属蛋肉兼用型。原产于辽宁省庄河市。体格硕大，腿高粗壮，结实有力，故名大骨鸡。身高颈粗，胸深背宽，腹部丰满，墩实有力。成年公鸡平均体重3.2千克以上，母鸡2.3千克以上。平均年产蛋量146个，平均蛋重63克以上。

3. 惠阳鸡

惠阳鸡（图2-8）主要产于广东博罗、惠阳、惠东等县。惠阳鸡属肉用型，其特点可概括为黄毛、黄嘴、黄脚、胡须、短身、矮脚、易肥、软骨、白皮及玉肉（又称玻璃肉）等10项。年产蛋70～90个，蛋重47克。85天活重达1.1千克，成年公鸡体重达2千克、母鸡1.5千克。

图2-8　惠阳鸡

4. 寿光鸡

寿光鸡（图2-9）原产于山东省寿光县，属兼用型鸡。头大小适中，单冠，冠、肉垂、耳叶和脸均为红色，眼大灵活，虹彩黑褐色，喙、胫、爪均为黑色，皮肤白色，全身黑羽，并带有金属光泽，尾有长短之分。寿光鸡分为大、中两种类型。大型公鸡平均体重为3.8千克，母鸡为3.1千克。产蛋量90～100个，蛋重70～75克。中型公鸡平均体重为3.6千克，母鸡为2.5千克。产蛋量120～150个，蛋重60～65克。寿光鸡蛋大，蛋壳深褐色，蛋壳厚。成熟期一般为240～270天。

图2-9　寿光鸡

5. 北京油鸡

北京油鸡（图2-10）原产于北京市郊区，历史悠久。具有冠羽、跖羽，有些个体有趾羽。不少个体颌下或颊部有胡须。因此人们常将这三羽（风头、毛腿、胡子嘴）称为北京油鸡的外貌特征。体躯中等大小，羽色分赤褐色和黄色两类。生长缓慢，性成熟期晚，母鸡7月龄开产，年产110个。

图2-10　北京油鸡

（三）现代鸡种

现代鸡种是指在标准品种或地方品种中选出具有不同特点的高产品系，通过科学方法，开展品种间、品系间或多品系间杂交组合测定，筛选出最佳组合进行商品代生产，以满足人们对蛋、肉的需求，这种商品代杂交鸡具有良好的生产性能和较强的商品竞争力。按经济用途分为蛋用鸡和肉用鸡两个系列。

1. 蛋用鸡种

（1）褐壳蛋鸡。

①罗曼褐壳蛋鸡（图 2-11）。罗曼褐壳蛋鸡是德国罗曼公司培育的四系配套优良蛋鸡品种，1989 年我国首次引入曾祖代种鸡。罗曼褐壳蛋鸡具有适应性强、耗料少、产蛋多和成活率高的优良特点。父母代生产性能：1～18 周龄成活率 97%，开产日龄21～23 周，高峰产蛋率 90%～92%，入舍母鸡 72 周产蛋数 290～295 枚。商品代生产性能：1～18 周龄成活率 98%，开产日龄21～23 周，高峰产蛋率 92%～94%，入舍母鸡 12 个月产蛋 300～305 枚，平均蛋重 63.5～65.5 克，饲料利用率 2.0%～2.2%，产蛋期成活率 94.6%。罗曼褐壳蛋鸡可在全国绝大部分地区饲养，适宜集约化养鸡场、规模养鸡场、专业户和农户。

2-11 罗曼褐壳蛋鸡

②迪卡·沃伦蛋鸡。简称迪卡蛋鸡（图 2-12），由美国迪卡公司选育而成的四系配套的杂交鸡。1990 年我国由上海大江公司引进生产。早熟，迪卡褐蛋鸡属褐壳蛋鸡系鸡种，红褐羽，可根据羽色自别雌雄，生长速度快，产蛋性能优，产蛋期长，蛋大，蛋壳棕红，蛋黄橘色，饲料报酬高，遗传性稳定，适应性较强。适合蛋鸡生产和农村专业户养殖。迪卡蛋鸡商品代 20 周龄体重为 1.65 千克，开产周龄为 20～21 周，50%产蛋率周龄为 22.5～24 周，产蛋高峰周龄为 27～30 周，36 周龄以上体重为 2.18 千克，蛋重 63～64.5 克，料蛋比为（2.31～2.46）：1。

图 2-12 迪卡·沃伦蛋鸡

图 2-13 海兰褐壳蛋鸡

③海兰褐壳蛋鸡。海兰褐壳蛋鸡（图 2-13）是美国海兰国际公司培育的四系配套优良蛋鸡品种。商品代雏鸡根据羽色自别雌雄。商品代生产性能：1～18 周龄成活率为 96%～98%，体重 1550 克，每只鸡耗料量 5.7～6.7 千克。产蛋期（至 80 周）高峰产蛋率 94%～96%，入舍母鸡产蛋数至 60 周龄时为 246 枚，至 74 周龄时为 317 枚，至 80 周龄时为 344 枚。19～80 周龄每只鸡日平均耗料 114 克，21～74 周龄每千克蛋耗料 2.11 千克，72 周龄体重为 2250 克。

④伊萨褐蛋鸡。世界著名的蛋用品种，原产法国，我国于 1988 年引进。体型中等，雏鸡可根据羽色自别雌雄，成年母鸡羽毛呈褐色并带有少量白斑，蛋壳为褐色。父母代：70 周龄入舍母鸡产蛋量 247 枚，产蛋期存活率 91%。商品代：高峰期产蛋率 92%，入舍产蛋量 308 枚，入舍产蛋重 19.25 千克，平均蛋重 62 克，产蛋期料蛋比为(2.4～2.5) ：1，产蛋期存活率 92.5%，产蛋期耗料每日每只 115～120 克。

⑤雅发褐壳蛋鸡。以色列 PBU 家禽育种公司育成的四系配套褐壳蛋鸡良种，商品代雏鸡羽色自别雌雄，20 周龄体重 1.47 千克，开产日龄为 160～170 天，入舍母鸡 72 周龄产蛋量为 290～309 枚，平均蛋重 64 克，产蛋期料蛋比为 2.4：1。

⑥海赛克斯褐壳蛋鸡。这是荷兰尤利公司培育的优良蛋鸡品种（图 2-14），是我国褐壳蛋鸡中饲养较多的品种之一。海赛克斯褐壳蛋鸡具有耗料少、产蛋多和成活率高的优良特点。0～17 周龄成活率 97%，体重 1.4 千克，只鸡耗料量 5.7 千克；产蛋期（20～78 周）只日产蛋率达 50%的日龄为 145 天，入舍母鸡产蛋数 324 枚，产蛋量 20.4 千克，平均蛋重 63.2 克，饲料利用率 2.24，产蛋期成活率 94.2%，140 日龄后中鸡日平均耗料 116 克，产蛋期末母鸡体重 2.1 千克。商品代羽色为自别雌雄，分三种类型。

图 2-14 海赛克斯褐壳蛋鸡

⑦北京红鸡。由北京市第二种鸡场培育，商品代雏鸡羽色自别雌雄。具有适应性和抗病力强的特点，产蛋量高。开产日龄 140 天，入舍 40 周产蛋 110 枚，父母代种鸡 0～18 周龄存活率达 98%，产蛋期存活率 94%，72 周龄入舍鸡产蛋数 246 枚，平均每只母鸡产母雏 87.3 只。

图 2-15 北京白鸡

(2) 白壳蛋鸡系。

①北京白鸡（图 2-15）是北京市种禽公司在引进国外鸡种的基础上选育成的优良蛋用型鸡。它具有体型小、耗料少、产蛋多、适应性强、遗传稳定等特点。目前，配套系是北京白鸡 938，是根据羽速鉴别雌雄。其主要生产性能指标是：0～20 周龄成活率 94%～98%，21～72 周龄成活率 90%～93%，72 周饲养日产蛋数 300 枚，平均蛋重 59.42 克，料蛋比（2.23～2.32）：1。

②滨白鸡。滨白鸡是黑龙江省东北农学院育成的蛋用型配套品系杂交鸡，属来航鸡型。滨白鸡性成熟早，产蛋量高，蛋大，平均蛋重为 60 克，总蛋重为 13.5～15 千克，蛋的品质好，蛋壳结实，蛋壳白色，蛋型整齐。本类型鸡性情灵活，繁殖力高。

③海兰白鸡。海兰白鸡是美国海兰国际公司培育的。现有两个白壳蛋鸡配套系：海兰 W-36 和海兰 W-77。其特点是体型小、性情温顺、耗料少、抗病力强、产蛋多、脱肛及啄羽的发病率低。海兰 W-36 白壳蛋鸡的主要生产性能指标是：育成期成活率 97%～98%，0～18 周耗料量 5.66 千克；达 50%产蛋率日龄 155 天，高峰产蛋率 93%～94%，入舍鸡 80 周龄产蛋数 330～339 枚，产蛋期成活率 96%，料蛋比 1.99：1。

④迪卡 XL 白壳蛋鸡。美国迪卡家禽育种公司于 1975 年育成的高产良种蛋鸡，50%产蛋率日龄 142～150 天。高峰产蛋率周龄：27～29 周。成活率：育成期为 94%～96%，产蛋期为 90%～94%。高峰产蛋率：92%～97%。入舍母鸡产蛋数：60 周 235～245 枚；72 周 295～305 枚。入舍母鸡产蛋重：60 周 14.2～14.7 千克；72 周 18.2～20.6 千克。饲料转化率：60 周2.1～2.2；72 周 2.15～2.25。平均蛋重：61.5 克。

⑤伊莎巴布考克 B-300 蛋鸡。美国巴布考克公司育成的四系配套杂交蛋鸡。在世界上的分布范围仅次于星杂 288。北京种禽公司原种二场于 1987 年引进巴布考克曾祖代鸡。该鸡商品代生产性能如下：0～20 周龄成活率 96%，21～72 周龄成活率 94.5%，72 周龄入舍鸡产蛋数 288 枚，72 周龄产蛋总重量 17.2 千克，料蛋比（2.34～2.47）：1。

图 2-16 罗曼白壳蛋鸡

⑥罗曼白壳蛋鸡。由原联邦德国农业部罗曼畜禽育种有限公司培育而成（图 2-16）。产蛋率达 50%，日龄 148～154 天，高峰产蛋率 92%～95%，72 周龄入舍鸡产蛋数 295～305 枚，平均蛋重 62.5 克，料蛋比 2.1～2.3。10～18 周龄耗料 6.0～6.4 千克，20 周龄体重 1.30～1.35 千克，育成期成活率 96%～98%，产蛋期死淘率 4%～6%。

⑦海赛克斯白壳蛋鸡。该鸡系荷兰汉德克家禽育种公司育成的四系配套杂交鸡。以产

蛋强度高、蛋重大而著称，被认为是当代最高产的白壳蛋鸡之一。特点是白羽毛，白蛋壳，商品代雏鸡羽速自别雌雄。平均产蛋量 274 枚，平均蛋重 60.4 克，料蛋比 2.60∶1，成年鸡体重 1.91 千克。

2. 肉用鸡种

（1）白羽肉鸡系。

①爱拔益加肉鸡。简称 AA 白羽肉鸡（图 2-17），又称双 A 鸡。由美国爱拔益加种鸡公司培育而成。其特点为生长快、耗料少、耐粗饲、适应性和抗病力强。商品鸡羽毛整齐，均匀度好。公母平均 6 周龄体重 1.86 千克，耗料 5.87 千克，肉料比 1∶2.14。

图 2-17 爱拔益加肉鸡

②艾维茵肉鸡。艾维茵肉鸡（图 2-18）是美国艾维茵国际有限公司培育的三系配套白羽肉鸡品种。我国从 1987 年开始引进，商品鸡 42 日龄公母鸡平均体重 2.18 千克，料肉比 1.84∶1；49 日龄公母鸡平均体重 2.68 千克，料肉比1.98∶1；56 日龄公母鸡平均体重 3.15 千克，料肉比 2.12∶1。

图 2-18 艾维茵肉鸡

③明星肉鸡。该品种具有体形小，饲料消耗低，饲养密度大，出栏率高等特点，适合肉用仔鸡集约化、工厂化生产和农村专业户养殖。7 周周龄出栏，平均体重可达 2 千克左右，饲料转化比 1.95∶1，成活率 98%。

④宝星肉鸡。加拿大雪佛公司育成的四系杂交肉鸡。1978 年我国引入曾祖代种鸡译为星布罗，1985 年第二次引进曾祖代种鸡称为宝星肉鸡。

⑤彼德逊肉鸡。彼德逊白羽肉鸡是美国彼德逊公司推出的白羽肉鸡品种。父母代种母鸡 24 周龄体重为 2.57～2.68 千克。

⑥罗曼肉鸡。罗曼肉鸡是德国罗曼印第安河公司培育的白羽肉鸡配套系。商品鸡 35 日龄公母鸡平均体重 1.495 千克，料肉比 1.66∶1；42 日龄公母鸡平均体重 1.945 千克，料肉比 1.82∶1；49 日龄公母鸡平均体重 2.395 千克，料肉比 1.98∶1；56 日龄公母鸡平均体重 2.835 千克，料肉比 2.15∶1；63 日龄公母鸡平均体重 3.265 千克，料肉比 2.30∶1。

（2）有色羽肉鸡系。

①红波罗肉鸡。红波罗红羽肉鸡又名红宝，是加拿大谢弗种鸡有限公司培育的红羽肉用鸡种。该品种具有黄喙、黄脚、黄皮肤的“三黄”特征。父母代母鸡 24 周龄体重

2.22～2.38 千克，66 周龄体重 3～3.2 千克。肉料比 1∶2.2。

②狄高肉鸡。又名特格尔肉鸡，由澳大利亚狄高公司培育而成。7 周龄母鸡活重 2.122 千克，公鸡 2.489 千克，平均 2.310 千克，耗料 1.98 千克，死亡率 2.7%。

③安纳克-40 肉鸡。安纳克肉鸡由以色列 P.B.U 公司育成。商品代 6 周活重 1.98 千克，7 周活重 2.37 千克。

(3) 优质肉鸡系。

①石岐杂肉鸡。产于广东省中山市，母鸡体羽麻黄、公鸡红黄羽、胫黄，皮肤橙黄色。

②新兴黄鸡 2 号。华南农大与温氏南方家禽育种有限公司合作培育，抗逆性强，能适应粗放管理，毛色、体型均匀一致。

③岭南黄鸡。广东农科院畜牧研究所培育的黄羽肉鸡，具有生产性能高、抗逆性强、体型外貌美观、肉质好和“三黄”特征。

第二节 鸡的人工授精及人工孵化

一、鸡的人工授精

鸡的人工授精技术是用人工方法将公鸡精液采出，经处理后，再用输精器将精液送入母鸡输卵管内，使母鸡卵子受精的过程。与自然交配相比，鸡的人工授精技术可以扩大公母比例，自然交配每只公鸡只能配 10～20 只母鸡，而人工授精 1 只公鸡可以配 30～50 只母鸡。这样可以少养公鸡，降低饲养成本。同时人工授精操作方便，种蛋清洁，可以提高孵化率。

(一) 准备工作

(1) 采精和输精用具的消毒。采精杯、集精杯、试管、吸管、输精枪要用试管刷洗刷，清水冲洗后，再用蒸馏水洗干净，放入干燥箱消毒待用。

(2) 输精用的胶头特别要消毒彻底。每次使用前，先用清水冲洗，用脱水机脱水 5 分钟→放入第 1 桶装有 75%的酒精里浸泡 10 分钟→脱水 5 分钟→放入第 2 桶酒精里浸泡 5 分钟→用蒸馏水冲洗 2 次→脱水 5 分钟→放入恒温箱（50℃）干燥 2 小时待用。

(3) 采精和输精操作人员进入鸡舍前要做好常规的消毒，特别是双手的消毒。

(二) 采精方法

采用两人合作按摩法采精。一人操作一人做助手。助手从鸡笼里抓出公鸡，左手抓住鸡的双翅，右手抓住双脚，人坐在事先准备好的小方凳上，并把鸡的双脚交叉夹在操作者双腿里，使鸡头向左背朝上。采精者左手掌心向下，紧贴公鸡腰背，向尾部做轻快而有节奏的按摩。同时右手接过采精杯，用中指和无名指夹住，杯口朝外，拇指与其余四指分开放在公鸡的耻骨下方，做腹部按摩准备。当左手从公鸡背部向尾部按摩，公鸡出现泄殖腔外翻或呈交尾动作（性反射）时，用按摩背部的左手掌迅速将尾羽压向背部，并将拇指与食指分开放于泄殖腔上方，做挤压准备。同时用右手在鸡腹部进行轻而快的抖动按摩，当泄殖腔外翻，露出勃起的退化阴茎时，左手拇指与食指立刻捏住泄殖腔外缘，轻轻压挤，当排精动作出现时，夹着采精杯的右手迅速翻转，手背朝上，将采精杯放在泄殖腔下边，配合左手将精液收入采精杯内。如此方法重复2～3次即完成一只公鸡的采精。采出精液后助手把公鸡放回原笼再作下一个只公鸡的采精。公鸡的正常精液为乳白色，每只公鸡每次可采精液0.5～1毫升。每天或隔天采精1次。

（三）输精措施

母鸡的输精采用输卵管外翻输精法，也是由两人合作完成。操作方法是：一人用右手抓住母鸡的双脚把母鸡提起，鸡头朝下，肛门向上。左手掌置母鸡耻骨下，用尾指和无名拨开泄殖腔周围的羽毛，并在腹部柔软处施以压力。施压时尾指、无名指向下压，中指斜压、食指与拇指向下向内轻压即翻出输卵管。在翻出输卵管同时，另一人用输精枪预先吸取精液向输卵管输精。输精枪的胶头插入输卵管2.5～3厘米，在插到2.5～3厘米处的瞬间，稍往后拉，以解除对母鸡腹部的压力，这时向输卵管快速输精。

（四）注意事项

一般情况下，只要遵守采精和输精的技术要求，受精率可以达到85％以上。但进行鸡人工授精必须注意如下几个方面的问题。

（1）保持公鸡健壮。精液中精子浓度低或精子活力不高，死精和畸形精子多是影响受精率的因素。实践证明，有些公鸡射精量虽少，但精子浓度和精子活力都很高，输精量低仍能取得很高的受精率。挑选精液品质好的公鸡十分重要。因此必须对公鸡的精液品质进行定期检查，及时淘汰精液品质差的公鸡，并加强饲养管理，保证公鸡健壮、精液品质好。

（2）采精时，从鸡笼抓出公鸡要立即操作采精，否则，时间越长，动作越迟缓，越会导致采不出精液或采精量少。

（3）采出精液后要及时用吸管导入集精杯内，并及时把精液中的血、尿、屎等杂物清除，以免精液被污染而影响精液品质。

（4）精液存放的时间越长活力越低，受精率也越低，因此如果是原精液输精，必须在采出精液后半小时内输完。如果稀释精液短期保存后输精，应于采精15分钟内稀释，在5℃下保存。稀释时可用含5.7％葡萄糖的生理盐水进行1∶2稀释。

（5）输精时，先将母鸡输卵管翻出，才能将精液输入。输精应注意输精的深度。不同的深度对受精率有较大的影响。根据我们的实践经验，输精适宜深度为2.5～3厘米。

（6）输精量，一般情况下，原精液输精0.015～0.03毫升，稀释1∶1的输入量为0.04～0.06毫升。输精最好在下午3点钟绝大部分母鸡产完蛋后进行。

（7）在44周龄后，有些母鸡的输卵管难以翻出。在正确的手势下都难翻出输卵管的母鸡大多数是不产蛋的，对于这种母鸡应予淘汰。

（8）输精过程中，往往有极少数的母鸡输卵管内有待产蛋，这时应将这种鸡挑出，待产下蛋后再输精。

二、鸡的人工孵化

鸡的孵化是养鸡生产中的重要环节。鸡的胚胎发育主要依靠蛋中的营养物质和适宜的外界条件。人工孵化是人为地创造适合鸡胚胎发育的外界条件，使胚胎利用蛋中的营养发育，获得大量优良品质的雏鸡。孵化效果的好坏不仅影响雏鸡的数量和质量，也影响着鸡以后的生长发育和生产性能。

（一）种蛋的形成及结构

1. 种蛋的形成

种蛋是在母鸡生殖器官内形成的。母鸡的生殖器官主要包括卵巢和输卵管两部分。

当母鸡性成熟时，卵巢上生成许多大小不等，发育阶段不同的卵细胞（即蛋黄），外面包有卵黄囊。卵子成熟后，卵黄囊破裂，卵细胞掉入输卵管，称为排卵。输卵管按形态和功能由前向后分为五个部分：一是漏斗，形如喇叭，中央为缝状的输卵管腹腔口（漏斗口），排卵后，卵子在此与精子结合形成受精卵。二是膨大部，在活动期呈乳白色，内有发达的腺体，分泌蛋白，因此又称蛋白分泌部。主要分泌浓蛋白，并形成蛋黄两端的系带。三是峡部，较细而短。峡部泌角蛋白，形成蛋壳膜。四是子宫部，该部最宽，呈囊状，壁较厚，肌层发达，黏膜呈灰或灰红色，腺体分泌碳酸钙、碳酸镁，形成蛋壳及蛋壳的色素。子宫腺又称壳腺，因此子宫又称壳腺部，卵在此停留时间最长。五是阴道部，为输卵管最后一段。是蛋的通道，主要分泌油脂，包于蛋壳外部，起润滑作用，便于产蛋，同时对蛋也起保护作用。蛋在此处停留时间很短，每次产蛋后 15～25 分钟又开始排卵，每形成一个蛋需 24～25 小时以上。

2. 种蛋的构造

种蛋的结构包括蛋壳、蛋清、卵黄、蛋壳膜以及胚盘或胚珠几部分组成，如图 2-19 所示。

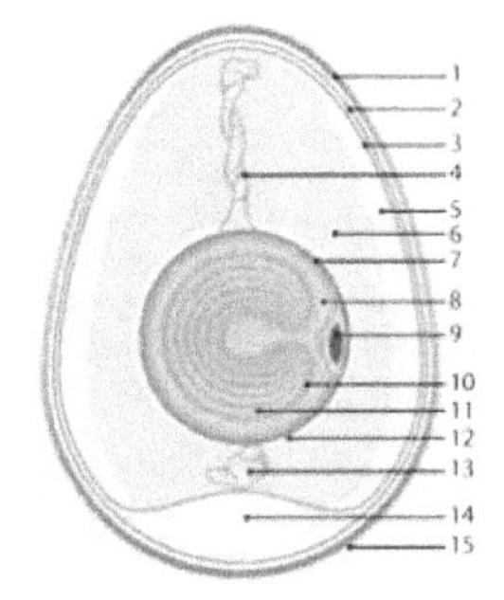

图 2-19 种蛋的构造

（1）胚珠或胚盘。

蛋黄表面有一白色小圆点，未受精的称为胚珠，受精后的称为胚盘。胚盘发育成胚胎。外观胚盘中央呈透明状的部分称为明区，周围不透明的部分称暗区。胚珠没有明暗之分，且比胚盘小，据此剖视种蛋可估测其受精率。由于胚盘密度较蛋黄小并有系带固定，不管蛋的放置位置如何变化，胚盘始终在卵黄的上方。

（2）蛋清。

高质量的孵化蛋含有较高比例的厚的、黏稠的蛋清。蛋清会随着鸡群日龄增长和储藏时间而变稀。高质量的蛋清是半透明的，有绿色的或黄色的投影表明含核黄素。肉斑或血斑说明鸡群存在应激或者过分拥挤。

（3）卵黄。

卵黄的大小随着鸡群日龄的增加而增加，因此卵黄/蛋清的比例也增加。在质量好的孵化蛋中，卵黄具有一致的颜色，没有任何血斑或者肉斑。卵黄有杂色说明鸡群存在应激。

（4）蛋壳。

高质量的孵化蛋的蛋壳是光滑的，没有皱纹或蛋壳表面没有钙化物质的堆积。同一批蛋的颜色应该是一致的。青年父母代鸡所产的蛋蛋壳较厚，随着鸡群日龄的增长，蛋壳会逐渐变薄且畸形蛋壳的发生率也增加。饲料中钙或维生素 D_3 含量不足产出的蛋蛋壳也较薄。盐水饮用不足及高水平氯也会导致蛋壳问题发生。畸形白色、厚壳蛋可能说明鸡群存在各种疾病（IB、NCD、EDS）。

（二）畸形蛋的种类及形成原因

常见的畸形蛋有双黄蛋、无黄蛋、软壳蛋、异物蛋、蛋包蛋等。

1. 双黄蛋

正常蛋只有一个蛋黄，双黄蛋(图 2-20)常较正常蛋为大，破壳后有两个蛋黄，这是因为始产期或盛产季节，两个蛋黄同时成熟排出或一个成熟排出，另一个尚未完全成熟，但因母鸡受惊时飞跃，物理压力迫使卵泡缝痕破裂而与上一个卵黄几乎同时排出。因而被喇叭部同时纳入，经过膨大部、管腰部、子宫部，像正常蛋一样，包上蛋白，内外蛋壳膜，渗入子宫液，包上蛋壳、胶护膜，最后经阴道部产出体外，即成较正常蛋大的双黄蛋。有时还可遇到更大的三黄蛋，其成因与双黄蛋同。

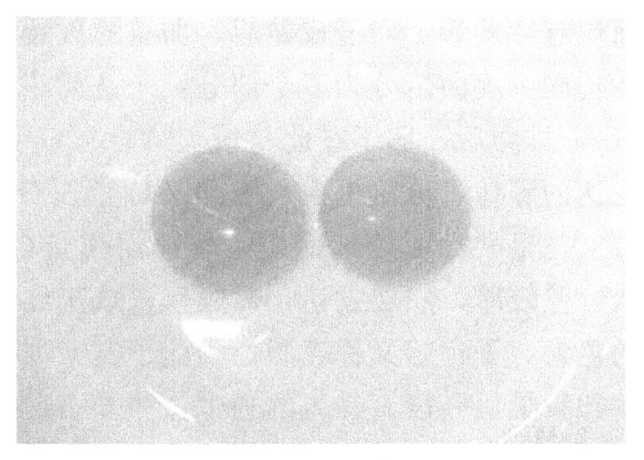

图 2-20 双黄蛋

图 2-21 无黄蛋

图 2-22 软壳蛋

2. 无黄蛋

母鸡在产蛋期中，有时产出特别小的蛋，破视无蛋黄（图 2-21），而仅在中央有一块凝固蛋白，有时中央出现一块血块，或脱落的黏膜组织，这是因为盛产季节，膨大部分泌机能旺盛，输卵管蠕动，出现一块较浓的蛋白经扭转后，包上继续分泌的蛋白、蛋壳膜等而产出体外，形成特小的无黄蛋。如果卵巢上出血，卵泡膜组织部分脱落，被输卵管喇叭部纳入后，便照样蠕动下行，包上蛋白、蛋壳膜、蛋壳而产出体外。

3. 软壳蛋

家禽在营养上如缺乏钙质和维生素 D；或由于病理原因，子宫部分泌蛋壳机能失常；或由于母禽输卵管内寄生有蛋蛭；或由于接种疫苗产生强烈反应阻碍蛋壳形成；或因母鸡受惊，输卵管壁肌肉收缩，蛋壳尚未形成，即行排出体外等，都可形成软壳蛋（图 2-22）。

4. 异物蛋

正常蛋打开后，间或可见低系带附近或蛋白中有血块、系膜、壳膜、凝固蛋白以及寄生虫等，都称为异物蛋（图 2-23）。其原因为卵巢出血；或脱落卵泡膜随卵黄进入输卵管；或输卵管内反常分泌的壳膜、凝固蛋白随蛋黄下行；或肠道内寄生虫，移行到泄殖腔，上爬进入输卵管又随卵黄下行，包入蛋白所致。

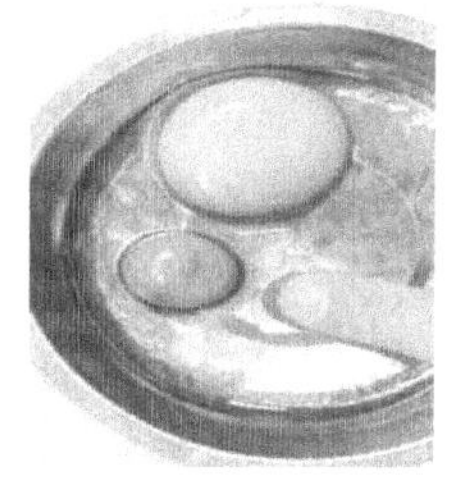

图 2-23 异物蛋

5. 蛋包蛋

家禽在盛产季节，可遇到特大的蛋，破壳后内常有一正常的蛋，外包裹着蛋白、内外蛋壳膜和蛋壳，称为蛋包蛋（图 2-24）。形成这种蛋的原因，是因蛋移行到子宫部形成蛋壳后，由于受惊或某些生理反常现象，输卵管发生逆蠕动，将形成的蛋推移到输卵管上部，再向下移行，又包上蛋白、蛋壳膜和蛋壳，形成蛋包蛋。

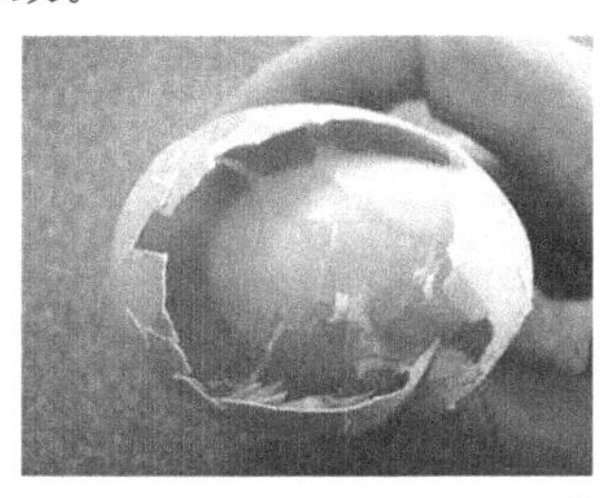

图 2-24 蛋包蛋

（三）种蛋的选择、保存、运输和消毒

1. 种蛋的选择

种蛋的质量直接影响孵化率和雏鸡的品质，还会影响到以后雏鸡的成活率、健康状况以及成鸡的生产性能。因此，种蛋入孵前必须进行严格选择。

（1）种蛋来源：种蛋必须来自高产、健康无病、饲养管理正确、配偶比例适当的种鸡群，才能保证获得较高的受精率和孵化率。

（2）种蛋要求新鲜：用于孵化的种蛋应当愈新鲜愈好。随着保存时间延长，种蛋的孵化率逐渐降低。

（3）种蛋大小：种蛋大小要适中，过大或过小的蛋都不能用。蛋用型重：种鸡开产后前 12 周蛋重 52 克，以后蛋重 55 克以上。肉用型重：种鸡开产后前 12 周蛋重 50 克，以后蛋重 52 克以上。无论是蛋用型还是肉用型的种蛋都不能超过 65 克。

（4）形状正常：正常蛋为卵圆形，蛋形指数为 0.72～0.76。过长、过圆、两头尖中间大或一头特大一头特小等畸形蛋均不能选用。

（5）内部品质要好：用灯光照检，凡种蛋内部粘壳、散黄、蛋黄流动性大、蛋内有气泡、气室偏、气室流动、气室在中间或在小头的蛋，均不宜用于孵化。

（6）蛋的剖检：每批可随机抽出几个种蛋，将蛋打开放入平玻璃容器，新鲜种蛋的蛋白较浓，蛋黄隆起；不新鲜种蛋的蛋白稀薄，蛋黄相对较扁平。

2. 种蛋的保存

（1）温度：种蛋保存温度最好是 8～20℃，最适宜的温度是 10～15℃。种蛋保存在零度的气温下，蛋白就会凝固，胚胎死亡不能孵化。室温如高于 25℃时，蛋内胚胎就会开始发育。对于华北地区夏季气温高，最好是将种蛋放在阴凉通风的地下室内，以免影响孵化率。

（2）时间：种蛋一般保存 3～7 天较好，保存 3 天以内的种蛋孵化率最高。即使在最合适的温度条件下保存的种蛋，若时间超过 10 天，孵化率也会下降。

（3）湿度：保存种蛋室内适宜的相对湿度是 75%～82%，如果保存的地方潮湿，而通风良好，相对湿度可以稍低些，如保存的地方干燥，则相对湿度可以稍高些。

（4）通风换气：通风换气是保存种蛋的重要条件之一。因此，在放种蛋的地方必须通风良好，否则，在梅雨季节，霉菌很容易在蛋壳上繁殖。要把种蛋放在蛋盘里和蛋架上，蛋的大头（气室）向上，小头向下，这样既可以通风，又可以防止胚胎与内壳粘连。

3. 种蛋的运输

（1）种蛋的包装：引进种蛋时常常需要长途运输，如果保护不当，往往引起种蛋破损和系带松弛、气室破裂等，导致孵化率降低。

包装种蛋最好的用具是专用的种蛋箱（长 60 厘米×宽 50 厘米×高 40 厘米，250 个）或塑料蛋托盘。种蛋箱和蛋托盘必须结实，能经受一定压力，并且要留有通气孔。装箱时必须装满，必须使用一些填充物防震。如果没有专用种蛋箱，也可用木箱或竹筐装运，此时可用废纸将种蛋逐个包好，装入箱筐内，各层之间填充锯木面或刨花、稻草等填充垫料，防止撞击和震动，尽量避免蛋与蛋的直接接触。不论使用什么工具包装，尽量使大头向上或平放，排列整齐，以减少蛋的破损。

（2）种蛋的运输：运输种蛋的工具要求快速、平稳、安全，在种蛋的运输过程中，运输时不可剧烈颠簸，以免强烈震动引起蛋壳或蛋黄膜破裂，损坏种蛋；同时应注意避免日晒雨淋，影响种蛋的品质。因此，在夏季运输时，要有遮阴和防雨设备；冬季运输应注意保温，以防受冻。装卸时轻装轻放，严防强烈震动。种蛋运到目的地后，应立即开箱检查，取出种蛋，剔除破损蛋，进行消毒，尽快入孵。

4. 种蛋的消毒

从理论上讲，最好在蛋产出后立刻消毒，但这在生产中难以做到。比较可行的办法是每次捡蛋完毕，立刻进行消毒。种蛋入孵后，在入孵器里进行第二次消毒。虽然种蛋有胶质层、蛋壳和内外壳膜等几道自然屏障，但它们都不具备抗菌性能，所以细菌仍可进入蛋内，降低孵化率和影响雏鸡质量。因此，必须对种蛋进行认真消毒。

种蛋消毒方法很多，但以甲醛熏蒸法和过氧乙酸熏蒸法较为普遍。

甲醛熏蒸消毒法：甲醛熏蒸消毒法消毒效果好，操作简便。对清洁度较差或外购的种蛋，每立方米用 42 毫升福尔马林加 21 克高锰酸钾，在温度 20～26°C，相对湿度 60%～70%的条件下，密闭熏蒸 20 分钟，可杀死蛋壳上 95%～98.5%的病原体。在入孵器里进行第二次消毒时，每立方米用福尔马林 28 毫升、高锰酸钾 14 克，熏蒸 20 分钟。

过氧乙酸熏蒸消毒法：过氧乙酸是一种高效、快速、广谱消毒剂。消毒种蛋时，采用含 16%的过氧乙酸溶液 40～60 毫升，加高锰酸钾 4～6 克，熏蒸 15 分钟。

（四）种蛋的入孵

入孵或称上蛋。一切准备就绪以后，即可上蛋正式开始孵化。种蛋在保存期间一般温度较低，为使上蛋后能很快地恢复机内的温度，在孵化前 12 小时左右即先把装好盘的蛋架推至孵化室中进行预温。上蛋的时间可在下午 4 时以后，如此大批出雏时可以赶上白天，工作比较方便。上蛋的方法依孵化机的规格而异，一般是每 3～5 天上 1 次蛋，每次上 1 套蛋盘。入孵时使每套蛋盘在蛋架上的位置互相交错起来，以便“新蛋”和“老蛋”能互相调节温度。通风和调温性能良好的现代孵化器，可 1 次装满种蛋，或分区、分批上蛋。

(五) 孵化条件

由于孵化机已经机械化、自动化，管理非常简单，主要注意温度的变化，观察控制系统的灵敏程度。遇有失灵情况及时采取措施。注意孵化机内的湿度。非自动调湿的孵化机，每天要及时往水盘内加温水，要注意湿度计的纱布在水中容易因钙盐作用而变硬或沾染灰尘和绒毛等，影响水分的蒸发。必须保持清洁，应经常清洗或更换，湿度计的水管只盛蒸馏水。孵化器的风扇叶片和蛋架等均应保持清洁，无灰尘，否则影响机内的通风，污染正在孵化的胚胎。应经常留意机件的运转情况，如电动机是否发热，机内有无异常的声响等。孵化的温度、湿度、通风和翻蛋等始终控制在最佳范围。

1. 温度

温度是胚胎发育的首要条件。只有在适宜的环境温度下家禽胚胎才能正常发育。

高温是影响孵化效果最主要的环境因素，主要包括：①影响胚胎发育：发育迅速，孵化期缩短，死亡率增加。②影响出雏：雏鸡软弱、干瘦、质量下降；胚胎闷死多、孵化率低。生产上应尽可能避免高温，特别是孵化后期。

低温的危害主要表现在：①胚胎发育慢，孵化期延长，死胎率增多；雏鸡卵黄吸收不良。②孵化前期（1～7 天）影响较大，孵化后期影响较小。

通常鸡胚胎发育的适宜温度为 37～38℃。在 25℃环境温度下，机器孵化机设定的适宜温度为：孵化期（1～19 天）37.5～37.8℃，最适温度为 37.8℃；出雏期（20～21 天）36.9～37.2℃。

2. 湿度

湿度过低，蛋内水分蒸发过快，出雏个体消瘦，干燥，易脱水；湿度过高，出壳雏鸡腹部过大。适宜湿度：一般 40%～70%，孵化期 50%～60%，出雏期 75%。湿度与温度的关系：孵化前期温度高而湿度要求则适低，出雏期温度低而湿度要求适高。生产中要严防高温高湿问题。

3. 通风换气

(1) 目的：保持孵化机内适量的需氧量，排出过多的 CO_2，使其不超过 0.5%；氧气保持 20%左右。

(2) 实践操作：夏季要通风降温。高海拔地区则要通过：孵化机输氧。降低通风率既能节约氧气及电能，又能维持一定湿度，有利于出壳。

4. 翻蛋

(1) 翻蛋的作用。

有人观察，抱窝鸡 24 小时用爪、喙翻动胚蛋达 96 次之多。孵化时蛋黄脂肪多，其比重较轻而浮于稀蛋白的上面。如果不转蛋，胚胎就会与蛋外层的壳膜接触，发生粘连，造成胚胎死亡。

（2）翻蛋的要求。

一般每隔2小时翻蛋1次，每次翻蛋的角度以水平位置为准，前俯后仰各45度，翻蛋角度不当，会降低孵化率。翻蛋在孵化前期更为重要。机器孵化时到18日龄后可停止翻蛋。

5. 照蛋

为了解胚胎的发育情况并及时剔除无精蛋和死胚蛋，一般在孵化的第7天、第14天和第21或第22天进行3次照蛋，通过照蛋观察胚蛋的发育情况。

（1）正常发育胚蛋。通过头照可见蛋黄扩大并偏于一侧，胚胎已发育成像蜘蛛形状，其周围血管明显分布，并可看到胚胎上的眼点。将蛋微微摇动，胚胎亦随之而动。通过二照可见除气室外，其余部分都布满了粗大的血管，尿囊血管在蛋的小头合拢。通过三照可见胚胎发黑，气室大，逐渐向一侧倾斜，倾斜的边缘为卷曲状，气室中有黑影闪动，且摸蛋发热。

（2）无精蛋。头照发现蛋颜色发淡，其内部没有什么变化，隐约可见蛋黄的影子，看不到血管。

（3）死胚蛋。头照发现的死胚蛋无血管，蛋的内容物混浊而流动，或有残余血丝，或可见死亡的胚胎阴影。三照可发现死胚蛋，气室小，界限不明显及混浊不清；蛋小头内颜色不发黑，且摸之发凉。

6. 落盘

入孵到第21或第22天，把胚蛋移入出雏盘或出雏器，同时调整温、湿度使之符合出雏的相应条件。落盘与第3照同时进行。

7. 出雏

胚胎发育正常时，满23天就开始出雏。此时应关闭机内的照明灯，以免雏鸡骚动影响出雏。出雏期间，视出壳情况，拣出空蛋壳和绒毛已干的雏鸡，以利继续出雏。一般出雏达30%～40%才拣1次，以后每隔4小时拣1次。不可经常打开机门，否则会使温度、湿度降低，影响出雏。出雏期如气候干燥，孵化室地面应经常洒水，以利保持机内足够的湿度。

（六）孵化效果的统计分析

无论孵化成绩好坏，都应经常检查和分析孵化效果，以指导孵化工作和种鸡的饲养管理。

1. 衡量孵化效果的指标

有了孵化期间的孵化温度、相对湿度，翻蛋、照蛋检出的无精蛋、死胚蛋、破蛋，出雏的健雏数、残弱雏数、死胎数，以及供电等情况的完整记录资料，在每批出雏后立即进行资料的统计分析。主要指标有以下几项。

（1）受精率：受精率＝受精蛋数/入孵蛋数×100%；受精蛋包括活胚蛋和死胚蛋。一般水平应在90%以上。

（2）早期死胎率：早期死胎率＝1－5胚龄死胎数/受精蛋数×100%；通常统计头照（5胚龄）时的死胎数。正常水平在1.0%～2.5%范围内。

（3）受精蛋孵化率：受精蛋孵化率＝出雏的全部雏禽数/受精蛋数×100%；出雏的雏禽数包括健雏、残弱雏和死雏。高水平应达92%以上。此项是衡量孵化场孵化效果的主要指标。

(4) 入孵蛋孵化率：入孵蛋孵化率＝出雏的全部雏禽数/入孵蛋数×100%。高水平达到87%以上。该项反映种禽场及孵化场的综合水平。

(5) 健雏率：健雏率＝健雏数/出雏的全部雏禽数×100%。高水平应达98%以上。孵化场多以售出的雏禽视为健雏。

(6) 死胎率：死胎率＝死胎蛋数/受精蛋数×100%；死胎蛋一般指出雏结束后扫盘时的未出雏的种蛋（俗称“毛蛋”）。如果孵化效果不理想，还可以对这些胚蛋进行剖检，以确定胚胎死亡的具体时间。

2. 孵化效果的检查

(1) 照蛋（验蛋）。

各种家禽照蛋时间，见表2-1。

表2-1　家禽照蛋时间

照蛋	孵化天数			胚胎发育特征
	鸡（小时）	鸭、火鸡（小时）	鹅（小时）	
头照	5～6	6～7	7～8	黑眼
抽检	10～11	13～14	15～16	合拢
二照	19	25～26	28	闪毛

(2) 各种胚蛋的判别。

①正常的活胚蛋。

剖视新鲜的受精蛋，肉眼可以看到蛋黄上有一个中心透明、周围浅暗的圆形胚盘，有明显的明暗之分。头照可以明显地看到黑色眼点，血管成放射状且清晰，蛋色暗红。10天照蛋时尿囊绒毛膜合拢，整个蛋除气室外布满血管，19胚龄胚胎气室向一侧倾斜，有黑影闪动，胚蛋暗黑。

②弱胚蛋。

弱胚蛋头照胚体小、黑眼点不明显、血管纤细且模糊不清，或看不到胚体和黑眼点，仅仅看到气室下缘有一定数量的纤细血管。抽验时胚蛋小头未合拢，呈淡白色。二照时气室比正常的胚蛋小，且边缘不齐，可看到红色血管。因胚蛋小头仍有少量蛋白，所以照蛋时胚蛋小头浅白发亮。

③无精蛋。

俗称“白蛋”，头照时蛋色浅黄发亮，看不到血管或胚胎，气室不明显，蛋黄影子隐约可见。

④死精蛋。

俗称“血蛋”，头照时可见黑色或红色血环贴在蛋壳上，有时可见死胎的黑点静止不动，蛋色透明。

⑤死胎。

俗称毛蛋，二照时气室小且不倾斜，边缘模糊，颜色粉红、淡灰或黑暗，胚胎不动。

另外还有破蛋和腐败蛋需要在照蛋时剔除。

3. 胚胎死亡原因的分析

整个孵化期胚胎死亡的分布有一定规律。胚胎死亡在整个孵化期不是平均分布的，而是存在着两个死亡高峰：第一个高峰在孵化前期，鸡胚在孵化前3天至5天；第二个高峰出现在孵化后期（第18天后）。第一高峰死胚率约占全部死胚数的15%，第二高峰约占50%。第一个高峰死亡原因：胚胎生长迅速，形态变化显著，对外界变化尚未完善，维生素A缺乏，过渡熏蒸。第二个高峰死亡原因：胚胎从尿囊绒毛膜呼吸到肺呼吸时期，对环境的要求更高。但是对高孵化率鸡群来讲，鸡胚多死于第二高峰，而低孵化率鸡群第一、二高峰期的死亡率大致相似。有时也把死亡高峰分为四个，即蛋产出时、孵化前期、孵化中期和出雏期。

(七) 影响孵化率的因素

影响孵化成绩的三大因素是种禽质量、种蛋管理和孵化条件，第一、二因素合并决定入孵前的种蛋质量，是提高孵化率的前提。营养缺乏对孵化的影响见表2-2，孵化不良的效果分析见表2-3。

表2-2 营养缺乏对孵化率的影响

营养成分	症 状
维生素A	孵化48小时死亡
维生素D_3	在孵化的18～19天死亡，雏鸡骨骼发育不良
维生素E	在孵化的4～5天死亡，渗出性素质症，伴有1～3天期间死亡率
维生素K	18天不明原因的出血死亡，出血，胚胎有血凝块
锰	突然死亡，18～21天死亡率高，鹦鹉嘴，绒毛异常
硒	孵化率低，皮下积液，早期死亡率高

表2-3 孵化不良效果的分析

不良现象	原 因
蛋爆裂	蛋胀，被细菌污染
胚胎死2～4天	种蛋储存太长，种蛋被剧烈震动，种鸡染病，孵化温度过高或过低
雏鸡个体过小	种蛋产于炎热天气，蛋小，蛋壳薄或沙皮，孵化1～19天湿度过低
双眼闭合	20～21天温度过高，湿度过低，出雏期绒毛飞扬

影响种蛋中胚胎存活的主要因素有4项。

(1) 机械损伤：包括直接损伤和震动、搬运、运输过程中的损伤。

(2) 脱水：种蛋产出母体后，就开始蒸发水分。此时蛋白高度下降，浓蛋白层变稀，蛋白保护层变形、缓冲作用减弱；胚胎细胞脱水。

(3) pH变化：CO_2浓度起着重要作用。pH变化影响胚胎细胞代谢，造成胚胎细胞损伤。在输卵管中，种蛋中溶解CO_2浓度较高，种蛋产出后，溶解CO_2浓度不断降低，pH升高（>9.0）。

(4) 接触氧气：蛋白pH升高、脱水和胚胎相对位置的变化，使胚胎与氧气的接触增加，氧化作用增强，致使胚胎细胞受损或死亡。

(八) 初生雏鸡的雌雄鉴别

雏鸭和雏鹅的生殖突起比较明显，可以通过触摸泄殖腔生殖突起分辨公母。初生雏鸡的雌雄鉴别方法主要有伴性遗传鉴别法和肛门鉴别法。肛门雌雄鉴别法需要专门的技术培训才能掌握技术要领

1. 据生殖突起来鉴别

此法最好在雏鸡出壳后 2～12 小时进行，最迟不要超过 24 小时，否则生殖突起萎缩，鉴别比较困难。操作方法：在雏鸡出壳后绒毛干燥能够站立时，将其握在手中排除粪便，用中指与无名指夹住雏鸡的头部，大拇指固定其肛门上方，用右手大拇指和食指轻轻按捺肛门旁边，使肛门轻轻翻开，若见到如米粒的突起物（阴茎），则为公雏，母雏没有或仅有残留痕迹。也可用手指轻按其肛门，如感触到有麻粒或油菜子大小的突出物，是公雏，否则是母雏。

2. 伴性遗传鉴别法

利用伴性遗传原理，培育自别雌雄品系，通过不同品种或品系之间的杂交，根据初生鸡苗羽毛的颜色、羽毛生长速度等，快速、准确地辨别雌雄，此法目前应用最广泛。

(1) 快慢羽鉴别法。

用快羽型的公鸡与慢羽型的母鸡进行交配，其子代小鸡凡是快羽的都是母鸡，慢羽的都是公鸡，如伊利莎鸡等。鉴别方法为将小鸡翅膀拉开，可看见上下两排羽毛，下面一排称主翼羽，上面一排称覆主翼羽，它覆盖在主翼羽上面。如果主翼羽比覆主翼羽长，则为母鸡。如果主翼羽短于或等于覆主翼羽；主翼羽未长出，仅有覆主翼羽；主翼羽与覆主翼羽的羽干等长，但主翼羽的羽干前面毛梢稍长于覆主翼羽等情况，都为公鸡。

(2) 银色羽（白色）与金色羽（红色）鉴别法。

利用初生雏鸡绒毛颜色的不同，辨别雌雄。用金黄色的公鸡与银白色羽的母鸡进行交配，其子代小鸡凡是金黄色羽的都是母鸡，银白色羽的都是公鸡。例如，我国引进的褐壳蛋鸡伊萨褐、罗曼褐、海兰褐等都是采用羽毛鉴别的。由于存在其他羽色基因的作用，所以后代鸡苗羽毛颜色出现中间类型，公、母雏各有五种类型。

第三节　蛋鸡的饲养管理

一、鸡的常用饲料

鸡的饲料种类繁多，但根据其营养特性，大致可分为能量饲料、蛋白质饲料、矿物质饲料、维生素饲料和饲料添加剂。

(一) 能量饲料

1. 谷实类

这类饲料包括玉米、高粱、大麦、小麦、燕麦、谷子、荞麦等。

(1) 玉米。含能量高，含纤维少，适口性好，消化率高，是养鸡生产中用得最多的饲

料，素有饲料之王的称号。中等质地的玉米含代谢能 12.97～14.64 兆焦/千克，而且黄玉米中含有较多的胡萝卜素，用黄玉米喂鸡可提供一定量的维生素 A，可促进鸡的生长发育、产蛋及卵黄着色。玉米的缺点是蛋白质含量低，质量差，缺乏赖氨酸、蛋氨酸和色氨酸，钙、磷含量也较低。在鸡的饲粮中，玉米占 50%～70%。

(2) 小麦。含蛋白质及热能很高，氨基酸的配合比较完善，B 族维生素含量也相当丰富，与玉米配合使用效果更好。但小麦是人的主要粮食，故纯小麦供饲用者甚少。

(3) 大麦、燕麦。蛋白质含量高于玉米，氨基酸中除亮氨酸及蛋氨酸外均比玉米多，但利用率比玉米差。粗纤维为玉米的 2 倍左右，代谢能约是玉米的 89%，B 族维生素含量丰富，但脂溶性维生素 A、维生素 D、维生素 K 含量较低。含磷较丰富，但属植酸磷，利用率仅 31%。大麦饲喂蛋鸡的效果明显低于玉米，会因热能不足而增加采食量及排泄物。大麦因不含色素，对肉鸡肤色、蛋黄无着色功能。

(4) 高粱。高粱含能量与玉米相近，但含有较多的单宁（鞣酸），因此味道发涩，适口性差，饲喂过量还会引起便秘。一般在鸡饲粮中用量不超过 10%～15%。

2. 糠麸类

(1) 麸皮。营养价值受小麦加工过程中出粉率的影响，出粉率高则麸皮的粗纤维含量高，淀粉含量低，麸皮的营养价值就低。麸皮中含有丰富的 B 族维生素，但缺乏维生素 B12。磷含量较高。其最大的缺点是钙、磷比例极不平衡。麸皮的有效能值不高，常用来调节日粮中的能量浓度。小麦麸皮结构疏松，且含有轻泻性盐类，可以刺激胃肠的蠕动。

(2) 米糠。米糠的粗纤维含量比麦麸稍高，约 9%。粗脂肪含量较高，可达 15%～16%，且其中不饱和脂肪酸含量较高，易酸败变质，也易发热、霉变。与麦麸相比，米糠的能量含量较高。

(二) 蛋白质饲料

1. 植物性蛋白质饲料

(1) 豆饼（粕）。蛋白质含量和蛋白质营养价值都很高，含赖氨酸多，是鸡常用的最优良的植物性蛋白质饲料，用量可占日粮的 10%～25%。

(2) 花生饼（粕）。营养价值仅次于豆饼（粕），配料时可以和鱼粉、豆饼一起使用，一般用量可占日粮的 5%～10%。

(3) 其他饼（粕）。如菜籽饼（粕）、棉籽饼（粕）、芝麻饼（粕）等，蛋白质含量较高，用量可占日粮的 5%～10%。菜籽粕、棉籽粕因其含有有毒物质，必须经过脱毒处理才可利用。

2. 动物性蛋白质饲料

常用的包括鱼粉、肉骨粉、血粉、羽毛粉等。其中鱼粉蛋白质含量高，必需氨基酸的组成比较全面，尤以蛋氨酸、赖氨酸含量高，而且各种氨基酸比例较适当。维生素 B 族含量高，其中 B_{12} 最高，同时还有促进动物生长的其他物质。矿物质含量高而且钙磷比例适宜。无氮浸出物少，不含粗纤维。鱼粉是养鸡业中最理想的蛋白质饲料，但价格较高，其用量占 3%～7%。玉米/豆饼日粮与少量的鱼粉搭配，在雏鸡、产蛋鸡和种鸡饲养上都能取得满意的效果。但鱼粉会使畜肉禽蛋产生不良气味，特别是含鱼油较多、贮存时间较长的鱼粉，在利用时应加以注意。

（三）矿物质饲料

矿物质饲料是为了补充植物性和动物性饲料中某种矿物质不足而利用的一类饲料。大部分饲料中都含有一定量矿物，在散养和低产的情况下，看不出明显的矿物质缺乏症，但在舍饲、笼养、高产的情况下矿物质需要量增多，必须在饲料中添加。

（1）食盐。食盐主要用于补充鸡体内的钠，保证鸡体正常新陈代谢，还可以增进鸡的食欲，用量可占日粮的0.3％～0.5％。

（2）贝壳粉、石粉、蛋壳粉。三者均属于钙质饲料。一般在配合饲料中用量：雏鸡、青年鸡、肉用仔鸡占1％～2％；产蛋鸡占8％。贝壳粉是最好的钙质矿物质饲粉，含钙量高，又容易吸收；石粉价格便宜，含钙量高，但鸡吸收能力差；蛋壳粉可以自制，将各种蛋壳经水洗、煮沸和晒干后粉碎即成，蛋壳粉的吸收率也较好，但要严防传播疾病。

（3）骨粉。骨粉含有大量的钙和磷，而且比例合适。添加骨粉主要用于弥补饲料中含磷量不足，在配合饲料中用量可占1％～2％。

（4）砂砾。砂砾有助于肌胃中饲料的研磨，起到“牙齿”的作用，舍饲鸡或笼养鸡要注意补饲，不喂砂砾时，鸡对饲料的消化能力大大降低。据研究，鸡吃不到砂砾，饲料消化率要降低20％～30％，因此必须经常补饲砂砾。

（5）沸石。沸石是一种含水的硅酸盐矿物，在自然界中多达40多种，沸石中含有磷、铁、铜、钠、钾、镁、钙、愡、钡等20多种矿物质元素，是一种质优价廉的矿物质饲料，在配合饲料中用量可占1％～3％。

（四）维生素补充饲料

现代化的养鸡场维生素一般均以维生素添加剂的形式补充，小规模的养鸡场或农户养鸡，也可以用青饲料和干草粉作为维生素的主要来源。

（五）饲料添加剂

现代工厂化养鸡所使用的配合饲料中，通常都添加一般饲料中缺乏的微量物质，即饲料添加剂，除维生素、微量元素、氨基酸这些营养性添加剂外，尚有抗生素、抗氧化剂、驱虫保健剂等非营养性添加剂。

二、雏鸡的饲养管理

雏鸡是指0～6周龄的鸡。

（一）雏鸡的生理特点

（1）雏鸡体温调节机能差。幼雏体温较成年鸡体温低3℃，雏鸡绒毛稀短、皮薄、皮下脂肪少、保温能力差，体温调节机能要在2周龄之后才逐渐趋于完善。所以维持适宜的育雏温度，对雏鸡的健康和正常发育是至关重要的。

（2）生长发育迅速、代谢旺盛。蛋雏鸡一周龄时体重约为初生重的2倍，至6周龄时约为初生重的15倍，其前期生长发育迅速，在营养上要充分满足其需要。由于生长迅速，雏鸡的代谢很旺盛，单位体重的耗氧量是成鸡的 3 倍，在管理上必须满足其对新鲜空气的需要。

（3）消化器官容积小、消化能力弱。幼雏的消化器官还处于一个发育阶段，每次进食量有限，同时消化酶的分泌能力还不太健全，消化能力差。所以配制雏鸡料时，必须选用质量好、容易消化的原料，配制高营养水平的全价饲料。

（4）抗病力差。幼雏由于对外界的适应力差，对各种疾病的抵抗力也弱，在饲养管理上稍疏忽，即有可能患病。在 30 日龄之内雏鸡的免疫机能还未发育完善，虽经多次免疫，自身产生的抗体水平还是难于抵抗强毒的侵扰，所以应尽可能为雏鸡创造一个适宜的环境。

（5）敏感性强。雏鸡不仅对环境变化很敏感，由于生长迅速对一些营养素的缺乏也很敏感，容易出现某些营养素的缺乏症，对一些药物和真菌等有毒有害物质的反应也十分敏感。所以在注意环境控制的同时，选择饲料原料和用药时也都需要慎重。

（6）群居性强、胆小。雏鸡胆小，缺乏自卫能力，喜欢群居，并且比较神经质，稍有外界的异常刺激，就有可能引起混乱炸群，影响正常的生长发育和抗病能力。所以育雏需要安静的环境，要防止各种异常声响、噪声及新奇颜色入内，防止鼠、雀、害兽的侵入，同时在管理上要注意鸡群饲养密度的适宜性。

（7）初期易脱水。刚出壳的雏鸡含水率在 75％以上，如果在干燥的环境中存放时间过长，则很容易在呼吸过程中失去很多水分，造成脱水。育雏初期干燥的环境也会使雏鸡因呼吸失水过多而增加饮水量，影响消化机能。所以在出雏之后的存放期间、运输途中及育雏初期保持适当的温度，问题就可以提高育雏的成活率。

（二）育雏方式

1. 地面育雏

这种育雏方式一般限于条件差的、规模较小的饲养户，如图 2-25 所示，简单易行，投资少，但需注意雏鸡的粪便要经常清除，否则会使雏鸡感染各种疾病，如白痢、球虫和各种肠炎等。

图 2-25 地面育雏

2. 网上育雏

这种育雏方法较易管理、干净、卫生，可减少各种疾病的发生，如图2-26 所示。

图 2-26　网上育雏

3. 雏鸡笼育雏

这种方式是目前比较好的育雏方式，不但便于管理，减少疾病发生，而且可增加育雏数量，提高育雏率如图 2-27 所示。

图 2-27　雏鸡笼育雏

（三）育雏前的准备

1. 育雏季节的选择

实践证明，开放式鸡舍以春季育雏效果最好。因此时阳光充足，气温渐升，雏鸡生长发育较好，成活率高，但因是梅雨季节，地面潮湿，应备足垫料，以预防球虫病及霉菌病的发生。

2. 垫料的准备

育雏的垫料可用不发霉的干稻草铡成 3 寸长使用，也可用木糠、刨花或旧报纸，因雏鸡如不使用垫料时其腹部接触地面易受冻，进而引起消化不良和其他疾病。

3. 育雏舍的准备与消毒

首先应预计足够的育雏面积，雏鸡的密度大小与鸡的日龄和天气有密切的关系，应视情况灵活掌握，在一般平养的情况下，可参考表 2-3 的数字：

表 2-3　雏鸡适宜的密度表

周龄	1～2	3～4	5～6	7～8
只/平方米	40～30	30～20	20～15	15～10

在炎热的季节可以适当降低其密度。

鸡舍的清洁消毒应在进雏前几天完成，鸡舍的墙壁最好用10%的石灰水刷白，水泥地面可先用清水彻底清洗后，再用2%的臭水或2%的氢氧化钠冲刷一次。

对于养过鸡的场地，为了杀死寄生虫及其中间宿主和抑制球虫卵囊的发育，可喷以1∶500的敌百虫水溶液和10%的甲醛溶液。

4. 饲料和药物的准备

育雏前应配合好饲料或购好颗粒全价饲料。自配饲料时应考虑到所购的鱼粉是淡鱼粉还是咸鱼粉，以免配出的饲料含盐过高而引进消化不良和中毒。选购饲料时，切勿因贪图便宜或失误而购买发霉变质的饲料。

日粮中使用的维生素，如鱼肝油、复合维生素、多种维生素等应事先准备好。

抗生素常用的有土霉素、青霉素、氯霉素、链霉素、庆大霉素、红霉素和环丙沙星等，应先准备好；抗球虫药如磺胺类药、呋喃唑酮、球痢灵、克球粉等。疫苗如鸡瘟疫苗、法氏囊疫苗、鸡痘疫苗等应事先了解，准备好在哪购买。

（四）雏鸡的选择和运输

1. 雏鸡的选择

(1) 雏鸡的选择标准。

品质优良的初生雏从外表看应是活泼好动，绒毛光亮、整齐，大小一致，初生重符合其品种要求，眼亮有神，腿脚结实站立稳健，腹部平坦柔软，卵黄吸收良好，绒毛覆盖整个腹部，肚脐干燥，愈合良好，叫声清脆响亮，握在手中感到饱满有劲，挣扎有力。如脐部有出血痕迹或发红呈黑色、棕色或为钉脐者，腿和喙、眼有残疾的均应淘汰，不符合品种要求的也要淘汰。另品质良好的初生雏，特别是种雏还应具备以下条件：

①血缘清楚，符合本品种的配套组合要求。

②无垂直传染病和烈性传染病。

③母原抗体水平高且整齐。

④外貌特征符合本品种标准。

以上四个条件，只能在接雏前做细致的调查研究方可得知。

(2) 初生雏选择的方法选择方法可归纳为“看、听、摸、问”四个字。

看，就是观察雏鸡的精神状态。健雏活泼好动，眼亮有神，绒毛整洁光亮，腹部收缩良好。弱雏通常缩头闭眼，伏卧不动，绒毛蓬乱不洁，腹大松弛，腹部无毛且脐部愈合不好，有血迹、发红、发黑、钉脐、丝脐等。

听，就是听雏鸡的叫声。健雏叫声洪亮清脆。弱雏叫声微弱，嘶哑，或鸣叫不休，有气无力。

摸，就是触摸雏鸡的体温、腹部等。随机抽取不同盒里的一些雏鸡，握于掌中，若感到温暖，体态匀称，腹部柔软平坦，挣扎有力的便是健雏；如感到鸡身较凉，瘦小，轻飘，挣扎无力，腹大或脐部愈合不良的是弱雏。

问，就是询问种蛋来源，孵化情况以及马立克氏疫苗注射情况等。来源于高产健康适龄种鸡群的种蛋，孵化过程正常，出雏多且齐的雏鸡一般质量较好。反之，雏鸡质量较差。

2. 雏鸡的运输

小鸡出壳后，经过一段时间绒毛干燥、选择、鉴别、标号处理后就可以接运了。接运的时间越早越好，即使是长途运输也不要超过48小时，最好在24小时内将雏鸡送入育雏舍内。雏鸡在孵化厅内，存放的室内温度应为22℃。运雏时盒之间温度应保持在20～22℃，每摞盒子不要超过5个，这时盒内的温度应在30℃以上。时间过长对鸡的生长发育都有较大的影响。雏鸡的运输也是一项重要的技术工作，稍不留心就会造成较大的经济损失。实践证明，要安全和符合卫生条件地运输雏鸡，必须做好以下几方面的工作。

(1) 选择好运雏人员。运雏人员必须具备一定的专业知识和运雏经验，还要有较强的责任心。最好是饲养者亲自押运雏鸡。

(2) 准备好运雏工具。运雏用的工具包括交通工具、装雏箱及防雨保温用品等。交通工具（车、船、飞机等）视路途远近、天气情况和雏鸡数量灵活选择，但不论采用何种交通工具，运输过程都要求做到稳而快。装雏用具要使用专用雏鸡箱。

现多采用的是箱长50～60厘米，宽40～50厘米，高18厘米，箱子四周有直径2厘米左右的通气孔若干。箱内分4个小格，每个小格放25只雏鸡，每箱放雏100只的运雏箱。冬季和早春运雏要带棉被，毛毯用品。夏季要带遮阳防雨用品。所有运雏用具和物品都要经过严格消毒之后方可使用。

(3) 适宜的运雏时间。初生雏鸡体内还有少量未被利用的蛋黄，可以作为初生阶段的营养来源，所以雏鸡在48小时内可以不饲喂。这是一段适宜运雏的时间。此外还应根据季节和天气确定启运时间。夏季运雏宜在日出前或傍晚凉快时间进行，冬天和早春则宜在中午前后气温相对较高的时间启运。

(五) 雏鸡的饲养管理

1. 雏鸡的饲养

(1) 饮水。

先饮水后开食是育雏的基本原则，一定要在雏鸡充分饮水2小时以后再开食，育雏时必须重视初饮（雏鸡第一次饮水为初饮），雏鸡入舍后，稍作休息即可进行初饮，并且保证每只鸡都能喝上水。育雏第一周饮温开水，水温25℃左右，在水中添加葡萄糖与0.1%的维生素C或多维电解质，添加抗生素可预防白痢等疾病的发生，整个育雏期内要保证全天供水。

(2) 开食。

雏鸡的第一次喂食称为开食。一般来讲，在出壳后12～24小时内开食，对雏鸡的生长是有利的，实际饲养中，在饮水2小时即可开食。开食时，每只雏鸡可喂1～2克的小米或碎玉米，也可添加酵母粉以帮助消化，开食时应喂湿拌料（以手攥成团落地即散为最好），注意湿拌料应随喂随拌，防止发霉变质。

(3) 饲料。

雏鸡的饲料要求新鲜质量好，并按饲养标准配置全价料。

雏鸡饲喂时间一般初期每天喂料6～7次，其中白天4～5次，晚上1～2次，后期每天喂料次数可减少到5～6次，喂料要定时，喂料时间间隔要均匀，喂料量要随日龄逐渐增加，要少喂勤添。

（4）药物预防。

鸡白痢和球虫病是育雏期间造成死亡的主要原因之一，可在饲料中添加0.2%的土霉素以预防白痢病的发生，15日龄后应该预防球虫病，可按常规用量在饲料中添加氯苯胍等药物，但不可经常使用同一种药物，防止产生耐药性。

（5）雏鸡的断喙。

雏鸡断喙一般在7～10天为最好，一般上切1/2，下切1/3，形成上短下长，切后用烙铁烙烫，使其结痂，防止出血过多，造成死亡。断喙前，饲料中加维生素K，以促凝血，同时加入抗应激药物以减少应激反应。

2. 雏鸡的管理

（1）温度。

育雏期要提供适宜的温度，一般第一周33～35℃，第二周31～33℃，第三周28～31℃，第四周24～28℃，以后夏天降低到室温即可，冬天逐渐降低到20℃左右，不低于18℃。在具体执行时还要根据雏鸡对温度的反应情况进行“看鸡施温”。

（2）相对湿度。

育雏要有合适的温湿度相结合，雏鸡才会感到舒适，发育正常。一般育雏舍得相对湿度是：1～10日龄为60%～70%，10日龄以后为50%～60%。随着雏鸡日龄增长，10日龄以后，呼吸量与排粪量也相应增加，室内容易潮湿，因此要注意通风，勤换垫料，保持室内清洁。

（3）通风换气。

有害气体，影响鸡群健康，尤其是冬季，为了保温将鸡舍封闭过严，导致鸡舍氧气含量下降，氨气和二氧化碳含量增高，使鸡食欲下降，生长受阻。为解决通风与保温的矛盾，一般通风前可适当提高舍温2℃左右。通风时切忌过堂风、间隙风，以免雏鸡受寒感冒。

（4）合理的光照。

光照除了影响采食、饮水、性成熟外还有杀菌消毒作用。1～3日龄每天光照23小时，4～14日龄每天光照18小时，以后每周缩短1小时左右，到20周龄时，可将光照缩短到10小时左右。光的颜色以红色或白炽光为好，能防止和减少啄羽、啄肛、殴斗等恶癖的发生。光照强度一般可用15瓦或25瓦灯泡，高度距地面2～4米，灯泡应交错设置。

（5）合理的饲养密度。

雏鸡的饲养密度因不同的饲养方式而异，地面平养密度每平方米为12～25只，网上饲养密度每平方米27～60只，随着日龄增加，饲养密度要逐渐减到每平方米10只左右。

（6）保持环境安静。

雏鸡喜群居，胆小怕受惊，各种惊吓和环境条件突然改变，都会影响其生长发育，因此要保持环境安静，确保其生长良好。

三、育成鸡的饲养管理

一般称7～20周龄的鸡为育成鸡，其中7～14周龄称为中雏，15～20周龄称为大雏。

（一）育成鸡的生理特点

雏鸡进入育成期时，采食量与日俱增，骨骼和肌肉的生长都处于旺盛的阶段。

（1）育成阶段前期。鸡的骨骼、肌肉以及消化系统、循环系统的器官生长速度非常快。

（2）育成阶段中期。肌肉的生长仍然很快，但骨骼的生长速度明显慢下来。消化系统的肠道仍生长比较快。生殖系统的各器官开始生长，但强度很小。免疫器官的法氏囊和胸腺生长基本停止。

（3）育成阶段的后期。大部分器官的生长基本结束，但生殖系统的生长发育开始进入快速生长阶段。脂肪沉积能力明显增强。自身对钙的沉积能力有所提高。10周龄后，小母鸡卵巢上的滤泡就开始积累营养物质，滤泡也逐渐长大，到育成后期性器官的发育更加迅速，这一时期的饲养管理水平，在某种程度上决定了产蛋和种用性能的优劣，所以在保证鸡群骨骼和肌肉系统充分发育的情况下，严格地控制性器官的过早发育，对提高开产后的生产性能是十分必要的。

（二）育成鸡培育的目标

（1）体重的增长符合标准，具备强健的体质，能适时开产。

（2）骨骼发育良好，骨骼发育应该和体重增长相一致。

（3）鸡群体重均匀，要求80%以上的鸡体重在平均体重的±10%的范围之内。

（4）具有较强的抗病能力，产前确实做好各种免疫，保证鸡群能安全渡过产蛋期。

（三）育成鸡的饲养管理

1. 育成鸡的饲养

育成鸡日粮适当减少蛋白含量，增加粗纤维的含量。育成期饲料粗蛋白含量应逐渐减少，即6周龄前占19%，7～14周龄占16%，15～20周龄占12%。通过低水平营养控制鸡的早熟、早产和体重过大，这对提高产蛋阶段的产蛋量和维持产蛋持久性有好处。育成期饲料中矿物质含量要充足，钙磷比例应保持在（1.2～1.5）：1，同时饲料中各种维生素及微量元素比例要适当。地面平养100只鸡每周为砂砾0.2～0.3千克，笼养可按饲料的0.5%添加。育成期食槽必须充足。

2. 育成鸡的限制饲养

（1）限制饲养的意义：控制鸡的生长，抑制性成熟，防止脂肪沉积过多，防止产蛋期脱肛，可以节省10%左右的饲料。

（2）限制饲养的方法：分为限量饲喂、限时饲喂和限质饲喂。

限量饲喂：限制饲喂量为正常采食量的80%～90%。

限时饲喂：分隔日饲喂和每周限饲两种。隔日限制饲喂就是把两天的饲喂量集中在一天喂完。每周限制饲喂，即每周停喂1天或两天。

限质饲喂：如低能量、低蛋白和低赖氨酸日粮都会延迟性成熟。

（3）限制饲喂的注意事项：需随时抽测体重，应有足够的采食空间，限制饲喂的鸡一定要断喙，应注意生产成本，要对鸡群分群，如遇到接种、发病、转群等特殊情况，可转入正常饲喂。

3. 育成鸡的管理

(1) 控制光照。育成期的光照原则：光照时间以每天 8～9 小时为最好。育成期在生长过程中可以逐渐缩短光照时间，切忌用逐渐增加光照的办法，光照强度以鸡能看见觅食为好。这样既省电又防止啄癖发生，并防止蛋鸡过早成熟。

(2) 饮水。为了保证育成鸡的健康发育，必须提供充足的清洁的饮水。

(3) 喂料。喂料要均匀，每天净槽一次，最好是在下午 4 点左右。

(4) 温度。育成鸡的最佳生长温度为 21℃左右，一般控制在 15～25℃。

(5) 驱虫。15～60 日龄易患绦虫病，可按每千克体重 0.15～0.2 克灭绦灵拌入饲料打虫。

(6) 卫生防疫工作。平时要做好消毒工作，每周带鸡消毒 2～3 次。及时清粪，做好疫苗接种工作。

(7) 分群饲养。要随时挑出病弱伤残的鸡，进行隔离饲养。为了提高均匀度，应在 70～90 日龄对鸡群进行逐只称重修喙，按体重大小分成 3 群，分别进行管理。

(8) 观察鸡群。包括鸡的精神状况、采食状况、排粪情况、外观表现等。

四、产蛋鸡的饲养管理

育成鸡培育到 20 周龄即转入产蛋期。

(一) 产蛋鸡的生理特点

(1) 刚开产的母鸡虽然性已成熟，开始产蛋，但机体还没有发育完全，18 周龄体重仍在继续增长，到 40 周龄时生长发育基本停止，体重增长极少，40 周龄后体重增加多为脂肪积蓄。

(2) 产蛋鸡富于神经质，对于环境变化非常敏感，产蛋期间饲料配方突然变化、饲喂设备改换、环境温度、通风、光照、密度的改变，饲养人员和日常管理程序等的变换及其他应激因素都对蛋鸡产生不良影响。

(3) 不同周龄的产蛋鸡对营养物质利用率不同，母鸡刚达性成熟时（17～18 周龄）成熟的卵巢释放雌性激素，使母鸡贮钙能力显著增加，开产至产蛋高峰时期，鸡对营养物质的消化吸收能力增强，采食量持续增加，到产蛋后期消化吸收能力减弱，脂肪沉积能力增强。

(二) 鸡的产蛋规律

鸡群产蛋有一定的规律性，反映在整个产蛋期内产蛋率的变化有一定的模式。鸡群开产后，最初 5～6 周内产蛋率迅速增加，以后则平稳地下降至产蛋末期。产蛋曲线是将每周的母鸡日产蛋率的数字标在图纸上，将多点连接起来，即可得到。可以看出产蛋曲线的特点。

(1) 如因饲养管理不当或疾病等应激引起的产蛋下降，产蛋率低于标准曲线是不能完全补偿的。如发生在产蛋曲线的上升阶段，后果将极为严重，表现在该鸡群的产蛋曲线上则上升中断，产蛋曲线下降，永远达不到其标准高峰。同时，在产蛋曲线开始下降之前，曲线呈弧形，高峰低于标准曲线的百分比，以后每周产蛋将按等比例减少。产蛋下降如发生在产蛋曲线下降阶段，对产蛋量的影响不像上升阶段那么严重。总之，只有在良好的饲养管理条件下，鸡群的实际产蛋状况才能同标准曲线相符。

（2）开产后产蛋迅速增加，此时产蛋率在每周成倍增加，即5%、10%、20%、40%，到达40%后则每周增加20%，即40%、60%、80%，在第6周或第7周，达产蛋高峰（产蛋率达90%以上）。产蛋高峰一般维持两周以上，高峰过后，曲线下降十分平稳，呈一条直线。标准曲线每周下降的幅度是相等的。一般每周下降不超过1%（0.5%左右），直到72周龄产蛋率下降至65%～70%。

（三）产蛋鸡的饲养管理要点

1. 产蛋鸡的饲养

（1）产蛋前期（21～42周龄）。

所谓产蛋前期实际上主要是产蛋高峰期。一般从21周龄即步入了正式开产期，经过5～6周的快速增长即可达到产蛋高峰（产蛋率达90%以上）。此时产蛋鸡敏感又娇气，抗病力较弱，必须加倍精心照料培育。

①对日粮营养水平要求。

从5%产蛋率开始（21周龄）就给予高峰期的日粮，产蛋快速增长的同时，体重仍在继续增长。这种营养水平先于产蛋到达高峰期时有益于蛋鸡营养物质的储备和体成熟，从而达到延长产蛋高峰期的目的。除要求日粮粗蛋白18.0%～19.0%，代谢能不低于2.80兆/千克，钙3.3%～3.8%，有效磷不低于0.4%的水准外，还要求日粮中各种氨基酸比例的平衡及含有丰富的复合维生素、矿物质和复合酶类。

②对舍内环境要求。

步入盛产期的鸡对内外环境、饲养条件等甚为敏感，各种应激都会造成产蛋率的明显下降且很难恢复。因此要努力营造一个稳定而舒适的产蛋环境。主要包括舍内温度、湿度，空气质量，通风与光照以及饮食与环境卫生等方面。

③对光照要求。

制定严格合理的光照制度。开产后随着产蛋率的上升要相应地逐步延长光照时间（此时光照时间对产蛋影响甚为重要只能延长不能缩短）至产蛋高峰（大约在27周龄前后），将光照时间恒定在16～16.5小时。每天的开、关灯时间都要严格固定，不得随意改变。

④产蛋期间不可断水，同时要确保饮用水清洁卫生。

⑤饲养人员日常工作中要做到轻拿轻放，严禁非工作人员入舍，尽量避免因外界刺激而造成的各种应激反应。

（2）产蛋中期（43～60周龄）。

此时是产蛋高峰后产蛋率逐渐下降期，但平均产蛋率仍保持在80%以上的较高水平上。如何使产蛋率保持平缓下降是此阶段饲养管理的关键。

①要像对待产蛋高峰期一样思想上要重视，决不可以为产蛋高峰已过而放松管理或盲目降低日粮营养标准。

②此时鸡群普遍出现不同程度的羽毛脱落现象，鸡舍屋顶、墙壁、门窗等设施积蓄有一定的尘埃污物杂毛，舍内空气质量与产蛋初期相比会有一定程度的污染和恶化。因此，

更需要加大对舍内环境卫生的整治和清理。营造一个安静、卫生、通风良好、温暖舒适的舍内环境是产蛋鸡任何时候都需要的。

③日粮营养方面可适当降低粗蛋白水平（16.5%），适量提高复合维生素和微量元素水平。

（3）产蛋后期（61周龄—淘汰）。

从产蛋鸡生产能力及生殖生理周期规律而言，进入60周龄以后就可视为产蛋后期了，此时群体产蛋率已处于一个相对较低的水平（70%～75%），即使供给高水准日粮也很难改变。由于鸡体生殖机能的退化，对钙、磷的吸收利用能力也有所降低，为此在日粮营养水平构成上要做一定的调整，以高能量、高钙、低蛋白为特点。代谢能2.8兆/千克以上，钙3.6%～4.0%，总磷0.65%～7.0%，粗蛋14%～14.5%。在管理上可将光照时间延长0.5～1.0小时，以增强对母鸡性腺活动的刺激，从而增加产蛋强度，同时将休产，低产鸡淘汰剔除。

因产蛋母鸡逐渐进入休产期，体能消耗降低，供给高能量日粮有助于体脂囤积而获得较大的淘汰体重。淘汰时间主要取决于产蛋水平和市场价格，只要无利润没效益即可淘汰。

2. 产蛋鸡的管理

（1）转群。

转群时间：在鸡体重达到标准的情况下，19周龄转群较好。

转群要检查淘汰残次鸡，要按规定装鸡，保证适宜的密度，转群完毕后，要勤加料，不缺水，以减轻应激刺激。

转群的注意事项：

停料：转群前应停止喂料6小时左右，让其将剩料吃完。

捕捉：抓鸡时最好抓鸡的双腿，不要抓头、颈、翅膀。

为了减少应激，在转群前不要进行疫苗接种。

（2）温度。

产蛋适宜温度为13～20℃，最高不超过29℃，最低不低于5℃，13～16℃产蛋率较高，15.5～20℃饲料转化率较高，鸡舍温度超过32℃时，鸡吃料就会减少2～3成，所以在夏天要特别注意防暑降温，应采取加强通风、搭凉棚、给鸡喝凉水、早晚多喂料等措施。冬季鸡舍太冷，会使鸡产蛋量下降，因此，在冬天要注意防寒保暖，如采取堵严北面窗户、保持舍内干燥、给鸡喝温水等措施。

（3）湿度。

鸡体能适应的相对湿度是40%～72%，最佳湿度应为60%～65%，生产中采用室内放生石灰块等办法降低舍内湿度，通过空间喷雾提高舍内空气湿度。

（4）通风。

通风量、气流速度；夏季不能低于0.5米每秒，冬季不能高于0.2米每秒。

（5）光照。

产蛋期光照原则：光照只能延长，不可缩短，光照时间逐渐增加到16小时每天。从18周龄开始，每周增加半小时，到22周龄增加到16小时每天，到产蛋后期，增加至17

小时。光照强度不可减弱，光照强度一经实施，不宜随意改动，一般在料槽前据地面两米，间距 3 米设一个 25 瓦灯泡即可达到光照强度。

（6）鸡舍环境。

搞好环境卫生，定期用 2%的火碱喷洒，门口设消毒池，在鸡舍外种植一些低矮植物或草坪，以改善鸡舍周围的空气环境。严防各种应激因素的发生，定期灭鼠，防止鼠、猫、犬进入鸡舍，搞好防疫免疫。

（四）鸡的强制换羽技术

1. 强制换羽的优缺点

（1）优点：强制换羽延长了产蛋鸡的利用年限，减少了培育育成鸡的费用；第二个产蛋期母鸡存活率高，蛋重大；缩短了换羽期，任其自然换羽需 2 个月，而人工强制换羽只需 5 个月；可根据市场需要，控制休产期和产蛋期。

（2）缺点：强制换羽后的第二个产蛋期比第一个产蛋期短 6 个月；体重大，维持需要多，饲料效率低。是否采用强制换羽饲养二年鸡，应根据市场需要和鸡群状况而定。如果鸡群健康无病，鸡种优良，不易买到，第一个产蛋期产蛋水平高，或因没有育雏设施，没有新鸡更新鸡群，或为了利用二年鸡抗病力强、蛋重大等优点，均可采用强制换羽，饲养二年鸡。

2. 强制换羽的方法

根据强制换羽的措施不同，人工强制换羽方法可分为生物学法（激素法）、化学法、畜牧学法（饥饿法）和综合法（畜牧学和化学法结合）。其中畜牧学方法是最常使用，也是最简便的方法，停止供料即可。强制换羽方案的三要素是停水、绝食和停光，有时三个要素同时实施，有时仅实施两个要素。强制换羽的基本过程可分为：强制换羽前的准备期、强制换羽实施期（产蛋率迅速下降至休产）、强制换羽恢复期和第二产蛋期四阶段。

（1）准备期是指第一产蛋期末，实施强制换羽前的一周时间，在此期间做好各项准备工作。首先确定换羽时间，制定换羽方案，然后选择健康鸡进行换羽。换羽前进行新城疫等疫病监测，对鸡群进行免疫，进行断喙防止因饥饿引起啄癖，称重以监测失重效果，准备补钙和恢复期饲料。

（2）实施期是指从执行强制换羽各项措施的第一天开始到鸡群体重下降至 25%～30%左右时为止或死亡率达 3%时止。在此期间，产蛋率迅速下降至鸡群完全停产，鸡的体重迅速减少，羽毛开始脱落。不同的换羽方案实施期停水、停料和光照控制不同，将在换羽方案中叙述。

（3）恢复期指鸡的体重失重达 25%～30%之后，恢复喂料，体重逐渐增加，脱掉旧羽换为新羽，产蛋率重新达到 5%时为止。

（4）第二产蛋期指鸡群恢复生产，产蛋率从 5%至鸡群淘汰为止。

第四节　肉鸡的饲养管理

一、肉用仔鸡的饲养管理

随着当今社会的发展，人们对膳食结构概念在肉类要求上的改变，禽肉需要量的猛增，从而促使了肉用仔鸡生产的迅速发展。现代肉鸡与以往的肉鸡概念截然不同，它是指肉用配套品系杂交生成的雏鸡，如AA、艾维茵、明星、狄高鸡等。按屠宰时期和体重大小要分为肉用仔鸡、炸用鸡和烤用鸡。而我国过去的肉用仔鸡是指未达到性成熟就屠宰吃肉的小鸡，俗称“笋鸡”。目前，肉仔鸡一般饲养7～8周龄，体重为1.8～2.0千克，出售屠宰。它具有鸡皮柔软，肉质细嫩、味鲜美，适于快速烹调等优点。

（一）肉用仔鸡的生产特点

1. 早期生长速度快

肉用仔鸡公母混合饲养，在正常的生长条件下，早期生长十分迅速。一般2周龄体重可达0.35千克，4周龄1.00千克，6周龄1.80千克，7～8周龄达到2.0～2.50千克，大约是出壳重的50倍。世界最高纪录是56天为2.88千克，大群测试世界纪录56天为2.76千克。

2. 饲养周期短，劳动效率高

在国内，肉用仔鸡从雏鸡出壳，饲养至8周龄即可达到上市标准体重，而售出后，经2周打扫、清洗、消毒，又可进鸡。这样10周就可饲养一批肉鸡，一年可以饲养5批。如果一幢鸡舍2个饲养员，一次能养1万只肉鸡，则一年能生产近5万只。如果房舍充裕，能周转，还可多养。

3. 饲料转化率高

在肉用禽中，肉用仔鸡的饲料转化率最高，一般肉牛为5∶1，肉猪3∶1，而目前许多国家仔鸡已达2∶1的高水平，更高者达1.72∶1。另外，依靠肉仔鸡早期生产速度快的特点，缩短其饲养期，在7周龄上市，可进一步提高饲料转化率，经济效益也相应提高。

4. 饲养密度大，设备利用率高

与蛋鸡相比，肉用仔鸡喜安静，不活泼好动，除了吃食饮水外，很少斗殴跳跃，特别是饲养后期由于体重迅速增大，活动量大减。虽然密度随着鸡只日龄的增加而增大。只要有适当的通风换气条件，就可加大饲养密度。一般厚垫料平养，每平方米可养13只左右，比同等体重同样饲养方式的蛋鸡密度约增加1倍。

5. 劳动生产率高

肉用仔鸡集约化生产，效益十分理想，肉用仔鸡笼养、网养、平面散养均可，农村可因地制宜，不需要什么特殊设备。一般平面散养，一个劳力可以管理1500～2000只，全年可以饲养7500～10000只，使劳动力得到了充分利用。

6. 肉用仔鸡腿部疾病和胸囊肿较多

肉用仔鸡的腿部疾病已成为影响肉仔鸡迅速发展的一大障碍。日本平均肉鸡腿病占3%～4%，有些鸡场达10%～15%。在我国，肉用仔鸡腿病也变得愈来愈严重。胸囊肿也是一个比较严重的问题。这些疾病大大提高了肉用仔鸡的残次品率，因此如何加强饲养管理，减少这些疾病的发生是增加鸡场经济效益的重要措施之一。

（二）肉用仔鸡的饲养

1. 肉用仔鸡的饲养方式

（1）地面平养。也称厚垫料平养，是目前国内外最普遍采用的一种饲养方式。它具有设备投资少，简单易行，能减少胸囊肿发生率等主要优点，也是农家养鸡常采用的方法。但具有易发生球虫病，且难以控制，药品和垫料费用较高等缺点。

厚垫料平养是在舍内水泥或砖头地面上铺以15～18厘米左右厚的垫料。垫料要求松软、吸湿性强、未霉变、长短适宜，一般为5厘米左右。经常使用的垫料有玉米秸、稻草、刨花、锯屑等，也可混合使用。

在厚垫料饲养过程中，首先要求垫料平整，厚度大体一致，其次要保持垫料干燥、松软，及时将水槽、食槽周围潮湿的垫料取出更换，防止垫料表面粪便结块。

对结块者适当地用耙齿等工具将垫料抖一抖，使鸡粪落于下层。最后，肉仔鸡出场后将粪便和垫料一次清除。垫料要常换常晒，或将鸡粪抖掉，晒干再垫入鸡舍。

此种饲养方式大多采用保姆伞育雏。伞的边缘离地面高度为鸡背高的两倍，使鸡能在保姆伞下自由出入，以选择其适宜温度。在离开保姆伞边缘60～159厘米处，用46厘米高的纤维板或铝丝网围成，将保姆伞围在中央，并在保姆伞和围篱中间均匀地按顺序将饮水器和饲料盆或槽排好。随着鸡日龄增大，保姆伞升高，拆去围篱。

一般直径为2米的保姆伞可育肉用仔鸡500只。

（2）网上平养。弹性塑料网上平养与蛋鸡网上平养基本相似，不同之处是在金属板格上再铺上一层弹性塑料方眼网，此种网柔软而有弹性。采用此种方式饲养的肉仔鸡，腿部疾病及胸囊肿发生率低，且能提高其商品合格率。此外，肉用仔鸡排出的鸡粪经网眼落入地下，减少消化道疾病的再感染机会，特别是对球虫病的控制效果更为显著。

（3）笼养。肉仔鸡笼养除了能减少疾病的发生外，还具有以下优点：①提高单位空间利用率。②饲料效率可提高5％～10％，降低成本3％～7％。③节约药品费用。④无需垫料，节省开支。⑤提高劳动效率。⑥便于公母分开饲养，实行更科学的管理，加快增重速度。

肉用仔鸡笼养目前尚不十分普遍，主要是由于笼养肉用仔鸡胸囊肿严重，商品合格率低下。近年来，生产出具有弹性的塑料笼底，并在生产中注意上市体重（一般以1.7千克为准），使肉用仔鸡的胸囊肿发生率有所降低，发挥了笼养鸡的优势。

2. 肉用仔鸡的营养需要

肉用仔鸡生长速度快、饲养周期短，要求高能量、高蛋白的日粮，并且对维生素、矿物质等营养物质的要求也很严格。从我国当前实际饲养情况来看，肉用仔鸡日粮中的能量水平不应低于12.13～12.55兆焦/千克；蛋白质水平在前期不应低于21％，后期不应低于19％。在考虑蛋白质水平的同时，要注意满足肉鸡对各种必需氨基酸，特别是蛋氨酸和赖氨酸的需要。各种维生素和微量元素，应在注意产品质量的前提下，按规定标准添加，并且要密切关注鸡群代谢性疾病的征兆，及时检查和调整各类添加剂的添加量，或更换某种添加剂，以保证日粮营养的平衡。

肉用仔鸡的日粮标准和饲养方法，常见的有二段制和三段制。二段制是在0～4周龄内饲喂前期日粮；5周龄以后饲喂后期日粮。三段制是在0～3周龄内饲喂幼雏日粮；3～6周龄内饲喂中期日粮；6周龄以后饲喂后期日粮。在实际生产中应根据本场的条件、技术水平和市场对肉仔鸡的要求采取适宜的饲养方法。

3. 肉用仔鸡的日粮配合

第一步：按肉用仔鸡不同的生长发育阶段（分0—4周龄、5周龄到出售二段制）来确定日粮中各种营养物质所需的数量或比例，即所谓的饲养标准。日前世界上饲养标准较多。各国国情和条件不同，制定的饲养标准也不同，如中国鸡的饲养标准、美国NRC饲养标准，日本、苏联、加拿大等国也有自己的饲养标准。另外，一些大型育种公司是根据本公司育成的鸡种特点来制定自己的饲养标准。不论采用哪种饲养标准部必须结合本场本地实际情况选择。如我们现所配制的肉用仔鸡的日粮，就是采用我国鸡的饲养标准。

第二步：根据经验或参加类似配方，结合本地本场现有饲料种类，拟定配方中各种饲料品种和大概比例。查阅饲料营养成分表，得现有各种饲料营养成分。

第三步：计算各种饲料营养成分含量，根据试配方案算出各种营养成分总量再与饲养标准对照。若基本相符，就不必再进行调整。但一般初学者因缺乏经验，往往出入较大，需要将拟配口粮中某些与营养需要相差较大的主要营养成分进行适当地调整，使其尽量相近。

（三）肉用仔鸡的管理

1. 温度

肉用雏鸡出壳后的体温是39～41℃。前2周雏鸡自身调节体温的机能能较差，对外界温度变化十分敏感，舍温过低影响其生长速度甚至发生疾病，必须为其提供适宜的环境温度（表2-4）。

表2-4　肉用仔鸡对温度的要求

周龄	1～3天	4～7天	2周	3周	4周	5周	6周
温度/℃	35	33～32	32～29	29～26	26～23	23～21	21～20

育雏人员必须每天认真检查和记录温度变化情况，并细致观看雏鸡的行为，根据季节和雏鸡的表现灵活掌握，即“看雏施温”。温度的过低或过高，都会对肉仔鸡的生长和饲料利用率造成不良的影响。

2. 湿度

湿度对雏鸡的健康和生长影响也较大。高湿低温，雏鸡很容易爱凉感冒，有利于病原微生物的生长繁殖，易诱发球虫病。湿度过低，则雏鸡体内水分随着呼吸而大量散发，影响雏鸡体内卵黄的吸收，反过来导致饮水增加，易发生拉稀，脚趾干瘪无光泽。第1周相对湿度应为70%～75%，第2周为65%，3周以后保持在55%～60%即可，以舍内干燥为好。

3. 通风

保持舍内空气新鲜和适当流通，是养鸡的重要条件。幼雏虽体小但生长发育迅速，代谢旺盛，加之密度大，因此呼吸排出的二氧化碳，粪便及污染的垫料散发出的有害气体中氨气、一氧化碳、硫化氢等，使空气污浊，对雏鸡生长发育不利，且易爆发传染病。

4. 光照

光照时间的长短及光照强度对肉用仔鸡的生长发育影响较大。光照太强影响鸡群休息和睡眠，并会引起相互间啄羽、啄趾或啄肛等恶癖；光照过弱则不利于鸡群采食和饮水，使雏鸡发生扎堆现象。正确使用光照时间和强度，可促进肉仔鸡骨骼的生长发育，增进食欲，帮助消化。肉用仔鸡的光照制度与蛋用雏鸡完全不同。蛋用雏鸡光照要求的主要目的是控制其性成熟时间，而肉用仔鸡则延长采食时间，促进生长。

光照时间一般是 23 小时光照，1 小时黑暗，有的采用 1～2 小时光照，2～4 小时黑暗，还有一种方法是第 2 周以后实行晚上间断照明，即开灯喂料，采食后熄灯。此种方法主要优点是鸡有足够的休息时间，否则影响采食量，且会导致生长不整齐。

5. 密度

密度是指育雏室内每平方米所容纳的雏鸡数。密度应根据禽舍的结构、通风条件、饲养管理条件及品种决定其大小。随着雏鸡的日益长大，每只鸡所占的地面面积也应增加，具体密度可参考表 2-5、表 2-6。在鸡舍设施情况许可时尽量降低饲养密度，这有利于采食、饮水和肉鸡发育，提高增重的一致性。

在注意密度的同时，需考虑到鸡群的大小，一般每群的数量不要太大，小群饲养效果好，现代化养鸡，一般群体大小为 2500～3000 只。当然，这与管理能力和饲养设备有关，应视情况而定。

表 2-5 不同活重 AA 肉仔鸡的饲养密度 （单位：只/平方米）

体重（千克）	性别			管理方式	
	公母混养	公鸡	母鸡	厚垫料	网养
1.4	18	18	18	14	17
1.8	14	12	14	11	14
2.3	11	10	12	9	11
2.7	9	8	10	7.5	9
3.2	8	7	8	6.5	8

表 2-6 不同周龄肉仔鸡每平方米容纳鸡数 （单位：只/平方米）

周龄	1	2	3	4	5	6	7	8	9
密度	40	35	30	25	20	16	13	9～11	8～10

6. 环境卫生与防疫

搞好肉仔鸡环境卫生、疫苗接种及药物防治工作，都是养好肉仔鸡的重要保证。肉鸡舍的入口处要设消毒槽；垫草要保持干燥，饲喂用具要经常刷洗，并定期用 0.2%的高锰酸钾溶液浸泡消毒。

对于白痢病，在前 1～15 日龄饲料中加适量的土霉素或 0.02%痢特灵加以控制，从 15 日龄起饲料中加入抑制球虫病药物，如饲料中加入 0.05%的速丹或 0.05%～0.06%的优素精（又称盐霉素），以控制球虫病的发生。

7. 肉鸡出场

应按计划在出场前让鸡吃完槽内的料，先移出饲槽和用具，临抓鸡前撤出饮水器。捉鸡时间最好安排在清晨或傍晚进行，将光照强度降低到最低限度。然后，用围栏将鸡圈到鸡舍一角，但每次不宜圈太多的鸡，以防挤压致伤、致死。捉鸡时，必须抓住鸡的翅膀、脚放入笼内，不得抛鸡入笼，以免骨折成为次品。要轻抓轻放，笼底要垫草，以防碰伤肉鸡，影响商品价值。夏季为防止烈日曝晒，要在上午 8～9 时前运至销售地点。出售、屠宰前应停喂饲料。准备出售的肉鸡，要在出售前 6～8 小时停料。防止屠宰时消化器官残留物过多，使产品受到污染，同时也防止浪费饲料。已装笼的肉用仔鸡要注意通风、防暑，必须放到通风良好的场所，不让阳光直照到鸡的头部。炎热的夏天，可以在运前向鸡体喷水，然后运走，中途停车时间不要过长。笼子、用具等回场后须先经消毒处理后才能进鸡舍，以免带进病原体。

8. 积极采取科学的管理制度

(1) "全进全出"饲养。所谓"全进全出"，就是在同一场区内只进同批日龄相同的鸡，并在同一天全部出场，做到全场无鸡，出场后彻底打扫、清洗、消毒，切断病原的循环感染，消毒后密闭一段时间，再接着饲养下一批鸡。这种饲养制度优点很多：简便易行，在饲养期内管理方便，可采用相同的技术措施和饲养管理方法，易于控制适当温度，便于机械作业。肉用仔鸡肥育出售后，便于对鸡舍及其设备进行全面彻底的打扫、清洗、消毒，熏蒸消毒后密闭一周再重新接雏饲养。保持鸡舍卫生和鸡的健康，达到增重快、耗料少、死亡率低、降低成本、增加经济效益的目的。

(2) 公、母鸡分群饲养。由于公、母鸡生长发育的基础不同，对生活环境和饲养条件的要求也不尽相同。

公母雏生长速度不同：公雏生长速度快，母雏生长速度较慢，如公母雏混群饲养在 7～8 周龄时，公雏体重比同龄母雏体重要高 20%～27%。

公母雏沉积脂肪能力不同：母雏生长速度较公雏慢，但沉积脂肪较快。

公母雏羽毛生长速度不同：公雏长羽慢，母雏长羽快，保温性能相对较高，因此，公母雏对环境条件的要求和管理要求二者应有所不同。

公母雏胸囊肿发病率不同：一般公雏较易发生胸囊肿病，在管理上公雏需要松、软较厚的垫料，以减少胸囊肿的发生，当公母雏混群饲养采用较厚的垫料，使饲养成本明显增加。

公母雏性情和争食能力不同：公雏好斗架，争食能力强，而母雏性情较温顺，争食能力差，公母雏混合饲养时，通常喂料当公雏饱食后，才能让部分弱小的母雏开始采食。公母混群饲养到 6～8 周龄，公母雏体重相差约 0.5 千克。如分群饲养公母体重相差仅 0.125～0.25 千克。

公雏与母雏实行分群饲养，公母雏平均增重快，个体之间体重相差小，鸡群生长较均匀；耗料比较少，但分群饲养增加了雌雄鉴别费用，在鉴别过程中对鸡群容易造成应激，引起个别死亡。

(3) 饲喂颗粒饲料。粉状饲料各原料的粗细程度和比重不同，易出现质地分离现象，使本来搅拌均匀的饲料变得不太均匀。特别是采用链式送料设备的情况下，食槽底部的饲料比较细而且重，上部的饲料比较粗而且轻，有的鸡可能吃不到底部的饲料而营养不全，影响生长速度。而颗粒饲料的最大优点是营养全面而且稳定，避免了上述情况，增重效果明显。国内肉鸡生产中，已普遍饲喂颗粒饲料。即使是开食饲料，也使用破碎料（即将颗粒饲料按适宜的颗粒再粉碎）。

二、肉用种鸡的饲养管理

1. 饲养方式

肉用种鸡生产性能的高低与饲养方式及设备的使用和管理水平有很大关系。目前采用比较普遍的肉用种鸡饲养方式有如下三种：

（1）网上平养：有木条、硬塑网和金属网等类漏缝地板，均高于地面约 60 厘米。金属网地板须用大量金属支撑材料，但地板仍难平整，因而配种受精率不理想。硬塑网地板平整，对鸡脚很少伤害，也便于冲洗消毒，但成本较高。目前多采用木条或竹条的板条地板，地板造价低，但应注意刨光表面和棱角，以防扎伤鸡爪而造成较高的趾瘤发生率。木（竹）条宽 2.5～5.1 厘米，间隙为 2.5 厘米。板条的走向应与鸡舍的长轴平行。这类地板在平养中饲养密度最高，每平方米可饲养种鸡 4.8 只。

（2）混合地面：漏缝结构地面与垫料地面之比通常为 6∶4 或 2∶1。舍内布局常见在中央部位铺放垫料，靠墙两侧安装木（竹）条地板，产蛋箱在木条地板的外缘，排向与舍的长轴垂直，一端架在本条地板的边缘，一端吊在垫料地面的上方，这便于鸡只进出产蛋箱，也减少占地面积。混合地面的优点是：种鸡交配大多在垫料上比较自然，有时也撒些谷粒，让鸡爬找，促其运动和配种。在两侧木板或其他漏缝结构的地面上均匀安放料槽与自流式饮水器。鸡每天排粪大部分在采食时进行，落到漏缝地板下面，使垫料少积粪和少沾水。这类混合地面的受精率要高于全漏缝结构地面，饲养密度稍低一些，每平方米养种鸡 4.3 只。

（3）笼养：近年来用种鸡笼养方式有逐渐增加的趋势。较早的笼养是群笼，每笼养 2 只公鸡 16 只母鸡，由于肉种鸡体重大，行动欠灵活，在金属底网上公母鸡不能很好地配种，受精率偏低，产蛋后期更严重，因此实际生产中采用者甚少了。每笼养两只种母鸡的单笼，采用人工授精，既提高了饲养密度，又获得了较高而稳定的受精率，因而采用者日趋增多。肉用种母鸡每只占笼底面积 720～800 平方厘米。一般笼架上只装两层鸡笼，便于抓鸡与输精，喂料与拣蛋。

肉种鸡笼养的饲养方式可以提高房舍的利用率，便于管理。由于鸡的活动量减少，可以节省饲料，采用人工授精技术，可减少种公鸡的饲养量，一般公母比例为（1∶25）～（1∶30）。

2. 肉用种鸡育成期的限制饲养

饲养肉用种鸡的目的，是为了繁殖大量品质优良的肉用种鸡，并将其长肉快的优良性能遗传给后代，获得理想的肉鸡生产效果和经济效益。肉用种鸡，具有采食量大、生长快和易肥的遗传特性。如果采取自由采食的饲养方式，不仅消耗饲料多，而且多余的营养物质转化为脂肪沉积在体内，出现体重过大，产蛋量少，受精率低等不良现象，失去了种用价值。所以科学地运用限制饲养和合理的光照制度，是饲养肉用种鸡的关键。

肉用种鸡育雏期的饲养管理方法与肉用仔鸡相同，但至少应从 4 周龄其注意体重的变化，只要体重达到该品种标准就可转入限制饲养阶段。

（1）限制饲养的目的。限制饲养简称限饲，其目的是防止种鸡过肥，保持种鸡良好的体况和繁殖性能，降低死亡率和淘汰率，延长种鸡利用年限，提高种蛋和雏鸡的品质。

（2）限饲的方法。

①限时法：

第一种为每天限饲：即每天喂给定量的饲料或规定饲喂次数和采食时间。此法对鸡刺激小，适于幼雏转入育成期前 2～4 周龄和育成鸡转入产蛋前 3～4 周龄的鸡群。

第二种为隔天限饲：是国内最常采用的一种方法，即喂 1 天，停 1 天，把两天的饲料量合在一天喂给。另外，1 天停料只供饮水。这样一次投下的饲料量多，强弱争食可以得到解决，个体间采食量均匀，鸡群有较好整齐度，但是隔天饲喂比每天限饲可能多耗费一些饲料。从能量利用的观点看，隔天饲喂的停料日，种鸡耗用热量来源是依靠前一天合成的脂肪分解，不如每天直接利用饲料能量时合理。隔天限饲的方法应激强度比较大，适应生长速度较快的 7～11 周龄的鸡群和体重超标的鸡群，但必须注意两天饲料量总和不能超过规定标准用料量。

第三种为每周定日限饲：即 1 周的饲料量等分成 5 份，除周三、周日不喂料外，每周喂 5 天。此法应激强度小，一般用于 12～19 周龄的鸡，也适用于体重没有达到目标或不适宜较强限喂的鸡群。

②限质法：

饲喂低能量、低蛋白质及低氨基酸的配合饲料。通过低营养水平达到限制生长、控制体重的目的。此法使用，营养水平可以降低，但营养成分必须平衡。

③限量法：

一般按自由采食量的 70%以上饲喂。此法应用普遍，但要求饲粮营养全价，尤其要求鸡数和饲料数计算精确。

以上三种限饲方法，一般都不单独使用。在生产实践中，各个养鸡场可以按本场的实际情况制定育成鸡的限饲方法。

（3）限饲程序。

①第 1 周龄以内给予充分的自由采食。②第 2～3 周龄有所控制，基本上任其采食。到第 3 周龄末当每只喂给 45 克料，并且在 5 小时内能吃完时，就要开始实行隔日饲喂。③隔日限饲法一直要坚持到 23 周龄。在此期间应抽样称重（在停料日进行）。④从第 24 周起改为每日限制饲喂，第 36 周以后限制给料量更要严格，随着日龄的增长产蛋下降，脂肪沉积更严重，饲喂量也随之减少。在每日限饲期间抽样称重应在傍晚进行。

根据肉鸡的产蛋规律，在饲养正常的情况下，产蛋率达 10%以后，如果每天产蛋率有 3%的增长率时，则要增加喂料量，每天每只增加 4.5 克。在此期间假如产蛋率有 3～4 天停止增长，如果不是其他原因，则应每只增加 9 克。产蛋率从 70%增加到 80%期间，每天产蛋率的增加只有大约 1.5%，80%以后每天增加率为 0.25%，一直到高峰为止，29～36 周龄期间为种母鸡的产蛋高峰期。

对于种母鸡产蛋期间的饲养，还常常采用试探式的增减饲料方法，以发挥产蛋潜力和减少脂肪沉积。例如，当产蛋率上升期间出现停滞和产蛋率下降出现过速现象时，采用每只鸡增加 10 克饲料，第 4 天观察产蛋是否上升或减缓下降速度，若有反应则考虑增加喂给量，若无反应则要立即停止加料。在产蛋下降阶段，产蛋率正常下降时，可用减料的方法来试探，每只鸡减少 0.25 克料，到第 4 天观察，若没有加速下降的反应，则可适当减料；若有加速反应则应立即停止减料。

（4）限制饲养应注意的问题。

①应根据各品种类型或品系的具体限制饲养的要求，制定切实可行的方案。

②限制饲养前应将体重过大和体弱的鸡移出，按不同体重分级分圈饲养。

③限制饲养前必须进行断喙，防止发生啄癖。

④准确掌握每天的饲喂量。

⑤配足够的食槽、饮水器、合理的鸡舍面积，使每只鸡都有机会均匀地采食、饮水和活动。

⑥限饲主要是限制能量饲料，不使鸡过肥，而氨基酸、维生素、矿物质必须满足需要，否则造成损失。

⑦限饲必须与舍内的光照相结合，才能取得最大的预期效果。

经常观察鸡群动态，防止各种应激。

3. 肉用种鸡产蛋期的饲养管理

（1）预产期的饲养管理。

肉种鸡预产期是指 18～23 周龄，虽然时间较短，却是肉种鸡从发育到成熟的一个生理转折的重要时期。此期间的饲养管理措施恰当与否，对种母鸡能否适时开产并达到较高的产蛋率起着关键性作用。

①增重计划。20～24 周龄鸡的体重增量最大。试验表明，在 16～23 周龄期间得以充分发育的鸡对光刺激反应敏感，并且在体成熟过程中也达到了性成熟；而此期发育不足较瘦的个体对光刺激敏感，因性激素分泌不足而使性成熟推迟。所以预产期要根据实际情况调节鸡体增重，将发育正常或超重鸡群每周增重控制在 160 克之内，发育不良的调至 160 克以上。为便于控制体重，此时可把低于标准体重的鸡挑出，单独饲养管理。

②增料计划。此期应将育成鸡料换成预产鸡料，预产鸡料的营养水平要高于产蛋期，这样能改进育成母鸡营养状况，增加必要的营养贮备。与此同时，每天喂料量也应随之增加。此时应改用五二或六一或每天限饲方式，保持体内代谢的稳定性，减轻限料造成的应激。单独挑出的、低于标准体重的鸡可适当增加饲料中的蛋白质含量（额外添加 2%优质鱼粉）、维生素、微量元素，每日喂料量不应增加过多，以免体成熟快于性成熟。

③增光计划。肉种鸡增加光照刺激一般提早到产蛋前一个月进行，于 19 周龄或 20 周龄转入增光刺激阶段。增光刺激与成熟体重的一致性，是实施增光措施的基本要求。过早会使鸡体失去对光照刺激的敏感性，导致延迟开产。如果鸡群出现体成熟推迟或性成熟提前时，应推迟 1～2 周进行增光刺激，而在性成熟和体成熟同步提前的鸡群，则应提前增加光照刺激。另外，开放式鸡舍饲养的肉种鸡，一般逆季生长鸡群提早增光刺激，防止开产过迟；顺季生长鸡群则应推迟 1～2 周，以防止开产过早。

（2）产蛋期的合理饲喂。

肉用种鸡饲养至24～26周龄将陆续产蛋，即进入产蛋期。产蛋期的饲喂，应本着既满足产蛋的需要，又不致造成鸡体过大、过肥，影响繁殖力的原则，实行定量饲喂。实际生产中，可因气候条件和日粮中能量水平及产蛋量而酌情增减。但饲料的增加应在产蛋量增加的前头，以保证饲料消化率和蛋壳质量，生产出尽可能多的合格种蛋。

①产蛋上升期饲料量的增加。产蛋上升期是指从产蛋率5%至产蛋高峰前这一段时期。随着鸡群产蛋率逐渐上升，对营养的需要量不断增加，按照产蛋率的变化调整鸡群的饲料供给量，是这一时期饲养工作的主要措施。一般从24周龄至27周龄种母鸡每周递增饲料量10～11克，种公鸡递增8～9克。增加饲料量要早于产蛋率的增长。正常情况下，饲料量增加合适，产蛋率以每天3%～5%的速度上升。

②产蛋高峰期饲料量的维持。产蛋上升期，当鸡群产蛋率达到35%～50%时，喂料量相应达到最高，此后鸡群会进入产蛋高峰。在产蛋高峰期，继续维持最大喂料量可使产蛋高峰稳而不降或稍有下降，这时一定要注意不能将料量下调，因为高峰期蛋重还在增加，鸡的体重仍在增长，故应将最大喂料量维持8～9周。

③产蛋下降期饲料量的减少。产蛋高峰过后，种鸡的体重增长非常缓慢，维持代谢也基本稳定，随着产蛋率下降营养需要量也减少。为降低饲料成本和防止鸡体过肥，要减少饲喂量。父母代肉用种鸡一般在43～45周龄时开始减料，第一周只减少2～3克，第二周减少0.5～1克，若产蛋率无明显变化，仍按原来速度继续减下去，若产蛋率下降速度超过每周1%，则应停止减料。55周龄左右开始稳定给料量至鸡群淘汰，全程减料为高峰期料量的15%左右。

4. 提高肉用种鸡产蛋率和受精率的措施

（1）确定最佳的公母比例。

平养方式均采用自然交配进行配种。20周龄混群时公母比例一般以（1∶8）～（1∶10）为宜，公鸡不可过多，否则会出现过量交配和打斗，而使公母鸡不同程度受伤，甚至死亡，受精率降低。笼养鸡人工授精时，公母比例可在1∶45～1∶55。为保证种用后期公鸡的数量和平时淘汰公鸡后的补充，应在组群时留好后备公鸡，一般可多留3%～5%另栏饲养。笼养自然交配时，每笼放一只公鸡。

（2）加强种蛋管理。

①及时设置产蛋箱。平养种鸡舍19～20周龄时应安装好产蛋箱，保证每4只母鸡有1个产蛋箱。产蛋开始前的1周打开产蛋箱的门并铺上清洁的垫料，在晚间要把产蛋箱的门关上，防止鸡在箱内栖息污染产蛋箱，清晨及时打开产蛋箱，避免鸡在窝外产蛋。经常清理和消毒产蛋箱，并更换垫料防止种蛋受污染。

②及时收集种蛋。每天至少收集种蛋4～6次，母鸡每天产蛋时间并不均匀分布，约70%的蛋集中在上午9点至下午3点产出，这段时间收集蛋间隔时间宜短。每次捡蛋前必须洗手消毒，轻度脏污的种蛋应及时擦拭干净。先将合格种蛋钝端朝上放置在蛋托上，不合格的种蛋另外放置。每次捡蛋后应及时装箱和做好标记，并尽快（半小时）进行消毒。

（3）加强种公鸡的饲养管理，提高其配种能力。

①促进公鸡适时性成熟。正确控制好公鸡的体重，并且育成期内要一直保持不断增

重；开产前公母鸡合群不宜过迟；公母鸡同时给予足够的光照刺激，使公母鸡达到同步性成熟。

②配种期内要正确掌握好喂料量。掌握好喂料量，可防止种公鸡过肥或过瘦，不允许体重有明显的降低；地面或板条要光滑平整，防止公鸡脚趾损伤，及时淘汰配种能力低或丧失配种功能的残弱公鸡，并补充健壮个体，保持适宜的公母比例；维持鸡舍环境温度的相对稳定，防止过冷或过热；加强种公鸡的运动，保持其健壮的体质。

第五节　鸡场建设

一、鸡场场址的选择

场址的选择对鸡场的建设投资，鸡群的生产性能、健康状况、生产效率、成本及周围的环境都有长远的影响，因此，对场址必须慎重选择。

(1) 地理位置：场址要交通方便，但又不能离公路的主干道过近，最少距主干道 400 米以上。场内外道路平坦，以便运输生产和生活物资。场址的选择还要考虑饲料来源。场址应远离居民点、其他畜禽场和屠宰场以及有烟尘、有害气体的工厂，以免环境污染。

(2) 地势地形：地势要高燥，背风向阳，朝南或朝东南，最好有一定的坡度，以利光照、通风和排水。地面不宜有过陡的坡，道路要平坦。切忌在低洼潮湿之处建场，否则鸡群易发疫病。地形力求方正，以尽量节约铺路和架设管道、电线的费用，尽量不占或少占农田、耕地。

(3) 土质：土质最好是含石灰质的土壤或沙壤土，这样能保持舍内外干燥，雨后能及时排除积水。应避免在黏质土地上修建鸡舍，另外，靠近山地丘陵建鸡舍时，应防止“渗出水”浸入。除土质良好外，地下水位也不宜很高。

(4) 水源：鸡场用水要考虑水量和水质，水源最好是地下水，水质清洁，符合饮水卫生要求。

(5) 日照充足：日照时间长对鸡舍保温、节省能源、产蛋及鸡群健康均有良好作用。另外，应考虑供电情况及周围环进疫情等。

二、鸡场布局

鸡场总体布局的基本要求是：有利于防疫，生产区与行政区、生活区要分开，孵化室与鸡舍、雏鸡舍与成鸡舍要有较大的距离，料道与粪道要分开，且互不交叉；为便于生产，各个有关生产环节要尽可能地邻近，整个鸡场各建筑物要排列整齐，尽可能紧凑，减少道路、管道、线路等的距离，以提高工效，减少投资和占地。

大型养鸡场应有 5 个主要分区，即生产区、生活区、行政管理区、兽医防治区、粪便污水处理区。有条件的，应建鸡粪加工再生饲料车间。鸡场的布局可参考图 2-28。

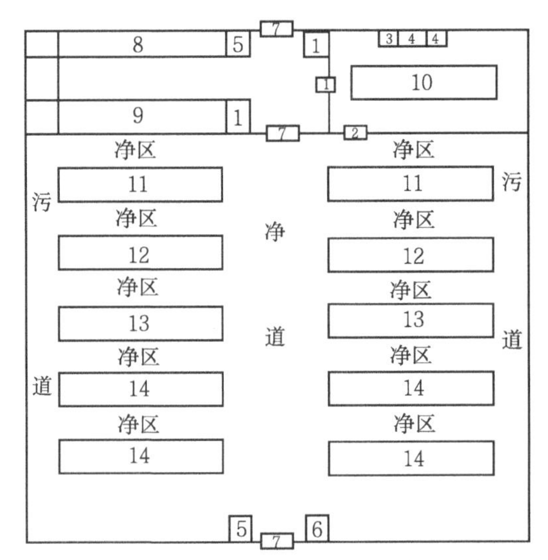

图 2-28　集约化工厂化绿色环保鸡场鸡舍的总体布局图

1. 消毒沐浴室　2. 种蛋消毒及存放室　3. 发鸡室　4. 雏鸡分级待运室
5. 门卫值班室　6. 兽医室　7. 大门　8. 办公生活用房　9. 饲料加工车间
10. 孵化厅　11. 育雏舍　12. 育成舍　13. 种鸡舍　14. 商品蛋鸡舍

行政区、生活区一般与场外通道连通，位于生产区外侧，并有围墙隔开，在生产区的进口处需设有消毒间、更衣室与消毒池，进入生产区的人员和车辆必须按防疫制度进行消毒。行政区包括办公室、供电室、发电室、仓库、维修车间、锅炉房、水塔、食堂等。大型专营蛋鸡场应设蛋库，办公室要临近鸡场大门，以便于对外联系，行政人员一般不进入生产区。锅炉房尽量位于鸡场的中心，以减少管道和热能的散失。

生活区和行政区位于主风向的上风向，以保持空气清新，距离最近鸡舍的边缘应有100 米以上，以利于防疫。生活区应距行政区远一些。

料库、饲料粉碎和搅拌间应连成一体并位于生产区的边缘，以使场内外运输车辆分开，对防疫有利；可与耗料较多的成鸡舍、中雏舍邻近，以缩短进料和送料的距离。

变电控制室应位于生产区的中心部位，以便用最短的线路统一控制鸡舍的光照与通风等正常工作。

种鸡舍—孵化室—育雏舍—中雏舍—蛋鸡舍应该成为一个流水线，以合乎防疫要求的最短线路运送种蛋、初生雏和中雏。各种鸡舍的朝向一般是向南或东南，运动场在其南侧，密闭式鸡舍其纵轴最好与夏季主风向垂直，以利于通风。成鸡最好少受惊扰，特别是设有运动场的开放鸡舍，宜处于人员、车辆少到之处，以保持环境的安静。

雏鸡舍和成鸡舍最好以围墙隔开，成鸡舍要位于雏鸡舍的下风向，尽量避免成鸡舍对雏鸡舍的污染。各栋鸡舍的间距，应本着有利于防疫、排污、防火和节约用地的原则合理安排，一般密闭式鸡舍间距 15—20 米，开放式鸡舍间距还应根据冬季日照角度的大小和运动场以及通道的宽度而定。一般运动场的面积为鸡舍面积的 2—3 倍，通道 3 米。通常开放式鸡舍的间距为鸡舍高度的 5 倍即足。

兽医防治区包括兽医室、解剖室、化验室、免疫试验鸡舍、病死鸡焚烧炉等。应处于生产区的下风向，距离鸡舍至少要 100 米以上。料道与粪道应该分别设在各鸡舍的两端。

料道主要用于生产人员行走和运送料、蛋，通至生产区大门。粪道除用于送粪外也用于运送病、死鸡，应单独通往场外。建场绝不能把孵化、育雏舍设在低洼地方，也不应靠近粪便污水处理区。

三、鸡舍的类型与结构

1. 鸡舍类型

主要有开放式、半开放式和封闭式三种类型。

2. 鸡舍结构基本要求

（1）地基和地面：鸡舍地面应比外面高 20～30 厘米，地基应深厚、结实，在地下水位高和较潮湿地区，须将地基垫高或在地面下铺设防潮层；地面用水泥，除便于冲洗消毒外，还可防鼠。

（2）鸡舍结构：最好为砖瓦木结构或选用保温隔热效果好的材料，若屋顶为石棉瓦的，要求每隔 12 米开一个通风楼在脊部，屋顶为三层结构：最外层是石棉瓦，中间层是稻草，最里层是防水油毡纸或彩条布，地基、梁柱和屋顶的承受力要达到所在地区的最大防风、防洪和防雪要求。

（3）建筑尺码：按每间鸡舍批饲养量为 5000 只鸡设计，以屋檐至地面高度 2.6±0.1 米，鸡舍长度不超过 60 米，跨度不超过 9 米为宜。

（4）排水沟：距鸡舍墙角 30～50 厘米处设置排水沟（宽 40 厘米，深 10 厘米），若鸡舍建在坡地上，上坡位还要开一条排水渠。

（5）消毒池：每个鸡舍门前至少配置脚踏消毒池/盆和消毒手盆各 1 个（固定脚踏消毒池采用水泥砌成，规格约长 50 厘米，宽 30 厘米，深 5 厘米）。

（6）运动场：要求绿化好，无积水，无杂草。

第三章　羊的生产

第一节　羊的品种

一、寒羊

寒羊属于我国地方优良绵羊品种之一，以羊毛品质好、生长发育快与多胎高产等优良特性而著称。主要分布在气候较温和、雨量较多的黄河中下游的河南、河北、山东、江苏、安徽等省。寒羊按其尾型可分为大尾寒羊（图 3-1）与小尾寒羊（图 3-2）两种类型。

大尾寒羊分布在河南省中部、河北省东南部与山东省西南部各县。山东省的大尾寒羊头略长，鼻梁隆起，公、母羊均无角；体躯较矮小，胸窄；前驱发育不良，后躯发育良好；脂尾肥大，一般垂到飞节以下，甚至拖到地面。被毛多为白色，被毛组成：绒毛占79.65%，两型毛占 9.08%，有髓毛占 11.27%。成年公羊体重 59.5 千克，剪毛量 1.25 千克；成年母羊体重 35.8 千克，剪毛量 0.76 千克，平均产羔率为 185%。

图 3-1　大尾寒羊

图 3-2　小尾寒羊

小尾寒羊分布在河南新乡、开封地区，山东省的菏泽、济宁地区，以及河北省的南部，江苏省的北部与淮北等地。小尾寒羊四肢较长，体躯高，前驱与后躯都发达，脂尾短，一般都在飞节以上。公羊有螺旋形角，母羊半数有角。头颈较长，鼻梁稍隆起。被毛为白色，有黑褐色斑，大黑斑很少。被毛由多种纤维类型组成，其中绒毛占 73.6%，两型毛占 20.82%，有髓毛占 5.58%。成年公羊体重 57.63 千克，剪毛量 3.67 千克；成年母羊体重 42.1 千克，剪毛量 1.51 千克。繁殖力强，母羊一年四季均可发情，一年两胎或两年三胎，产羔率高达 270%左右。

寒羊具有耐粗饲、易管理、抗病力强、生长发育快、成熟早、繁殖力高、肉用与裘皮用性能良好等优点。但是羊毛不同质，产毛量低，羊毛品质较差。因此，在积极进行本品种选育的同时，凡有条件的地区，应进行杂交改良，向半细毛羊方向发展。

二、波尔山羊

波尔山羊（Boer Goat）是一个优秀的肉用山羊品种，如图 3-3 所示。该品种原产于南非，作为种用，已被非洲许多国家以及新西兰、澳大利亚、德国、美国、加拿大等国引进，是世界上公认的肉用山羊品种，有“肉羊之父”美称。自 1995 年我国从南非引进首批波尔山羊以来，通过纯繁扩群逐步向全国各地扩展，显示出很好的肉用特征、广泛的适应性、较高的经济价值和显著的杂交优势。

图 3-3　波尔山羊

波尔山羊毛色为白色，头颈为红褐色，额端到唇端有一条白色毛带。波尔山羊耳宽下垂，被毛短而稀。公母羊均有角，角坚实，长度中等，公羊角基粗大，向后、向外弯曲，母羊角细而直立；有鬃；耳长而大，宽阔下垂。头部：头部粗壮，眼大、棕色；口颚结构良好；额部突出，曲线与鼻和角的弯曲相应，鼻呈鹰钩状；颈部：颈粗壮，长度适中，且与体长相称；肩宽肉厚，体躯甲相称，甲宽阔不尖突，胸深而宽，颈胸结合良好。体躯与腹部：前躯发达，肌肉丰满；体躯深而宽阔，呈圆筒形；肋骨开张与腰部相称，背部宽阔而平直；腹部紧凑；尻部宽而长，臀部和腿部肌肉丰满；尾平直，尾根粗、上翘。四肢：四肢端正，短而粗壮，系部关节坚韧，蹄壳坚实，呈黑色；前肢长度适中、匀称。皮肤与被毛：全身皮肤松软，颈部和胸部有明显的皱褶，尤以公羊为甚。眼睑和无毛部分有色斑。全身毛细而短，有光泽，有少量绒毛。头颈部和耳为棕红色。头、颈和前躯为棕红色，允许有棕色，额端到唇端有一条白带。体躯、胸部、腹部与前肢为白色，允许有棕红色斑。尾部为棕红色，允许延伸到臀部。性器官：母羊有一对结构良好的乳房。公羊有一个下垂的阴囊，有两个大小均匀、结构良好而较大的睾丸。

三、夏洛莱羊

夏洛莱羊产于法国中部的夏洛莱地区，以英国莱斯特羊、南丘羊为父本与当地的细毛羊杂交育成的，当今世界最优秀的肉用品种，具有早熟、耐粗饲、采食能力强、肥育性能好等特点，如图 3-4 所示。

夏洛莱羊体型外貌特征为：头部无毛，脸部呈粉红色或灰色，额宽，耳大灵活，体躯长，胸宽深，背腰平直，后躯丰满，肌肉发达呈倒“U”字形，四肢较短，粗壮，下部呈浅褐色。成年公羊体重为 110～140 千克，母羊 80～100 千克；周岁公羊体重 70～90 千克，周岁母羊体重 50～70 千克；8 月龄公羊达 60 千克，母羊 40 千克。屠率 50%～55%，胴体品质好，瘦肉多，脂肪少，母羊 8 个月参加配种，初产羔率达 140%，三至五产可达 190%，毛短，细度 65～60 支。

图 3-4　夏洛莱羊

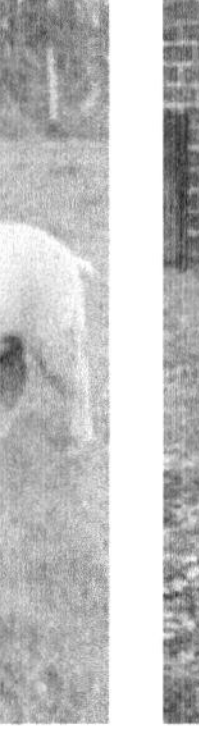

图 3-5　萨能奶山羊

四、萨能奶山羊

原产于瑞士西北部伯尔尼奥伯兰德州的萨能山谷地带，主要分布于瑞士西部的广大区域，如图 3-5 所示。当地居民主要从事奶畜业，优良的气候、丰美的牧场和长期以来有组织有计划的育种工作，从而培育成了现代高产的乳用山羊品种，为当今世界上乳用山羊的代表种，现已遍布各世界，为分布最广的山羊品种。输入各国后，除进行纯种繁育外，主要作为杂交改良地方山羊的父本。萨能山羊对提高地方山羊的产奶量和体尺方面效果显著，并以此为基础培育成功许多新的奶山羊品种，并以其产地命名。

萨能山羊具有奶用家畜的楔状体型，被毛白色或稍带浅黄色，由粗短髓层发达的有髓毛组成，公羊的肩、背、腹和胴部着生少量长毛。皮薄呈粉红色，仅颜面、耳朵和乳房皮肤上有小的黑灰色斑点。公母羊一般无角，耳长直立，部分个体颈下靠咽喉处有一对悬挂的肉垂（但非品种特性，不能以此评定是否纯种）。体躯深广，背长而直，四肢坚实，乳房发育充分，但相当数量的个体尻部发育较弱而且倾斜明显，为其缺点。

萨能奶山羊公羊体高 85 厘米左右，体长 95～114 厘米；母年体高 76 厘米，体长 82 厘米左右。成年公羊体重 75～100 千克，母羊 50～65 千克。该种山羊早熟繁殖力强，繁殖率为 190%，多产双羔和三羔，泌乳期 8～10 个月，产奶量 600～1200 千克，乳脂率 3.8%～4.0%。

五、萨福克羊

萨福克肉羊原产于英国，是世界公认的用于终端杂交的优良父本品种，如图 3-6 所示。澳洲白萨福克是在原有基础上导入白头和多产基因新培育而成的优秀肉用品种。体格大，颈长而粗，胸宽而深，背腰平直，后躯发育丰满，呈桶型，公母羊均无角。四肢粗壮。早熟，生长快，肉质好，繁殖率很高，适应性很强。

萨福克具有适应性强、生产速度快、产肉多等特点，适于作羊肉生产的终端父本。萨福克成年公羊体重可达114～136千克，母羊60～90千克，毛纤维细度30～35微米，毛纤维长度7.5～10厘米，产毛量2.5～3.0千克，产羔率140%。用其作终端父本与长毛种半细毛羊杂交，4～5月龄杂交羔羊体重达35～40千克，胴体重18～20千克。萨福克与国内细毛杂种羊、哈萨克羊、阿勒泰羊、蒙古羊等杂交，在相同的饲养管理条件下，杂种羔羊具有明显的肉用体型。杂种一代羔羊4～6月龄平均体重高于国内品种3～8千克，胴体重高1～5千克，净肉重高1～5千克。利用这种方式进行专门化的羊肉生产，羔羊当年即可出栏屠宰，使羊肉生产水平和效率显著提高。萨福克羊原产于英国东南部的萨福克、诺福克等地区，是英国古老的肉羊杂交而育成，1959年宣布育成。是理想的生产优质肉杂羔父系品种之一。成年羊平均日增重250～300克，平均产污毛4～6千克，毛长7～6厘米，细度56～58支，屠宰率50%以上。产羔率130%～140%，我区从1980年开始引进多次，目前主要集中在我区西部盟市生产基地。

图3-6　萨福克羊

第二节　羊舍的规划布局与建设

一、场地选择的基本原则

（1）地热高燥向阳：因为潮湿的环境对山羊的生长、繁殖、防病等均有不利影响，故羊场应选建在地势较高、南坡向阳、排水良好和通风干燥、冬暖夏凉的地方，切忌在低湿洼滞地、山洪水道内和冬季风口处建羊场。

（2）保证牧草和水源供应：水质应符合无公害畜禽饮用水水质要求，同时利于放牧。

（3）交通、通讯便利，电力充沛。

（4）非疫区、无环境污染且有利于防疫：在建羊场时，要远离居民区，远离有传染病的疫区及牲畜交易市场和食品加工厂，不要在化工厂等易造成环境污染企业的下风处及附近建场。羊场周围3公里以内无大型化工厂、采矿场、皮革厂、肉品加工厂、屠宰场或畜牧场等污染源。羊场距离干线公路、铁路、城镇、居民区和公共场所1公里以上，远离高压电线。羊场周围有围墙或防疫沟，并建立绿化隔离带。

二、羊场规划布局的基本要求

（1）确定生活区的位置：生活区一般安排在地势较高、排水良好、通道较多的上风头处。最好能瞭望到全场的其他房舍。距离场外大道保持在 40～50 米为宜。

（2）羊舍朝向：羊舍朝向一般以坐北朝南为宜，注意防寒避暑，避免风暴侵袭。

（3）利于提高工作效益：生活区与羊舍要保持一定的距离，同时也要有利于工作方便。羊舍通向草料库、牧草地等设施的交通要方便，但应保持一定距离，注意防火。

（4）场内道路设置：主干道因与场外运输线路连接，其宽度为 5～6 米，支干道为 2.5～3 米。道路两侧应有排水沟，并植树。

（5）要考虑全场的美观。保持场内清洁、卫生。

三、羊场的功能区域划分

（1）生产区是羊场的核心：生产区包括各类羊舍、饲料库房、加工调制间、兽医诊断室、配种（人工授精）室、产房、青贮窖（塔）、药浴池等。生产区应布置在管理区主风向的下风向或侧风向，羊舍应布置在生产区的上风向，药浴池应建在羊场外面，最好在下风方向，草料库要与羊舍保持一定的距离，要便于防火、便于运输。场区内净道和污道分开，互不交叉。按性别、年龄、生长阶段设计羊舍，实行分阶段饲养、集中育肥的饲养工艺。

（2）行政管理区是羊场经营管理中心：办公室和生活区应建在地势较高、处在羊场的上风口方向处并与生产区相隔一定距离，防止被环境污染。

（3）病羊隔离区：病羊隔离治疗舍应建在羊场生产区主风向的下风口方向处，与生产区羊舍保持一定的距离，以防重复感染。

（4）污物处理区：这个区域应有粪污处理、污水处理、死亡畜处理等相关设施，应设在羊场生产区主风向的最下风口方向处。

第三节　羊舍的设计与建设

一、羊舍设计

羊场设计要按照便于管理、便于搞好灭菌防病、便于安排生产流程顺序、便于土地的经济利用和节省投资的原则进行综合考虑。

（一）羊舍类型

按屋顶形式，可分为单坡式和双坡式两种类型。单坡式羊舍跨度小，自然采光好，投资少，适合小规模养羊（存栏羊≤100 只）；双坡式羊舍跨度大，空间较大，适合大型羊场养羊（存栏羊≥100 只），但造价相对较高。单坡式羊舍跨度一般为 5～6 米，双坡单列式羊舍为 6～8 米，双坡双列式羊舍为 10～12 米；羊舍檐口高度一般为 2.4～3 米。图 3-7 为双坡单列式羊舍的结构。图 3-8 给出羊舍的立体图。

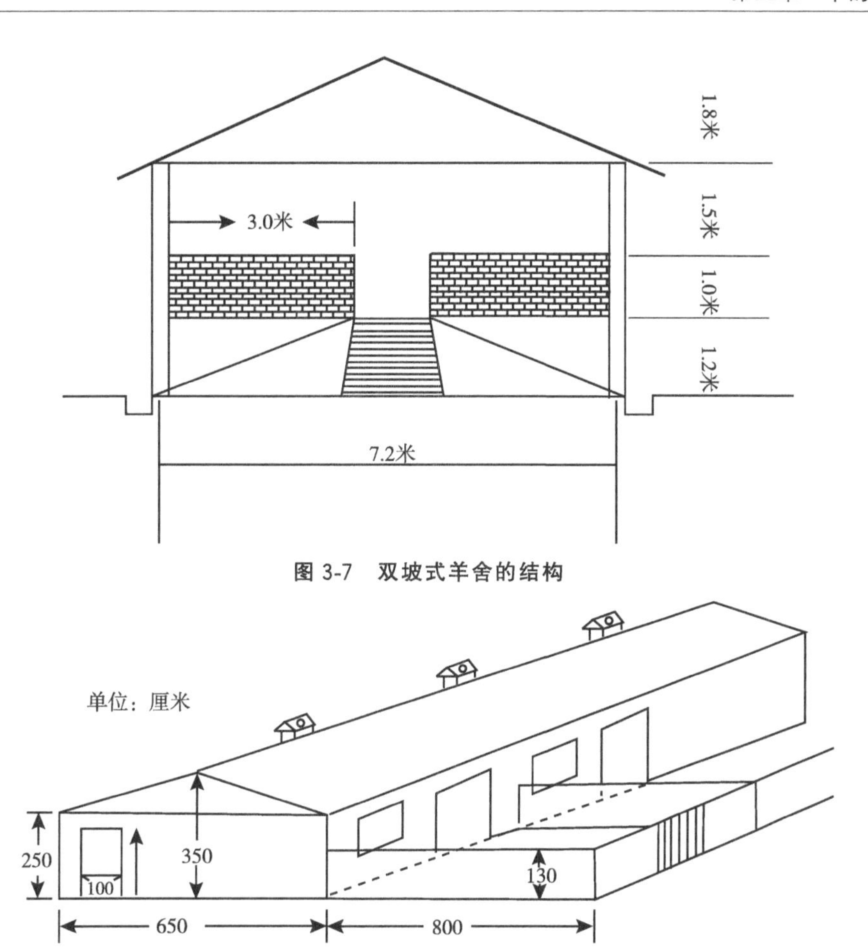

图 3-7　双坡式羊舍的结构

图 3-8　羊舍立体图

（二）羊舍面积和高度

羊舍要有足够的面积和高度。一般而言，羊舍面积应以保持舍内空气新鲜、干燥，保证冬春防寒保暖和夏秋防暑降湿为原则，以舍饲为主时要保证有足够的运动场地。目前国内普遍采用的建筑参数是：

（1）羊舍高度不低于 2.5 米，冬季有避风保暖设施的羊舍可适当增高。羊舍地板距地面高度 0.5～1 米左右，地面坡度 30°～45°左右，这样可以不占或少占耕地，有利于排水和圈舍干燥。

（2）每只羊所需羊舍面积：空怀种母羊、成年母羊 0.8～1.0 平方米，妊娠母羊 1.5～2.0 平方米，产羔母羊 1.1～1.6 平方米，妊娠后期或哺乳母羊 2～2.5 平方米，独栏种公羊 4～6 平方米，其他羊 0.6～0.9 平方米。产羔舍按基础母羊占地面积的 20%～25%计算。按购种羊一只需建圈 2～2.5 平方米设计，应建多间，每间 10～12 平方米，具备母羊（空怀种母羊、哺乳母羊、妊娠母羊）舍、产羔舍、种公羊舍、商品羊舍及隔离舍等功能舍。

（3）运动场一般设在羊舍的南面，低于羊舍地面 60 厘米以下，向南缓缓倾斜以利排水。以沙质土壤为好，便于排水和保持干燥。夏季炎热地区羊舍及运动场应有遮阴设施。

运动场面积一般为羊舍面积的2～3倍。成年羊运动场面积可按4平方米/只计算。运动场四周设围栏或砌墙，高为2.0米左右。

（三）羊舍采光、地面及通风设施

羊舍建成后要有利于保持舍内干燥、保湿、防暑、采光和排除舍内有害气体（如硫化氢、氨气、二氧化硫、二氧化碳等），又要便于饲养操作，其主要参数是：

（1）舍门规格。舍门宽度：大群饲养为2～3米，小群饲养为1.5～2米。舍门高度：2米。

（2）窗户面积。南方一般建开放式羊舍，四周用木板或木条、竹块等建1.2米高的栅栏隔开（封闭式羊舍窗户面积一般为地面面积的1/15，下缘离地面高度1.5米，南窗应大于北窗），冬春用薄膜、玉米秸秆等遮挡以防止冬春贼风的侵袭和保温。

（3）地面应由内向外倾斜成一定坡度，羊舍地板条间隙2.0～2.2厘米。

（4）羊舍温度和湿度。冬季产羔舍最低温度应保持在10℃以上，一般羊舍在0℃以上，夏季舍温不超过30℃。保持干燥，地面不能太潮湿，空气相对湿度为50%～70%。

（5）采光控制。羊舍要求光照充足，一般采用自然光照，无窗则全部用人工光照。需要的光照时间：公母羊舍8～10小时，怀孕母羊舍16～18小时。

（四）防止自然灾害对羊舍的侵袭

一是大风地区要尽可能减少羊舍受风面积，即羊舍短边与风向垂直，长边与风向平行。二是夏季高强度日照辐射区应在运动场设遮阴物。三是多雨地区要注意羊舍周围排水畅通。

二、羊舍建筑要求

（1）建设地址的选择。一是选择地址一定要因地制宜，地势相对较高、通风干燥、避风向阳，尽量靠近放牧地、草料库和清洁水源，在生活区的下风处和清洁水的下游。二是尽力避免羊舍坐西向东，应坐北朝南为宜。

（2）羊舍内设施。羊舍内应有羊床、草架、食槽、水槽、走道等基本设施。同时，在羊舍内应设置围栏，其高度为1.2～1.5米。

（3）建筑材料。羊舍建筑材料可选用砖、木、竹、水泥、沙、石、瓦等，坚持因地制宜、就地取材、经济实用、坚固耐用等原则。

三、羊舍建造

南方高温多湿，应建高床圈舍建造：羊床楼高必须保持离地平1～1.2米，羊舍宽1.5～2.0米，漏粪板为条状，宽3厘米，厚3厘米，漏粪板间隙2～2.2厘米，羊舍前栏高1米，颈夹宽8厘米，前栏高50厘米处挖一个上下高20厘米，左右宽18厘米的椭圆状孔洞，用于采食时头颈伸出，羊床前栏外部设有饲料槽和饮水装置，地平坡度30度以上，用水泥硬化，羊粪尿随时排到舍外的积粪池中或沼气池中。整个羊舍的建设要适合羊只爱清洁、喜干燥的生活习惯，建成的羊舍空气流畅，光线充足，冬暖夏凉，便于打扫卫生，方便饲喂，给饲养的羊只创造一个舒适的环境，促进羊只的正常生长发育。高山地区考虑到冬季防寒保暖可以适当地做一定比例的地圈。

第四节 羊场配套设施建设

(1) 人工授精室建设：人工授精室与人工授精站的建设相类似。除种公羊圈外，应建立采精室、精液处理室和输精室等部分。各室面积分别为 8～12 平方米、8～10 平方米、10～15 平方米，室内要求光线充足、地面坚实、空气新鲜，各室之间相互连接。

(2) 兽医室建设：羊场应设有兽医室。其位置与羊舍保持相应距离，室内应配备常用的消毒、诊断、手术、注射、治疗等器械和药品。兽医室外设有保定架。

(3) 消防与环保设备：对于具有一定规模的羊场，经营者必须加强防火意识，除建立严格的管理制度外，还应备足消防器材和完善消防设施，如灭火器和消防水龙头（或水池、大水缸）等。养羊场建设应重点考虑避免粪尿、垃圾、尸体及医用废弃物等对周围环境的污染，特别是避免对水源的污染，以避免有害微生物对人类健康的危害。规划放牧场地时，也要避免对周围环境的破坏。一般来说，养羊场应设有粪尿污水处理设施，未经消毒的废污水不能直接向河道里排放，场内应设有尸体和医用废弃物的焚烧炉。我们提倡最好的处理方法是配套建设沼气池，将养羊场排放出的粪尿、垃圾等转化为能源，变废为宝，减轻对环境的不良影响。

(4) 沼气池建设：我国广大农村家用沼气池推广使用的主要池形是圆筒形沼气池。圆筒形沼气池主要由进料管、发酵间、贮气室、出料管、水压间、活动盖、导气管等组成。沼气池容积大小应根据羊头规模、用户的发酵原料及所采用的发酵工艺、用气要求等因素进行合理确定，每户家养能繁母羊 20～30 只的高床舍饲农户一般可修建 6～10 立方米的沼气池，如果是养羊规模更大的羊场或舍饲养羊户可适当增加修建容积。

第五节 羊的选种

一、选种

选种就是从畜禽群体中选出符合人们要求的优良个体留作种用，同时将不良个体淘汰。选育是育种工作的基础。通过选育可以增加畜禽群中某些优良的基因和基因型的比例，减少某些不良的基因和基因型的比例，从而定向改变畜禽群体的遗传结构，在原有的基础上创造出来新类型，生产出更多更好的畜禽产品，提高畜牧业生产的经济效益。

选种包括对种公畜禽、种母畜禽的选择。俗话说："公畜好，好一坡；母畜好，好一窝。"种公畜禽的需要量较母畜禽少，但对群体影响较大，选好种公畜禽对提高畜禽群质量具有特别重要的意义。同样我们也不能忽视对母畜禽的选择，因为母畜禽与公畜禽对后代的遗传影响是同等的。

二、鉴定

鉴定是选种的基础。搞好选种工作，首先必须做好种羊的鉴定。种羊的鉴定就是根据种羊的生产力、体质外貌、生长发育及系谱资料来评定种羊品质的方法。种羊的鉴定方法主要有四种：生产力、体质外貌、生长发育和系谱鉴定。鉴定可分阶段进行，每一阶段可根据需要采用一种或多种方法。如幼年时期以系谱鉴定为主，结合测定生长发育；成年以后进行体质外貌和生长发育鉴定；有了生产力以后以生产力鉴定为主。

（一）种羊生产力的鉴定

1. 种羊生产力的种类

畜禽生产力的种类有产肉力、产毛力、繁殖力等。

（1）产肉力指标。肉用畜禽主要有猪、牛、羊、鸡等。评定产肉力的主要指标有：

日增重：一般指断乳至屠宰整个育肥期间的平均日增重。

饲料利用效率：通常以平均每单位增重的饲料消耗量来表示。具体计算有料肉比和转换率两种形式：

料肉比＝育肥期间消耗的饲料量/育肥期间的总增重

转换率＝总增重/饲料消耗总量×100％

屠宰率：屠宰率指胴体重占宰前空腹重的比例。如猪的屠宰率一般在75％左右。

另外还有背膘厚、眼肌面积、肉的品质（包括肉色、肉味、嫩度、系水力及大理石纹等）等项指标。

（2）产毛力指标。毛用家畜主要有绵羊、山羊和毛用兔。评定的主要指标有：

剪毛量：从一只羊身上剪下的全部羊毛重量。

净毛率：家畜被毛中一般含有油汗、尘土、粪渣及草料碎屑等杂质。除去杂质的毛量称为净毛量。净毛率是净毛量占污毛量（剪毛量）的比例。

另外还有毛的长度、细度、密度等项指标。

（3）繁殖力指标。主要有受胎率、情期受胎率、繁殖成活率、产仔数、初生重、断奶窝重等。

受胎率＝受胎种母羊数/参加配种母羊数×100％。

繁殖成活率＝本年度内成活羔羊数/上年度终成年母羊数×100％。

初生重指羔羊出生时个体的重量。

2. 评定种羊生产力的原则

（1）全面性。评定种羊生产力时，既要看产品数量多少，又要看产品质量好坏，还应考虑产品生产效率和经济效益。

（2）一致性。种羊生产力的高低受到各种内外因素的影响，只有处于同样条件下，评比才能公平合理。因此，要求有同样的饲养管理条件，而且性别、年龄等条件也应尽可能相似，但在生产实践中往往难以做到。为此，应事先研究并掌握各种因素对种羊生产力的影响程度和规律，利用相应的校正系数，将实践生产力校正到标准条件下的生产力，以利评比。

（二）羊的体质外貌的鉴定

1. 体质的概念及类型

体质就是人们常说的机体素质，是机体机能和结构协调性的表现。它在外形结构、神经类型、生产性能、健康状况、抗病和适应性等方面都有所表现。体质的类型通常分为：

（1）结实型。这种类型的种羊体躯各部分协调匀称，皮、肉、骨骼和内脏发育适度。外形健壮结实，性情温顺，抗病力强，生产性能表现较好，是一种理想的体质类型。

（2）细致紧凑型。这类种羊骨骼细致而结实，头清秀，角蹄细致有光泽。皮薄有弹性，不易沉积脂肪，外形清秀，反应灵敏，动作敏捷。

（3）细致疏松型。这类种羊的结缔组织发达，全身丰满，皮下及肌肉内易积贮大量脂肪。皮薄骨细，体躯宽广低矮，四肢比例短。早熟易肥，神经反应迟钝，性情安静。

（4）粗糙紧凑型。这类种羊骨骼虽粗，但很结实，体躯魁梧，头粗重，四肢粗大，肌肉强健有力，皮粗毛厚，适应性和抗病力较强。

（5）粗糙疏松型。这类种羊骨骼粗大，结构疏松，肌肉松软无力，皮厚毛粗，神经反应迟钝，繁殖力和适应性均较差，是一种最不理想的体质。

2. 外貌鉴定的方法

进行外貌鉴定的主要方法是肉眼鉴定和体尺测量。

肉眼鉴定的一般方法步骤是：先概观，后细察。鉴定时，人与畜体保持一定距离，从家畜正面、侧面和后面按顺序观察，主要看其体形结构、整体发育、品种特征、精神表现及有无明显的缺陷等。再令其走动，看其动作、步态以及有无跛行或其他疾患。取得一个概括认识后，再走进畜体，对其各部位进行细致的观察，必要时可用手触摸，最后进行综合分析，评定优劣。

（三）生长发育鉴定

生长发育鉴定最常用的方法是测量体重、体尺。常用的测量用具有：地磅或秤杆、测杖、卷尺及圆形测定器等。

1. 称重

体重的衡量以直接称重最为准确。

2. 体尺测量

体尺测量是畜体不同部位尺度的总称。通常测量的体尺主要有四项：

（1）体高。是鬐甲顶点至地面的垂直距离。

（2）体长。大家畜称体斜长，是从肩端到臀端的距离。猪的体长则是自两耳连线中点沿背线至尾根处的距离。

（3）胸围。沿肩胛后缘量取的胸部周径。

（4）管围。左前肢管部下 1/3 最细处量取的水平周径。

体尺测量时要求所用的测量器具要精确，用前要检查矫正；测量场地要平坦，家畜姿势要正确，以免影响测量的准确性。同时测量部位要准确，读数和记录不能有误，称重一般安排在早上饲喂前进行。

（四）系谱鉴定

以审查种羊的系谱来推断其种质优劣的方法称为系谱鉴定。

系谱是记载种羊祖先编号、名字、生产成绩及鉴定结果的原始记录。系谱分不完全系谱和完全系谱两种。不完全系谱是指只记载祖先的编号和名字的系谱；完全系谱是指除记载各代祖先的编号、名字外，还记载祖先的生产成绩、育种值、发育状况和外貌评分，以及有无遗传疾病和外貌缺陷等。

1. 系谱的种类及编制方法

系谱一般有四种形式，即竖式、横式、结构式、畜群系谱。现仅介绍竖式系谱。

竖式系谱的格式是：种畜的名字记在上端，下面是父母（祖 I 代），再向下是父母的父母代（祖 II 代）。每一代祖先中公畜记在右侧，母畜记在左侧。系谱正中画一垂线，右边为父方，左边为母方，见表 3-1。

表 3-1　种畜的畜号与名字

Ⅰ	母				父			
Ⅱ	外祖母		外祖父		祖母		祖父	
Ⅲ	外祖母的母亲	外祖母的父亲	外祖父的母亲	外祖父的父亲	祖母的母亲	祖母的父亲	祖父的母亲	祖父的母亲

2. 系谱鉴定

系谱鉴定的目的在于通过分析各代祖先的生产性能、生长发育、外形等，估计这头种羊的种用价值，了解这头种羊祖先的近交情况，为选配工作提供依据。

三、选种的方法

选种就是在鉴定的基础上，对已筛选的个体进行少数重点性状的选择。选种的方法很多，主要有表型选择、家系选择、估计育种值选择、多性状选择、间接选择和质量性状的选择等方法。

1. 表型选择

根据个体性状表现值的高低进行选种的方法称为表型选择。表型选择常采用择优选留法，适用于遗传力高的性状。对遗传力高的性状采用表型选择，简便易行，效果好，可以缩短时代周期，加快遗传进程。对遗传力低的性状则不宜采用表型选择，这类性状受环境影响较大，表型值不能反映育种值的高低。

2. 家系选择

就是把家畜作为一个单位，根据家畜的平均表型值高低进行选留或淘汰，称为家系选择。家畜的选择常用方法有两种：一种是以种畜的同胞为依据的家畜选择；另一种是以种畜的子女均值为依据的家系选择，即后裔选择。

3. 估计育种值选择

育种值是指种畜表型值中能遗传和固定的部分，它不能直接度量，只能根据表型值进行间接估计。根据估计育种值高低进行选种的方法，称为估计育种值选择。

4. 多性状选择

在育种工作中，有时只根据单个性状进行选择，但在多数情况下，往往要同时兼顾几个性状，如蛋鸡的产蛋数和蛋重，奶牛的产乳量和乳脂率，绵羊的产毛量和毛长等。选择的方法也较多，主要有：

（1）顺序选择法。顺序选择法是指对所要选择的几个性状依次逐个进行选择的方法。

（2）独立淘汰法。独立淘汰法是对所要选择的几个性状分别规定选留标准，凡其中任一性状不够标准的一律淘汰。

(3) 综合选择法。将所要选择的几个性状综合成一个便于不同个体互相比较的数值，这个数值称为综合选择数值。根据综合数值进行选种的方法叫作综合选择法。

5. 间接选择

利用性状相关关系，通过对 Y 性状的选择，来间接提高 X 性状的一种选种方法，称为间接选择。

6. 质量性状的选择

畜禽的毛色、角、耳形、血型及遗传缺陷都属于质量性状。对于质量性状的选择，首先要了解它的一些遗传规律。选种的关键在于通过测交来判定质量性状的基因型是纯合体还是杂合体。

四、选种的注意事项

优良的种羊是羊群实现高生产性能、高产品品质、高经济效益的基础。品种选择就是通过对种羊的综合评定，用具有高生产性能和优良育种品质的个体来补充羊群，再结合对不良个体的严格淘汰，以达到不断改善和提高羊群品质、实现较高经济效益的目的。

要使羊选种达到目的，取得好的效果，在进行羊选种时，最重要的是坚持标准，严格淘汰。选种不按标准来选，就达不到预定目的；选种不配合淘汰，也达不到预定目的。为使引进种羊取得成功，尤其是从外地引进种羊时必须做到以下几点：

(1) 要有技术人员到引种地做好实地调查，根据自己的生产方向慎重选种个体，搞清血缘关系。购入的种羊相互间应没有亲缘关系。同时要考察引入种羊的亲代有无遗传缺陷，并应带回种羊的系谱卡片保存备用。

(2) 引种时要了解拟引入羊品种的特点及其适应性和所在地区的气候、饲料、饲养管理条件，以便于引种后的风土驯化。

(3) 应妥善安排调运季节。为使引入种羊在生活环境上的变化不至于过大，使种羊有一个逐步适应的过程，在确定引入种羊调运时间时要注意原产地与引入地的季节差异。根据我国气候特点，一般秋季运输种羊较好。

(4) 要严格执行卫生防疫制度，切实加强种羊的检疫。种羊引入后隔离观察一个月，防止疾病传入。

(5) 要加强饲养管理和适应性锻炼。引种第一年是关键性的一年，应加强饲养管理，做好引入种羊的接运工作，并根据原来的饲养习惯，创造良好的饲养管理条件，选用适宜的日粮类型和饲养方法。在迁运过程中为防止水土不服，应携带原产地饲料供途中或到达目的地时使用。根据引进种羊对环境的要求，采取必要的降温或防寒措施。

(6) 引入的良种羊必须良养，才易成功。在不具备引种知识和技术的地方，应先养些地方品种，取得经验后，再引入良种。提倡因地制宜，因条件制宜，以确定最适引入品种。

第六节　羊的选配

一、选配的意义和作用

所谓选配，就是在选种的基础上，根据母羊的特点，为其选择恰当的公羊与之配种，以期获得理想的后代。因此，选配是选种工作的继续，在规模化的绵羊、山羊育种工作中，是两个相互联系、不可分割的重要环节，是改良和提高羊群品质最基础的方法。

选配的作用在于巩固选种效果。通过正确的选配，使亲代的固有优良性状稳定地传给下一代；把分散在双亲个体上的不同优良性状结合起来传给下一代；把细微的不甚明显的优良性状累积起来传给下一代；对不良性状、缺陷性状给予削弱或淘汰。

二、选配的类型

选配可分为表型选配和亲缘选配两种类型。表型选配是以与配公、母羊个体本身的表型特征作为选配的依据，亲缘选配则是根据双方的血缘关系进行选配。这两类选配都可以分为同质选配和异质选配，其中亲缘选配的同质选配和异质选配即指近交和远交。

表型选配即品质选配，它可分为同质选配和异质选配。

1. 同质选配

是指具有同样优良性状和特点的公、母羊之间的交配，以便使相同特点能够在后代身上得以巩固和继续提高。通常特级羊和一级羊是属于品种理想型羊只，它们之间的交配即具有同质选配的性质；或者羊群中出现优秀公羊时，为使其优良品质和突出特点能够在后代中得以保存和发展，则可选用同群中具有同样品质和优点的母羊与之交配，这也属于同质选配。例如，体大毛长的母羊选用体大毛长的公羊相配，以便使后代在体格大和羊毛长度上得到继承和发展。这就是“以优配优”的选配原则。

2. 异质选配

是指选择在主要性状上不同的公、母羊进行交配，目的在于使公、母羊所具备的不同的优良性状在后代身上得以结合，创造一个新的类型；或者是用公羊的优点纠正或克服与配母羊的缺点或不足。用特、一级公羊配二级以下母羊即具有异质选配的性质。例如，选择体大、毛长、毛密的特、一级公羊与体小、毛短、毛密的二级母羊相配，使其后代体格增大，羊毛增长，同时羊毛密度得到继续巩固提高。又如用生长发育快、肉用体型好、产肉性能高的肉用型品种公羊，与对当地适应性强、体格小、肉用性能差的蒙古土种母羊相配，其后代在体格大小、生长发育速度和肉用性能方面都显著超过母本。在异质选配中，必须使母羊最重要的有益品质借助于公羊的优势得以补充和强化，使其缺陷和不足得以纠正和克服。这就是“公优于母”的选配原则。

三、选配应遵循的原则

1. 公羊优于母羊

为母羊选配的公羊，在综合品质和等级方面必须优于母羊。

2. 以公羊优点补母羊缺点

为具有某些方面缺点和不足的母羊选配公羊时，必须选择在这方面有突出优点的公羊与之配种，决不可用具有相反缺点的公羊与之配种。

3. 不宜滥用

采用亲缘选配时应当特别谨慎，切忌滥用。

4. 及时总结选配效果

如果效果良好，可按原方案再次进行选配。否则，应修正原选配方案，另换公羊进行选配。

5. 种公羊配种期要细喂养

种公羊在配种期的饲养管理要求比较精细，必须保持良好的健康体况，即中上等膘情、体质健壮、精力充沛、性欲旺盛、配种能力强、精液品质好。

增加营养。配种期的种公羊应补饲富含粗蛋白质、维生素、矿物质的混合精料与干草，适合饲喂种公羊的粗饲料有苜蓿干草、三叶草干草和青燕麦干草等。精料则以燕麦、大麦、玉米、高粱、豌豆、黑豆、豆饼为好，多汁饲料有胡萝卜、饲用甜菜等。一般每日补饲混合精料 1～1.5 千克，青干草任意采食（冬配时），骨粉 10 克，食盐 15～20 克；每天采精次数较多时，加喂鸡蛋 1～2 个。

加强放牧和运动。在补饲的同时，要加强放牧，适当增加运动，以增强公羊体质和提高精子活力。放牧和运动要单独组群，放牧时距母羊群尽量远些。

加强管理。配种季节，种公羊性欲旺盛，性情急躁，在采精时要注意安全，放牧或运动时要有人跟随，防止种公羊混入母羊群进行偷配。种公羊圈舍要宽敞坚固，保持清洁、干燥，并定期消毒。

四、羊配种年龄及最佳配种时间

羊配种适龄：初配母羊在 12～18 个月，且山羊较绵羊略早。3～5 岁羊繁殖力最强。最佳利用期母绵羊 6 年，母山羊 8 年。最佳配种时间：羊一般有固定的繁殖季节，但人工培育的品种羊常无严格的繁殖季节性。北方地区羊的繁殖季节一般在 7 月至翌年 1 月间，而以 8 月～10 月为发情旺季。绵羊冬羔以 8 月～9 月配种，春羔以 11 月～12 月配种为宜，奶山羊以 8 月～10 月配种好。母羊发情持续时间：绵羊为 30～40 小时，山羊 24～28 小时，因此，绵羊应在发情后 30 小时左右，山羊发情后 12～24 小时配种好。母羊发情周期为 15～21 天，妊娠期 144～155 天，平均 150 天。

第七节　羊的饲养管理

一、种公羊的饲养管理

肉用种公羊的饲养应维持中上等膘情，以便使其常年健壮、活泼、精力充沛、性欲旺盛。配种季节前后，应保持较好膘情，配种能力强，精液品质好，以充分发挥种公羊的作用。

种公羊的饲养要求营养价值高，有足量优质的蛋白质、维生素 A、维生素 D 及无机盐，且易消化，适口性好。理想的饲料，鲜干草类有苜蓿草、三叶草和青燕麦草等；精料有燕麦、大麦、豌豆、黑豆、玉米、高粱、豆饼、麦麸等；多汁饲料有胡萝卜、甜菜和玉米青贮等。

种公羊的饲养可分为配种期饲养和非配种期饲养。配种期饲养又可分为配种预备期（配种前 1.0～1.5 个月）及配种期饲养。配种预备期应增加精料量，按配种期喂给量的 60%～70%补给，逐渐增加到配种期精料的喂给量。配种期的日粮大致为：精料 1 千克，苜蓿干草或野干草 2 千克，胡萝卜 0.5～1.5 千克，食盐 15～20 克，骨粉 5～10 克，全部粗料和精料可分 2～3 次喂给。精料的喂量应根据种羊的个体重、精液品质和体况酌情增减。非配种期内应补给精料 500 克，干草 3 千克，胡萝卜 0.5 千克，食盐 5～10 克。夏秋季以放牧为主，可少量补给精料。

种公羊饲养以放牧和舍饲相结合为主，配种期种公羊应加强运动，以保证种公羊能产生品质优良的精液。配种后复壮期，精料的喂给量不减，增加放牧时间，经过一段时间后，再适量减少精料，逐渐过渡到非配种期饲养。

种公羊舍应选择通风、干燥、向阳的地方。每只公羊约需面积 2 平方米。

二、母羊饲养管理

（一）种母羊的饲养管理

种母羊是羊群的基础，只有通过科学的饲养管理，才能获得较高的经济效益。种母羊要怀孕、产仔、哺乳，因而对母羊的饲养管理要特别精细。主要应抓好以下关键技术措施。

1. 母羊群的补饲

为保持母羊正常生产力和顺利完成配种、怀孕、哺乳等繁殖任务，要保证全年较好的营养水平。首先是加强关键时期的补饲工作。根据母羊怀孕本身的营养状况而定，不一定要很多精料，如有品质较好的干草和青饲料，则精料补饲量便可减少。

（1）怀孕母羊的补饲。

怀孕前期，因为胎儿生长缓慢，需要的营养与空怀时相差不大，除放牧外，视条件少量补饲或不补饲。

怀孕后期，胎儿生长变快。在怀孕期的后 2 个月，母羊（含单胎羔羊）其体重急速增加 7～8 千克，其代谢比不怀孕的母羊高 20%～25%。为了满足怀孕母羊的生理需要，仅靠放牧是不够的，在怀孕后期除抓紧放牧外，每头母羊补饲精料 0.45 千克/天、野干草 1.0～1.5 千克/天、野草青贮 1.5 千克/天、食盐和骨粉 15 克/天。一般繁殖群和杂种母羊可酌减。给怀孕母羊补饲的草料，其品质必须是较好的，发霉、腐败、变质、冰冻的饲料不能饲喂。

怀孕母羊在管理上要多加注意，出牧、归牧、饮水、补饲都要慢、稳，防止拥挤、滑跌，严防跳崖、跳沟，最好在较平坦的牧地上放牧。禁止无故捕捉，惊扰羊群，以防流产。

怀孕母羊的圈舍要求保暖、干燥、通风良好。

（2）哺乳母羊的补饲。

母乳是羔羊生长发育所需营养的主要来源，特别是生后的头 20～30 天。母羊奶多，羔羊发育好，抗病力强，成活率高。如果母羊养得不好，不但母羊消瘦，产奶量少，而且影响羔羊的生长发育。产春羔时，放牧场要好，母羊吃到好青草，能增加乳汁分泌，如草场差，应适量补饲。产冬羔时，除放牧外，应补饲优质干草和多汁料。

哺乳母羊及其羔羊放牧时间由短到长，距离由近到远，要特别注意天气变化，若有大风雪应提前赶羊回圈。

羔羊断奶前几天，就要减少母羊的多汁料、青贮料和精料喂量，以预防乳腺炎的发生。

哺乳母羊的圈舍应经常打扫，保持清洁干燥。胎衣、毛团等污物要及时清除，以防羔羊吞食生病。

2. 供应充足饮水

除梅雨季节外，必须经常注意饮水的供应，高温季节需水量大，喂水更不能间断。妊娠、哺乳母羊需水量增加，产前、产后母羊易感口渴，饮水不足易发生母羊烦躁不安、停止供乳现象。喂粗蛋白、粗纤维和矿物质含量高的饲料时，其供水量同时也要增加。每天要保证放牧前和归牧后应供给一次充足饮水。

3. 严格控制饲养管理条件

（1）把好卫生消毒关。

应及时清除羊舍内粪便，保持舍内清洁卫生。对食具和饮水器要经常洗刷，定期用 0.1％高锰酸钾水溶液消毒或用水煮沸消毒，并定期对羊舍及周边环境用 0.05％毒杀威消毒，以消灭饲养环境中的病原微生物。

（2）适宜的温度。

温度对母羊的影响很大，舍温超过 25℃时即引起食欲下降，舍温低于 5℃或高于 25℃时，母羊的繁殖性能将受到影响。要做好夏季防暑降温和冬季保暖工作。

（3）保持环境干燥、安静。

梅雨季节是羊病多发季节，应注意羊舍内干燥，勤换垫草，在地面上撒些石灰或焦泥灰，以吸湿气而保持羊舍干燥。母羊胆小易惊，尤其在分娩、哺乳和配种时影响更大，怀孕母羊同圈饲养相互惊扰或强制牵拉等，都可能造成流产。因此，在管理上要轻巧、细致，保持环境安静。

4. 合理配种繁殖

（1）适龄初配。

正确使用繁殖技术，提高繁殖成活率，是发展养羊业的重要环节。母羊性成熟一般在 4～8 月龄。一般而言，初配母羊在达成年体重 70％（即成年母羊体重 50 千克，初配体重为 35 千克）可开始配种。肉用母羊配种适龄为 12 个月龄，早熟品种、饲养管理条件好的母羊，配种时间可提早。

（2）控制繁殖季节。

最理想的繁殖季节是春、秋两季，冬季要看天气的变化，如有适宜的温度、良好的饲料来源，也可以繁殖。但夏季气温高，不适宜繁殖。

（3）重视种母羊选择。

种母羊的选择，除了注意外形好，还应具备产仔多、泌乳量高、母性好的生产性能。母羊如第一胎表现产仔及母性不好，第二胎仍然差时，须及时淘汰，不能再作种用。

（4）合理选配。

种母羊在繁殖选配时，要防止近亲交配及体质、外形有相同缺点的种羊互配而导致后代生产性能下降。此外，还要注意公、母羊的年龄，应避免青年公、母羊或老年公、母羊互相交配。

5. 抓好疫病防治工作

羊痘、山羊传染性胸膜炎、炭疽、羊快疫等传染病是危害养羊业的烈性传染病，应及时做好疫苗接种工作，同时要定期驱虫。母羊产仔后，要饲喂些磺胺类药物，也可就地取材，饲喂适量的蒲公英、地丁、车前子等有消炎作用的野草，以防乳腺炎、阴道炎、败血症等疾病。在管理上，应养成仔羊定时吃奶、母羊定时放奶的习惯，防止母羊乳房中乳汁积存过久而形成乳块，导致乳腺炎发生。同时应注意母羊采食、饮水、排大小便等日常情况的观察，发现病情及时治疗，保证母、仔羊的健康生长。

（二）妊娠母羊的饲养管理

母羊担负着配种、妊娠、哺乳等各项繁殖任务，应保持良好的营养水平，以求实现多胎、多产、多活、多壮的目的。尤其对妊娠母羊的饲养管理颇为重要。

羊妊娠期为150天，可分为妊娠前期和妊娠后期两个阶段。

（1）妊娠前期的饲养管理。

妊娠前期是母羊妊娠后的前3个月。此期间胎儿发育较慢，饲养的主要任务是维护母羊处于配种时的体况，满足营养需要。怀孕前期母羊对粗饲料消化能力较强，可以用优质秸秆部分代替干草来饲喂，还应考虑补饲优质干草或青贮饲料等。日粮可由50%青绿草或青干草、40%青贮或微贮、10%精料组成。精料配方：玉米84%、豆粕15%、多维添加剂1%，混合拌匀，每日喂给1次，每只150克/次。

（2）妊娠后期的饲养管理。

在妊娠后期（2个月内）胎儿生长快，90%左右的初生重在此期完成。如果此期间母羊营养供应不足，就会带来一系列不良后果。首先要有足够的青干草，必须补给充足的营养添加剂，另外补给适量的食盐和钙、磷等矿物饲料。在妊娠前期的基础上，能量和可消化蛋白质分别提高20%～30%和40%～60%。日粮的精料比例提高到20%，产前6周为25%～30%，而在产前1周要适当减速少精料用量，以免胎儿体重过大而造成难产。此期的精料配方：玉米74%、豆粕25%、多维添加剂1%，混合拌匀，早晚各1次，每只150克/次。

（3）妊娠期的管理。

此期的管理应围绕保胎来考虑，要细心周到，喂饲料饮水时防止拥挤和滑倒，不打、不惊吓。增加母羊户外活动时间，干草或鲜草用草架投给。产前1个月，应把母羊从群中分隔开，单放一圈，以便更好地照顾。产前一周左右，夜间应将母羊放于待产圈中饲养和护理。

每天饲喂 3～4 次，先喂粗饲料，后喂精饲料；先喂适口性差的饲料，后喂适口性好的饲料。饲槽内吃剩的饲料，特别是青贮饲料，下次饲喂时一定要清除干净，以免发酵生菌，引起羊的肠道病而造成流产。严禁喂发霉、腐败、变质饲料，不饮冰冻水。饮水次数不少于 2～3 次/日，最好是经常保持槽内有水让其自由饮用。总之，良好的管理是保羔的最好措施。

（4）哺乳前期的饲养管理。

母乳是羔羊生长发育所需营养的主要来源，特别是产后头 20～30 天，母羊乳多，则羔羊发育好，抗病力强，成活率高；如果母羊营养跟不上，不仅母羊消瘦，产乳量少，而且会影响到羔羊的生长发育，因此必须加强对哺乳母羊的饲养管理，提高泌乳量。可每日补喂混合精料 0.3～0.5 千克，胡萝卜 0.5～1.5 千克，苜蓿干草 3 千克及其他优质饲草，特别要注意补充多汁饲料如胡萝卜等，确保母羊乳汁充足。

刚产后的母羊腹部空虚，体质弱，体力和水分消耗很大，消化机能稍差，应供给易消化的优质干草，饮盐水、麸皮水等，青贮饲料和多汁饲料不宜给得过早、过多，产后 3 天内，如果膘情好，可以少喂精料，以防引起消化不良和乳房炎，1 周后逐渐过渡到正常标准，恢复体况和哺乳两不误，同时保证饮水，保持圈舍干燥清洁。

（5）哺乳后期的饲养管理。

哺乳后期，母羊泌乳量逐渐下降，羔羊也能采食草料，依赖母乳程度减小，可降低补饲标准，逐渐正常饲喂，有条件的或实施多产制生产方式的可实施早期断乳，使用代乳料饲喂羔羊，羔羊断乳前应减少多汁饲料、青贮饲料和精料的喂量，防止母羊发生乳房炎。

夏秋是母羊配种、怀孕和产仔的旺季，精心管理种母羊，是母羊顺产、羔羊成活的关键。

早做准备：在配种前 1～1.5 个月，应对繁殖母羊抓膘复壮，为配种妊娠贮备营养，尤其是膘情不好的母羊，要实行短期优饲，多补饲精料，使羊群膘情一致、发情整齐、产羔集中、便于管理。配种后怀孕的母羊，前 3 个月除保证供给充足青粗饲料外，每天补饲配合精料 200 克。3 个月后，每天补饲配合精料 300～500 克，每天每只还应补饲食盐10～15 克。

适当运动：晴天要放种羊到比较平坦的地方吃草晒太阳；不要惊吓母羊；出入圈门要控制，防止由于拥挤而造成机械流产。

隔离放养：孕羊日常不要与公羊、成年羊等混合放牧，以防乱触乱爬而冲撞母羊，也不要与其他羊关在一起吃草休息。

严防拉稀：饲草要注意青干搭配，别让羊吃露水草和雨水草以及霉烂腐败的草料。饲喂要定时定量，注意草、料、水的清洁卫生，禁喂发霉变质的草料，做到六净：料净、草净、水净、圈净、槽净、羊体净，才能防止病原微生物的侵害，或因饲料中毒而流产。

谨慎用药：除搞好环境卫生与定期消毒工作外，要定期按防疫程序注射疫苗，随时观察羊群状态，发现病症及时处理。特别注意天气炎热的午间要趟群，以防羊扎窝热死。对患病的妊娠母羊，不要投喂大量泻剂、利尿剂、子宫收缩剂或其他烈性药，免得因用药不当而引起流产。

安全接产：母羊分娩前 3～5 天，应做好产房的清洁消毒工作，产房要通风透光，门窗应有纱套，避免蚊蝇和昆虫进入。羊有分娩症状时给羊后躯消毒。生产时遇有胎儿过大母羊无力产出时用手握住羊羔两前肢，随着母羊努责，轻轻向下方拉出，羔羊产出后要用碘酒涂抹其脐带头，以防脐炎。遇有胎位不正时，应把弱母羊后躯垫高，将胎儿露出部分送回，手入产道，纠正胎位试着向外拉 3～4 次，直到胎位复正顺利产出为止。

秋季配种的母羊，到第二年春季时将陆续分娩。在分娩期，有部分母羊极度消瘦，其中还有不少母羊出现腹肌破裂、阴道脱出、胎死腹中或临产卧地不起而难产的情况。因此，天寒地冻的冬季，是母羊保膘保胎的关键时期。此时牧草枯萎、草质低劣，并且昼短夜长，羊的采食时间也短，母羊从外界获取的营养，除本身消耗外，还需要有较大量的营养物质供给胎儿生长发育。特别是妊娠后期，胎儿和母体都需要大量营养，如果饲养管理不善，日粮中营养不足，母羊就会消耗体内营养，逐日消瘦，尤其是老龄母羊，对饲料营养的吸收率低，更容易消瘦。

为确保秋配母羊安全越冬，在饲养管理上应注意以下几点：

合理放牧。放牧时要顶风出、顺风归，使母羊逐渐适应低温天气，即使是寒冷天气，也要就近放牧，既可保持羊的活动量，又能使羊采食一部分牧草，防止羊脱毛。要把暖和、避风的草场作为冬营地，使母羊少走路、多吃草。放牧时要做到“四稳”，即出入稳、放牧稳、归牧稳、饮水喂料稳，严防拥挤造成母羊流产。

精心饲喂。选择优质的干青草，去掉泥土，切碎后喂羊，青草一般切成 3 厘米长。禁喂发霉或农药污染的饲草和未脱毒的棉籽饼、菜籽饼，防止母羊中毒死亡。母羊在妊娠期每天要喂精饲料 0.5 千克，适量喂点多汁饲料，如红萝卜、白萝卜等。饮水喂盐秋配母羊需要每天饮水，饮水时间以下午 2 时为宜，注意不要让羊空腹饮水或归牧后立即饮水。同时，要每隔 10 天喂盐一次，每只羊喂 10 克，应先饮水后喂盐，如果先喂盐后饮水，母羊饮水容易过量，会造成“水顶胎”而流产。

羊舍保暖。妊娠母羊要有保暖的羊舍，圈内可铺垫柔软干草，保持干燥，防止潮湿。母羊在妊娠后期，要多晒太阳，增加日光浴。妊娠母羊需要单独饲喂，不要与肉羊和种公羊同圈饲养。发现病羊时应及时进行治疗，防止疾病的传染。

（三）绵、山羊母羊饲养管理

1. 饲喂

母羊的精料配制按不同时期（空怀、怀孕前后期、哺乳期）的饲养标准执行。饲喂要定时定量，保证充足饮水，充足的运动。

2. 繁殖

（1）繁殖年龄：山羊月龄达到 8 个月龄，绵羊达到 10 个月龄即可参加配种，以自然发情为准，实行本交或人工输精。

（2）发情鉴定：对适龄未怀孕母羊每天早晚用公羊试情，发现发情羊及时配种。一般母羊发情时外阴红肿有黏液流出，尾内部有干涸的黏液附着。母羊表现排尿频繁、咩叫，主动接近公羊，同时接受公羊爬跨。用开腔器打开阴道，可见大量白色黏液，子宫颈口粉红色，呈开张状。

（3）配种：母羊发情后要适时配种，配种方法采用本交或人工授精，以人工授精为主。配种时间一般是早晨发情晚上配，晚上发情第二日上午配。配种次数是间隔 12 小时两次配种。配种后继续观察母羊是否发情。

（四）成年母羊管理

1. 空怀母羊管理

空怀母羊如果膘性较好，饲草质量好，可不补料或少补料，能够维持自身营养需要即可。

2. 妊娠前期母羊管理

妊娠前 3 个月为妊娠前期，此期因胎儿发育较慢，需要的营养不比空怀期多，补饲上与空怀羊相同或略高于空怀母羊，但要加强管理防止流产。

3. 妊娠后期母羊管理

妊娠后 2 个月为后期，该期是胎儿迅速生长之际，增长了初生体重的 90%。这一阶段若营养不足，羔羊初生重小，成活率低。必须加强补饲和管理，要喂给优质干草，补精料 0.40 千克以上。

4. 哺乳期母羊管理

哺乳期羔羊的营养主要依靠母乳，应加强母羊补饲，每只羊每日 0.5 千克以上。哺乳 3 个月（或 2 个月）后实施羔羊断乳，以利于母羊尽快恢复体质进行配种。

5. 产羔

（1）分娩前准备：羊的妊娠期为 150 天左右。根据配种记录计算好预产期。产羔前要准备好产羔羊舍，冬季要保温。产羔间要干净，经过消毒处理。冬季地面上铺有干净的褥草。准备好台称、产科器械、来苏水、碘酒、酒精、高锰酸钾、药棉、纱布、工作服及产羔登记表等。

（2）接羔：母羊分娩前表现不安，乳房变大、变硬，乳头增粗增大，阴门肿胀潮红，有时流出黏液，排尿次数增加，食欲减退，起卧不安，咩叫，不断努责。接产前用消毒液对外阴、肛门、尾根部消毒。一般羊都能正常顺产，羔羊出生后采用人工断脐带或自行断脐带。人工断脐带是在距脐 10 厘米处用手向腹部拧挤，直到拧断。脐带断后用碘酒浸泡消毒。当羔羊出生后将其嘴、鼻、耳中的黏液掏出，羔羊身上的黏液让母羊舐干，对恋羔性差的母羊可将胎儿黏液涂在母羊嘴上或撒麦麸在胎儿身上，让其舐食，增加母仔感情。羔羊分娩后，用剪刀剪去其乳房周围的长毛，然后用温消毒水洗乳房，擦干，挤出最初的几滴乳汁，帮助羔羊及时吃到初乳。正常分娩时，羊膜破裂后几分钟至半小时羔羊就出生，先看到前肢的两个蹄，随后嘴和鼻。产双羔时先产出一羔，可用手在母羊腹下推举，触到光滑的胎儿。产双羔间隔 5～30 分钟，多至几小时，要注意观察。

（3）助产：当羔羊不能顺利产下时要及时助产。首先要找出难产原因，原因有胎儿过大、胎位不正或初产羔。胎儿过大时要将母羊阴门扩大，把胎儿的两肢拉出再送进去，反复三四次后，一手扶头，待母羊努责时增加一些外力，帮助胎儿产出。胎位不正的情况，如两腿在前，不见头部，头向后靠在背上或转入两腿下部；头在前，未见前肢，前肢弯曲在胸的下部；胎儿倒生，臀部在前，后肢弯曲在臀下。遇见胎位不正的羊，首先剪去指甲，用 2% 的来苏水溶液洗手，涂上油脂，待母羊阵缩时将胎儿推回腹腔，手伸入阴道，中、食指伸入子宫探明胎位，帮助纠正，然后再产出。羔羊生下后半小时至3小时胎衣脱出，要拿走。产后7～10天，母羊常有恶露排出。

（五）产奶期母羊的饲养管理

产奶初期，母羊消化较弱，不宜过早采取催乳措施，以免引起食滞或慢性胃肠疾患。产后1～3天，每天应给3～4次温水，并加少量麸皮和食盐。以后逐渐增加精料和多汁饲料，1周后恢复到正常的喂量。

产后20天产奶量逐渐上升，一般的奶羊约在产后30～45天达到产奶高峰，高产奶羊约在40～70天出现。在泌乳量上升阶段，体内储蓄的各种养分不断付出，体重也不断减轻。

在此时期，饲养条件对于泌乳机能最为敏感，应该尽量利用最优越的饲料条件，配给最好的日粮。为了满足日粮中干物质的需要量，除仍须喂给相当于体重1%～1.5%的优质干草外，应该尽量多喂给青草、青贮饲料和部分块根块茎类饲料。若营养不够，再用混合精料补充，并须比标准要多给一些产奶饲料，以刺激泌乳机能尽量发挥。同时要注意日粮的适口性，并从各方面促进其消化能力，如进行适当运动，增加采食次数，改善饲喂方法等。只要在此时期生理上不受挫折，饲养方法得当，产奶量正常顺利地增加上去，便可极大地提高泌乳量。

产奶盛期的高产奶羊，所给日粮的数量达5千克以上，要使它安全吃完这样大量的饲料，必须注意日粮的体积、适口性、消化性，应根据每种饲料的特性，慎重配合日粮。若日粮中青、粗饲料品质低劣，精料比重太大，产奶所需的各种营养物质亦难得平衡，同样难以发挥其最大泌乳力。

在产奶量上升停止以后，就应将超标准的促奶饲料减去。但应尽量避免饲料和饲养方法的突然变化，以争取有一个较长的稳产时期，到受胎后泌乳量继续下降时，则应根据个体营养情况，逐渐减少精料的喂量，以免造成羊体过肥和浪费饲料。

对高产奶山羊，如单纯喂以青、粗饲料，由于体积大又难消化，泌乳所需各种营养物质难以完全满足，往往不能充分发挥其泌乳潜力。相反，过分强调优质饲养，精料比重过大，或过多利用蛋白质饲料，则不但经济上不合算，还会使羊产生消化障碍，产奶量降低，损失机体，缩短利用年限。

饲养方式以舍饲和放牧结合为最好。单纯舍饲，不但会提高生产成本，还会造成运动和阳光照射不足，给羊体保健带来不利。

三、羔羊的饲养管理

（一）科学接产

1. 准备工作

（1）饲草、饲料。母羊在产前和产后，应留在羊舍饲养或在羊舍附近放牧，要有足够的优质牧草、青贮饲料、多汁饲料和精饲料，每只母羊日需干草2～2.5千克、青贮饲料1～1.5千克、胡萝卜0.5千克、精饲料0.3～0.5千克。

（2）产房。产冬羔和早春羔应有产房，产房内温度应保持在5～10度。有条件的要在产房内设产羔栏。对于体型大、产羔多的母羊，产羔栏内面积每只为1.6～1.8平方米，体型小、产羔少的母羊每只为1.2平方米左右。产房内要彻底消毒、垫褥草。

（3）药品用具准备。有来苏儿、酒精、高锰酸钾、纱布、药棉和剪刀等，对于多胎羊，由于产羔多，缺奶是经常现象，故应准备新鲜牛奶或羊奶，也可养些奶山羊。

2. 接产

（1）母羊产羔征状。乳房膨胀，乳头增大变粗，能挤出少量清亮胶状液体或黏稠黄色初乳；肷窝下陷。

（2）正常产羔与接产。在胎位正常时，最好让母羊自行产出羔羊。有时看到羔羊两后肢先出，蹄掌朝上，此为倒产，羔羊也可正常产出，让母羊舔干羔羊身上的黏液。如母羊不舔，可用软干草或毛巾迅速将羔羊擦干。羔羊脐带通常自行断开，如未断开，则在距羔羊体表8～10厘米处用手撕断，以3%碘酒消毒。母羊生后1小时左右，胎盘会自然排出，应及时拿走，防止被母羊吞食。

产后母羊口渴乏力，要饮温水，最好加入一些食盐和麦麸。产后1～3天给予质量好、易消化的饲草，膘情好的母羊不投喂精饲料。之后饲草饲料及饮水可逐渐恢复正常。

（二）精心护理初生羔羊

为使初生羔少受冻，应让母羊立即舔干羔羊身上的黏液。舔羔一方面可促进羔羊体温调节和排出胎粪；另一方面可促进母羊胎衣排出。对于个别具有黏稠胎脂的羔羊，母羊多不愿舔，可将麸皮撒在羔羊身体上，引诱母羊舔羔。

羔羊出生十几分钟后即能站立，这时应人工辅助使之尽快吃到初乳。初生羔羊在生后30分钟应使其吃到初乳，吃不到自己母羊初乳的羔羊，最好能吃上其他母羊的初乳。初乳对增强羔羊体质、抵抗疾病和排出胎粪具有重要作用。

初生羔羊体温调节机能很不完善，对外界温度变化非常敏感，因此保温防寒是初生羔羊护理的重要环节。一般羊舍温度应保持在5度以上。如羔羊卧在母体上，则说明舍温过低，此时应检查羊舍门窗是否闭严，墙壁是否有漏洞，对可能有寒风侵袭之处，进行封严加固。

搞好棚圈卫生，严格执行消毒隔离制度也是初生羔羊护理工作中不可忽视的重要内容。

（三）早吃、吃好初乳，安排好吃奶时间

羔羊生后的十几天内，几乎每隔1小时就要吃一次奶，20天以后，吃奶次数逐渐减少，以每4小时吃1次奶为宜。

缺奶羔吃到初乳后，就要采用人工喂养，人工喂养就是用牛奶、羊奶、奶粉或代乳粉喂养缺奶的羔羊。关键是要掌握好定时、定温、定量、定人和卫生条件，才能把羔羊养活养好，不发生疾病。

用奶粉或代乳粉喂羔羊，应用温开水稀释5～7倍，“定量”是指每次喂量应适中，一般以七八成饱为宜。一般初生羔羊全天给奶量相当于初生重的1/5，以后每隔7～8天比前期喂量增加1/4～1/3。

（四）做好羔羊的合理运动、补饲及放牧

1. 运动

一般羔羊生后5～7天，选择无风温暖的晴天，在中午把羔羊赶到运动场，进行运动和日光浴，以增强体质，增进食欲，促进生长和减少疾病。

2. 补饲

一般羔羊生后15～20天开始训练吃草吃料，粗饲料要选择质好、干净、脆嫩的青干草，扎成把挂在羊圈的栏杆上，不限量任羔羊采食。

（五）羔羊正确断奶

一般羔羊到3～4月龄即可断奶，一方面为了恢复母羊体况，另一方面也锻炼羔羊的独立生活能力。

断奶以后，羔羊按性别、大小、强弱分群，加强补饲。为了稳定刚断奶羔羊的情绪，可以把没有产过羔的母羊或羯羊放在羔羊群内，效果较好。

第四章　驴的生产

第一节　河北省常见肉驴的品种

河北省主要肉驴品种是渤海肉驴和太行肉驴，还有其他一些饲养不成规模的肉驴品种。对于养殖户来说，选择一个好品种、一头好肉驴，不仅影响着养殖肉驴本身的经济效益，更对以后的肉驴群繁殖有着深远的影响。

案例分析

沧州渤海肉驴绝处逢生

在沧州境内，先人饲养渤海肉驴由来已久。在黄骅出土的南北朝时期古墓中，就发现刻有渤海肉驴的青砖。到清乾隆年间形成我国著名的役肉兼用肉驴品种。渤海肉驴一般分为两种，白眼圈白嘴白肚皮，称“三粉”，全身乌黑的称“黑乌头”。主要分布在我沧州地区的海兴、黄骅、盐山、南皮、沧县及山东省沾化、无棣等地。

渤海肉驴具有良好的特征特性和稳定的遗传性能。作为一种役用畜，曾经风光无限。随着农业机械化、农用运输车的发展，大量的渤海肉驴闲置下来，农民纷纷将家中的肉驴卖掉，往日农家大门边拴着渤海肉驴的景象已很难见到，一度被市农民戏称为“沧州熊猫”。

近几年，沧州的渤海肉驴养殖基地不断增加，原来生活在千家万户的渤海肉驴如今进入到了“群居”时代，“渤海肉驴”这个已被淡忘的名词，又一次焕发生机。

经营了10多年不锈钢餐具厂的高文治，去年2月把目光转向渤海肉驴养殖开发，不光建起存栏肉驴200多头的养殖基地，还经营起一家以驴肉为特色的饭店。

“这200多头纯种渤海肉驴，可都是我一头头挑出来的。”高文治说，当时他先在十里八村转悠，只要是谁家养肉驴，他都要去看一下。十里八村的牲口市场转完了，他就到外地去，山东无棣、德州以及沧县等地的市场他都转了个遍。在山东无棣县一农家，他相中一头渤海肉驴，几次谈价后，他连肉驴带车一共花了1万元才买回来。尽管多花点钱，但他觉得值。如今，高文治的养殖场已被确认为河北省最大的渤海肉驴养殖基地。高文治也曾作为技术专家，被聘请到辽宁为当地1500多户养肉驴户传授养肉驴技艺。

渤海肉驴进行肉用产业化开发，既是让渤海肉驴这一优良物种焕发生机的重要武器，也是一条科学合理而又切实可行的致富之路。

（一）渤海肉驴（图 4-1、图 4-2）

图 4-1　渤海驴黑乌头

图 4-2　渤海驴三白驴

德州肉驴并不是因为产于德州而得名。德州肉驴产于鲁北和冀东平原沿渤海各县，它以山东无棣、庆云、沾化、阳信和河北的盐山、南皮为中心产区，所以当地群众又称它为渤海肉驴或无棣肉驴。因为过去德州是肉驴的主要集散地，时间久了，人们便把当地产的那种与众不同的毛肉驴称为德州肉驴。与德州产区相连的冀东平原沿渤海各县如南皮、盐山、黄骅等县，均属于黄河冲积平原，与德州肉驴产地地理自然和社会经济条件基本一样，也以产大型肉驴而著称。河北省当地称这些肉驴为渤海肉驴。

渤海肉驴又叫德州肉驴，主要产于河北沧州、山东德州，是我国主要的大型肉驴品种之一，也常役用。

体型外貌：体格高大，结构匀称，体型方正，其头大而长；颈肌发达，头颈躯干结构良好；肩短而峻立，肌肉附着良好；膝粗大，轮廓明显，肌腱分明，有弹性，管较长；公肉驴前躯宽大，头颈高扬，眼大，嘴齐，有悍威，鬐甲较低，背腰平直，尻稍斜，肋拱圆，四肢坚实有力，关节明显，蹄圆而质坚。其毛色分三粉肉驴和乌头肉驴两种。三粉肉驴：全身毛色纯黑，鼻、眼周围和腹下均为白色。这类型肉驴体尺结实干燥，皮薄毛细，头清秀，耳立，四肢较细，肌腱明显，蹄高而小，体重偏轻，步样轻快。乌头肉驴：全身毛色乌黑，无任何杂毛。这种肉驴各部位均表现厚重，头较重而笨，耳大而长，颈粗厚，与肩部结合良好。鬐甲宽厚，胸宽而深，尻宽而稍斜。四肢较粗重，蹄低而大，体形偏重，堪称中国现有肉驴种的“重型肉驴”，配马生骡质量尤佳。其体高一般为 128～130 厘米，最高的可达 155 厘米。

生产性能：生长发育快，12～15 月龄性成熟，2.5 岁可开始配种。母肉驴一般发情很有规律，终生可产驹 10 头左右，25 岁的好母肉驴仍有产驹的。公肉驴性欲旺盛，精液品质好，在日采精（或配种）一次情况下，平均每次射精量为 70 毫升，有时可高达 180 毫升。精子密度平均每毫升 1.5 亿个，精子活力强，常温下可存活 72 小时，在母肉驴体内存活的持续时间纪录为 135 小时。作为肉用肉驴饲养屠宰率可达 53%，出肉率较高，为改良小型毛肉驴品种的优良父本。

小知识

上个世纪，德州肉驴曾以体格高大、结构匀称、毛色纯正被输往欧洲。以前人们养肉驴，是让它围着磨盘转，现在人们养肉驴，讲究围着市场转，个子大、出肉率高的德州毛肉驴最受宠，改良我国中小型肉驴种也少不了德州肉驴的功劳。

（二）华北肉驴（图 4-3）

华北肉驴属小型肉驴。主要产区：华北肉驴主要产于陕北黄土高原以东、长城以内至黄淮海平原，并分布到东北三省。河北省多地都有其分布。环境条件：产区内有高原、山区、丘陵和平原，虽然地形、气候条件存在差别，但都是我国北方主要的粮食和经济作物产区，饲料来源丰富，农牧业发达，环境条件很适宜肉驴的生活特性。近几十年来为适应生产需要，一些农业生产条件较差而畜牧条件好的地区，如太行山区、张家口地区、昭盟库仑旗和淮北等地发挥地方优势，发展商品化肉驴生产。每年通过大同、张家口、沧县、济南、潍坊、界首、周口等著名的牲畜交易市场，出售大量的肉驴，分布到各地。在商品肉驴的流动上，历来没有省区界线，因而血统来源甚杂。经长期繁育而形成这些体尺结构相近、毛色复杂、为数甚多的肉驴群，该区内体高在 110 厘米以下的肉驴，均称华北肉驴。

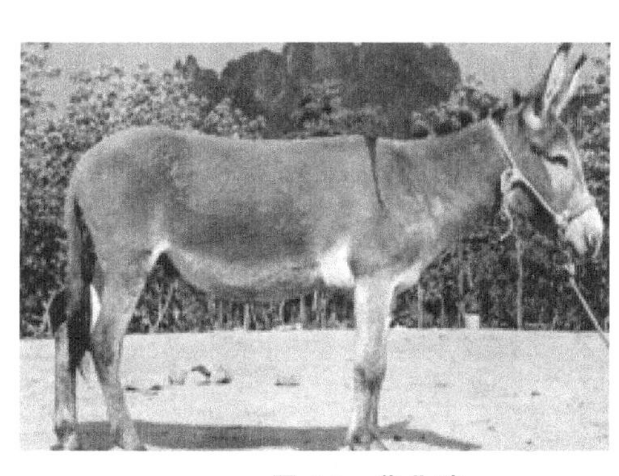

图 4-3　华北驴

图 4-4　太行驴

体型外貌：华北肉驴结构良好，体高在 110 厘米以下，个体平原略大，山区较小，体重 130～170 千克。但因产区不同，也各有特点。产于陕北城内外风沙高原的肉驴，体躯短小，腹部稍大，被毛粗刚。皮厚骨粗，外貌不甚美观。其成年平均体高公、母肉驴均为 107 厘米，体重一般多在 140～150 千克。产于太行山区和燕山山区的肉驴，头大而长，额宽突，背腰平直，胸窄而深。四肢粗壮，管围粗大，蹄小而圆，质地坚硬。毛色以粉黑为主，灰色、青毛并不多见。据河北省涉县测定，公、母肉驴平均体高均为 102.4 厘米，体长短于体高，有青、灰、黑等多种毛色。

生产性能：公肉驴18～24月龄、母肉驴12～18月龄时达性成熟，母肉驴2.5岁、公肉驴3～3.5岁时开始配种。发情季节多集中春、秋两季，发情周期21～28天，发情持续期5～6天。公、母肉驴繁殖年限一般为13～15年，母肉驴终生产驹8～10头。

华北肉驴适应性强，数量大，分布广，但其体型小，为适应现代畜牧业商品肉驴生产的需要，应通过杂交育种改善其体型结构、早熟性，提高华北肉驴的产肉性能。

小知识

我国的肉驴按体型大小分为大型肉驴、中型肉驴和小型肉驴。大型肉驴主要分布在陕西、山西、河北、山东的平原地区，品种有关中肉驴、德州肉驴、晋南肉驴和广灵肉驴等。中型肉驴主要分布在陕西、甘肃、山西及河北省的高原和河南中部平原，如佳米肉驴、泌阳肉驴、庆阳肉驴、淮阳肉驴等。小型肉驴主要分布在我国西北、长城以北和东北平原以及荒漠半荒漠的草地、宽广的农区平原地区，主要有新疆肉驴、西南肉驴、华北肉驴等。

（三）太行肉驴（图4-4）

属华北肉驴的一种，产于河北省太行山区和燕山区及毗邻的山西、河南等地，属小型肉驴种。体型多呈高方型，头大耳长，四肢粗壮。此肉驴种，可当作役用，也可作为肉用驴来饲养，但不是最佳肉驴品种。毛色以浅灰色居多，粉黑色和黑色次之。成年肉驴平均体尺：公肉驴体高102.4厘米、体长101.7厘米、胸围115.9厘米、管围13.9厘米；母肉驴体高102.5厘米、体长101.1厘米、胸围113.4厘米、管围13.7厘米。

生产性能：初配年龄母肉驴为2.5～3岁，繁殖年限为20岁左右，终生产驹5～10头。

（四）淮阳肉驴（图4-5）

淮阳肉驴主要产于河南沙河及其支流两岸的豫东平原东南部，以淮阳为中心产区，故称淮阳肉驴。当地既产肉驴，又一直重视肉驴的选种工作。农副产品丰富，又习惯种植苜蓿，常以各种豆类作精料，日喂量1～1.5千克，故能保证肉驴的营养需要，巩固选育成果。产区邻近河南省的周口市和安徽省的界首等牲畜集散地，常能向外输出种肉驴，从而刺激了肉驴生产和选育工作的发展，使肉驴的质量有了明显的提高。

图4-5 淮阳驴

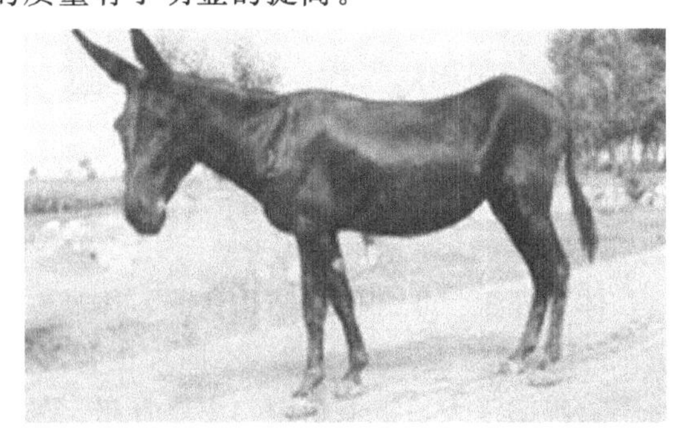

图4-6 阳原驴

淮阳肉驴属中型肉驴。毛色以粉黑为主，灰色少，纯黑更少，红褐色最少。体高略大于体长，体幅较宽，头略显重，肩较宽。鬐甲高，前躯发达，中躯显短，呈圆桶形。四肢粗实，尾帚大。红褐色肉驴还有体格较大、鬐甲高、单脊单背和四肢高长的特点。

生产性能：淮阳肉驴繁殖性能好，母肉驴可繁殖到15～18岁，公肉驴18～20岁时性欲仍很旺盛。屠宰率平均为50%左右，净肉率为32.3%。

（五）阳原肉驴（图4-6）

主产于河北省西部桑干河和洋河流域，主要分布于阳原、蔚县、宣化、逐鹿、怀安等县，而以阳原、蔚县最为集中。阳原肉驴的优秀个体主要集中在阳原、蔚县的西北部，属中型肉驴。体质结实干燥，结构匀称，颈肩结合良好，眼大耳大，背直斜尻。毛色有黑、青、灰、铜4种，黑毛最多。成年肉驴平均体尺：公肉驴体高135.8厘米、体长136.5厘米、胸围149.0厘米、管围17.4厘米；母肉驴体高119.6厘米、体长120.6厘米、胸围136.8厘米、管围14.7厘米。

生产性能：1.5～2.5岁屠宰率为56.05%，净肉率为39.05%，肉色呈浅红色，有光泽，无腥味；性成熟1岁，初配年龄公肉驴为3岁，母肉驴为2岁，终生产骡驹5～8匹，繁殖肉驴骡受胎率为78%，繁殖肉驴骡成活率为83.1%。

阳原肉驴具有适应性好、抗病力强、耐粗饲、易繁殖、育成时间短等特点，可当作优良肉驴品种开发养殖。

第二节　肉驴养殖场建设

科学饲养肉驴，应注意给肉驴提供适宜的生长环境，便于肉驴能够遵循自身生长规律，发挥最佳的生长优势，创造理想的经济效益，因此，建设合理的肉驴场并提供良好的设施是非常重要的。本节我们学习肉驴场建设的一般知识，掌握肉驴舍类型及驴场的一些消毒措施。

中、小肉驴养殖场以及一般农户建的都是普通的驴舍，有的是用柴房凑合，有的为了降低成本甚至搭个棚子即可。这样真的降低成本了吗？本节对普通的肉驴舍的建设给出了科学的建议和要求，以便能以最低的饲养成本，获取最大的经济效益。

实例分析

养殖肉驴赚钱吗？

对于未养过肉驴的人来说，起初都会问买一头肉驴多少钱？养一头肉驴能赚多少钱？2009年肉驴养殖成为热门养殖行业，对农民致富确实是一个可行的途径，而很多人对于肉驴了解得比较少，下面将简单介绍一下肉驴和肉驴价格。种肉驴包括公肉驴和母肉驴，种公肉驴从2.5岁开始配种为宜，种母肉驴饲养得好可利用到20岁，终生可产10胎。肉驴价格方面，由于优良种肉驴，种母肉驴的价格已由每头1000元左右涨到了2000元左右，种公肉驴的价格一般在3000～4000元，有的高达5000～7000元。肉驴品种方面，随着肉驴养殖业的不断升温，扩群繁殖，急需种肉驴，尤其是优良种肉驴稀缺。如今值得开发的优良种肉驴有关中肉驴、渤海肉驴、佳米肉驴、泌阳肉驴、广灵肉驴等。所以成立一家种肉驴培育中心具有很好的市场前景。小型的需投资5～50万元，主要聘请技术人员费用、圈舍投入、购买种肉驴等。一般一头种母肉驴一生可以产10胎小肉驴，每胎小肉驴半年后可出售，价格1400～2000元。一头种母肉驴一生可创造利润12000～25000元。2009年渤海肉驴参考价格：成年母肉驴：年龄2～4岁，体重260千克左右，价格

3000 元～4000 元。小母肉驴：年龄 0.5～1 岁，体重 115～200 千克，价格 1500～2700 元。种公肉驴：年龄 2 岁左右，体重 270～350 千克，价格 6000～11000 元。小公肉驴：年龄 1 岁左右，体重 200 千克左右，价格 2600～3600 元。

养殖肉驴的确能够赚钱，但必须根据自己的养殖规模建设合理的肉驴场。

一、普通肉驴舍的场址选择

（1）地形地势。

肉驴场要修建在地势高燥、平坦、背风向阳、空气流通、排水良好、地下水位低并具有缓坡的开阔平坦的地方，总的坡度应向南倾斜。切不可建在低凹处、风口处，以免排水困难、汛期积水及冬季防寒困难。

山区或丘陵地区建肉驴场，要选稍平缓的向阳坡地上，而且要避开风口，以保证阳光充足，排水良好。地面坡度不宜超过 25%，一般以 1%～3%为宜。

地形要开阔整齐，不可过于狭长和边角太多。肉驴场大小可根据养殖规模及每头肉驴的占地面积，结合长远规划计算。肉驴舍及房舍的面积一般为场地总面积的10%～20%。

（2）土质。

肉驴场用地土质要坚实，抗压性和透气透水性强，无污染，较理想的是沙壤土。但被有机物、病原菌、寄生虫及其他有害物质污染的土壤，对肉驴的健康、生产无益。

（3）水源。

肉驴场所在地水源应充足，未被污染，水质良好。水质应符合无公害食品—畜禽饮用水水质标准（NY5027），并易于取用和防护，保证生活、生产及防火等用水。通常以自来水、井水、泉水等地下水较好，而溪、河、湖、塘等水应尽可能经净化处理后再用。

（4）周围环境。

场址四周安静，无污染源。交通便利，供电、饲料供应等方便且有保证。肉驴场不能对居民区造成污染，场周围没有毁灭性的家畜传染病，应适当远离公路、铁路、牲畜市场、屠宰场及居民区。要求距交通道路不少于 100 米，距交通主要道路不少于 200 米。肉驴场附近不应有超过 90dB 噪声的工矿企业；不应有肉食品、皮革、造纸、农药、化工等有毒有污染危险的工厂。最好能有一定面积的饲料基地，以解决青饲料、青贮饲料所需。

另外，建肉驴场还应考虑当地常年的主要风向，肉驴场应建在居民点的下风头，距居民住宅区至少 150～300 米，以利于环境卫生。

有些肉驴养殖户为了交通、饮水、管理等的便利，将肉驴舍建在了村子里或紧挨着村边，这些对于疫病的防治是不利的，应该尽量地保持一些距离。

二、普通肉驴舍的类型

（一）开放式肉驴舍（图 4-7）

1. 开放式肉驴舍结构特点

开放舍是四面无墙的畜舍，也称为棚舍。其特点是独立柱承重，不设墙或只设栅栏或矮墙，多见于气候较温暖的我省南部地区。在肉驴食槽、水槽上方搭起架子，盖上石棉瓦即可。

2. 开放式畜舍小气候特点

开放舍可以起到防风雨、防日晒作用，小气候与舍外空气相差不大。

开放式肉驴舍其优点是结构简单、造价低廉、易于兴建、自然通风和采光好。而缺点也很明显：夏季尚可，寒冷天气下防寒保暖差，肉驴易受风雨侵袭，所养肉驴的饲料利用率相对偏低。

图 4-7　开放式肉驴舍

图 4-8　半开放式肉驴舍

（二）半开放肉驴舍（图 4-8）

1. 半开放式肉驴舍结构特点

半开放肉驴舍三面有墙，向阳一面敞开或仅有半截墙，有部分顶棚，肉驴舍的开敞部分在冬天可加以遮挡形成封闭舍。半开放式畜舍外围护结构具有一定的隔热能力。一面墙为半截墙、跨度小。在敞开一侧设有围栏，水槽、料槽设在栏内，肉驴散放其中。每舍（群）15～20 头，每头肉驴占舍面积 4～5 平方米。

2. 半开放式肉驴舍小气候特点

半开放式畜舍外围护结构具有一定的防寒防暑能力，冬季可以避免寒流的直接侵袭，防寒能力强于开放舍和棚舍，但空气温度与舍外差别不很大。

半开放式肉驴舍通风换气良好，白天光照充足，一般不需人工照明、人工通风和人工采暖设备，基建投资小，运转费用小，冷冬防寒效果虽胜过开放式肉驴舍，但通风又不如开放舍。所以这类肉驴舍适用于冬季不太冷而夏季又不太热的地区使用。为了提高使用效果，可在半开放式畜舍的后墙开窗，夏季加强空气对流，提高畜舍防暑能力，冬季除将后墙上的窗子关闭外，还可在南墙的开露部分挂草帘或加塑料窗，以提高其保温性能。

（三）塑膜暖棚肉驴舍（图 4-9）

1. 塑膜暖棚肉驴舍的结构特点

塑膜暖棚肉驴舍属于半开放肉驴舍的一种，是近年北方寒冷地区推出的一种较保温的半塑膜暖棚肉驴舍，与一般半开放肉驴舍比，保温效果较好。塑膜暖棚肉驴舍三面全墙，向阳一面有半截墙，有 1/2～2/3 的顶棚。暖季露天开放，寒季在露天一面用竹片、钢筋等材料做支架，上覆单层或双层塑膜，两层膜间留有间隙，使肉驴舍呈封闭的状态，借助太阳能和肉驴体自身散发热量，使肉驴舍温度升高，防止热量散失。

图 4-9　塑膜暖棚肉驴舍

2. 塑膜暖棚肉驴舍的小气候特点

通风换气良好，白天光照充足。

由于用塑料覆盖，白天很好地保持了肉驴舍的温度，晚上温度有些降低，上面如盖上草帘，则能很好地保持肉驴舍温度。

小知识

修筑塑膜暖棚肉驴舍要注意的几方面问题

1. 选择合适的朝向

塑膜暖棚肉驴舍需坐北朝南，南偏东或西，角度最多不要超过15°，舍南至少10米应无高大建筑物及树木遮蔽。

2. 选择合适的塑料薄膜

应选择对太阳光透过率高，而对地面长波辐射透过率低的聚氯乙烯等塑膜，厚度以80～100微米为宜。

3. 合理设置通风换气口

棚舍的进气口应设在南墙，其距地面高度以略高于肉驴体高为宜；排气口应设在棚舍顶部的背风面，上设防风帽。排气口的面积以20厘米×20厘米为宜，进气口的面积是排气口面积的一半，每隔3米设置一个排气口。

4. 有适宜的棚舍入射角

棚舍的入射角应大于或等于当地冬至时太阳高度角。

5. 注意塑膜坡度的设置

塑膜与地面的夹角应在55°～65°为宜。

(四) 封闭式肉驴舍 (图4-10)

1. 封闭式肉驴舍的结构特点

封闭肉驴舍是由屋顶、围墙以及地面构成的全封闭状态的畜舍，通风换气仅依赖于门、窗和通风设备，该种畜舍具有良好的隔热能力，便于人工控制舍内环境。根据封闭畜舍有无窗户，可以将封闭畜舍分为有窗封闭舍和无窗封闭舍。我省肉驴养殖多采用有窗封闭畜舍。四面有墙，纵墙上设窗，跨度可大可小。跨度小于10米时，可开窗进行自然通风和光照，或进行正压机械通风，亦可关窗进行负压机械通风。由于关窗后封闭较好，采取供暖降温措施的效果较半开放式好，耗能也较少。

2. 封闭式肉驴舍的气候特点

封闭肉驴舍外围护结构具有较强的隔热能力，可以有效地阻止外部热量的传入和肉驴舍内部热量的散失。由于肉驴的产热、机械和人类的活动，封闭舍空气温度往往高于舍外。空气中尘埃、微生物的含量舍内大于舍外，封闭畜舍通风换气差时，舍内有害气体如氨、硫化氢等含量高于舍外。

图4-10 双列封闭肉驴舍

常见封闭肉驴舍分单列封闭舍和双列封

闭舍。单列封闭肉驴舍只有一排肉驴床，舍
宽 6 米，高 2.6～2.8 米，舍顶可修成平顶也可修成脊形顶。这种肉驴舍跨度小，易建造，通风好，但散热面积相对较大。单列封闭肉驴舍适用于小型肉驴场。双列封闭肉驴舍舍内设有两排肉驴床，两排肉驴床可采用头对头式或尾对尾式饲养。中央为顶棚的双列式肉驴舍舍宽 12 米，高 2.7～2.9 米，脊形棚顶。双列式封闭肉驴舍适用于规模较大的肉驴场，以每栋肉驴舍饲养 100 头肉驴为宜。

双列式肉驴舍有两种排列方式：

(1) 头对头式。中央为运料通道，两侧为食槽，两侧肉驴槽可同时上草料，便于饲喂，肉驴采食时两列肉驴头相对，不会互相干扰。

(2) 尾对尾式。中央通道较宽，用于清扫排泄物。两侧有喂料的走道和食槽。肉驴成双列背向。

双列式肉驴棚可四周为墙或只有两面墙。四周有墙的肉驴舍保温性能好，但房舍建筑费用高。由于肉驴多拴养，因此牵肉驴到室外休息场比较费力，可在长的两面墙上多开门。多数肉驴场使用只修两面墙的双列式，这两面墙随地区冬季风向而定，一般为肉驴舍长的两面没有围墙，便于清扫和牵肉驴进出。冬季寒冷时可用玉米秸秆编成篱笆墙来挡风，这种肉驴舍成本低些。

小知识

普通肉驴舍的降温方法

1. 建筑材料和隔热设计的隔热

在炎热地区，由于太阳辐射强度大，气温高，屋面温度可达 60～70℃。太阳辐射作用于肉驴舍围护结构，一是直接引起空气温度升高，二是被围护结构吸收产生热量。好的隔热材料和隔热设计不仅隔热还能防寒。

2. 通风屋顶

将屋顶修成双层及夹层屋顶，空气可从中间流通。屋顶上层接受综合温度作用而温度升高，使间层空气被加热变轻并由间层上部开口流出，温度较低的空气由间层下部开口流入，在间层中形成不断流动的气流，将屋顶上层接受的热量带走，大大减少了通过屋顶下层传入舍内的热量。

3. 降温设备降温

采用喷雾、湿帘等降温措施。

4. 绿化遮阳

种高大的树木遮阳以降低热辐射，通过植物的蒸腾作用和光合作用，吸收太阳辐射热以降低气温。

肉驴舍设计的基本要求

1. 尽量满足肉驴对各种环境卫生条件的要求

包括温度、湿度、空气质量、光照、地面硬度及导热性等。肉驴舍的设计应兼顾既有利于夏季防暑，又有利于冬季防寒；既有利于保持地面干燥，又有利于保证地面柔软和保暖。

2. 符合生产流程要求

有利于减轻管理强度和提高管理效率，保障生产的顺利进行和畜牧兽医技术措施的顺利实施。设计时应当考虑的内容，包括肉驴群的组织、调整和周转，草料的运输、分发和给饲，饮水的供应及卫生的保持、粪便的清理，以及称重、防疫、试情、配种、接产与分娩母肉驴和新生肉驴驹的护理等。

3. 符合卫生防疫需要

有利于预防疾病的传入和减少疾病的发生与传播。通过对肉驴舍科学的设计和修建为肉驴创造适宜的生活环境，这本身也就为防止和减少疾病的发生提供了一定的保障。同时，在进行肉驴舍的设计和建造时，还应考虑到兽医防疫措施的实施问题，如消毒设施的设置、有害物质（肉驴的脱毛、塑料杂物）的存放设施等。

4. 结实牢固，造价低廉

在满足生产要求的情况下，应注意降低生产成本。肉驴舍及其内部的一切设施最好能一步到位，特别是像圈栏、隔栏、圈门、饲槽等，一定要修得特别牢固，以便减少以后维修的麻烦。不仅如此，在进行肉驴舍修建的过程中还应尽量做到就地取材。

5. 应尽可能地采用科学合理的生产工艺，并注意节约用地。

三、普通肉驴舍的建设及相应的配套设施

1. 地基与墙体

基深0.8～1米，砖墙厚0.24米，双坡式肉驴合脊高4.0～5.0米，前后檐高3.0～3.5米。肉驴舍内墙的下部设墙围，防止水气渗入墙体，提高墙的坚固性、保温性。

2. 门窗

门高2.1～2.2米、宽2～2.5米。门一般设成双开门，也可设上下翻卷门。封闭式的窗应大一些，高1.5米，宽1.5米，窗台高距地面1.2米为宜。

3. 屋顶

最常用的是双坡式屋顶。这种形式的屋顶可适用于较大跨度的肉驴舍，可用于各种规模的各类畜群。这种屋顶既经济，保温性又好，而且容易施工修建。

4. 肉驴床和饲槽（图2-5）

肉驴场多为群饲通槽喂养。畜床一般要求长1.6～1.8米，宽1.0～1.2米。畜床坡度为1.5%，畜槽端位置高。饲槽设在畜床前面，以固定式水泥槽最适用，其上宽0.6～0.8米，底宽0.35～0.40米。呈弧形，槽内缘高0.35米（靠畜床一侧），外缘高0.6～0.8米（靠走道一侧）。为操作简便，节约劳力，应建高通道、低槽位的通槽合一式为好。即槽外缘和通道在一个水平面上。

5. 通道和粪尿沟

对头式饲养的双列肉驴舍，中间通道宽1.4～1.8米。道宽度应以送料车能通过为原则。若建通槽合一式，道宽3米为宜（含料槽宽）。粪尿沟宽应以常规铁锨正常推行宽度为易，宽0.25～0.3米，深0.15～0.3米，为便于冲洗，粪尿沟应有一定的倾斜度，出处应低3°～5°。

6. 运动场、饮水槽和围栏

运动场（图4-12）的大小，其长度应以肉驴舍长度一致对齐为宜，这样整齐美观，充分利用地皮。饲养种肉驴、犊肉驴的舍，运动场多设在两舍间的空余地带，四周栅栏围

起，将肉驴拴系或散放其内。每头肉驴应占面积为：成肉驴 15～20 平方米，育成肉驴 10～15 平方米，犊肉驴 5～10 平方米。运动场的地面以三合土为宜。在运动场内设置补饲槽和水槽。补饲槽和水槽应设置在运动场一侧，其数量要充足，布局要合理，以免肉驴争食、争饮、顶撞。肉驴随时都要饮水，因此，除舍内饮水外，还必须在运动场边设饮水槽。槽长 3～4 米，上宽 0.7 米，槽底宽 0.4 米，槽高 0.4～0.7 米。每 25～40 头应有一个饮水槽，要保证供水充足、新鲜、卫生。运动场周围要建造围栏，可以用钢管建造，也可用水泥桩柱建造，要求结实耐用。

图 4-11 肉驴的饲槽

图 4-12 运动场

7. 注意事项

需要注意的是对于一些开放式和半开放式肉驴舍，建筑的要求可能没有那么高，无论用什么材料搭建，一定要本着坚固耐用、空气流通、易于消毒、防寒保暖、遮风挡雨的目的去修建肉驴舍。

相关链接

肉驴养殖场如何消毒

消毒是采用物理、化学、生物学手段杀灭或抑制生产环境中病原体的一项技术措施，其目的在于消灭传染源，切断传播途径，防止传染性疾病的发生与流行，是综合防疫措施中最常采用的重要措施之一。

1. 养肉驴场消毒的对象

定期对栏舍、道路、肉驴群进行消毒；产前对产房、临产母肉驴及新生肉驴驹脐带断端消毒；人员、车辆出入生产区时要消毒；饲料、饮水及使用的医疗器械要消毒；当肉驴群中有个别个体发生疫病或突然死亡时要消毒；大型传染性疾病和疫病流行平息后都要进行大消毒。

2. 消毒方法

（1）主要通过清扫、刷洗、通风换气等机械方法清除病原体。此法虽说普遍而又常用，但达不到彻底消毒的目的，作为一种辅助方法，须与其他消毒方法配合进行。

（2）采用高压高温（高压锅煮沸消毒耐热物品、焚烧等）和光照（日光、紫外线光）等方法杀灭细菌和病毒。

（3）利用消毒剂杀灭病原体的化学消毒法。选用消毒药物应首先考虑杀菌广谱，有效浓度低，作用快，效果好；二是对人畜无害；三是性质稳定，易溶于水，不宜受有机物和其他理化因素影响；四是使用方便，价廉，易于推广；五是无味，不损坏被消毒药品；六是使用后残留量少或副作用小等。

(4) 采用生物学消毒法。将被污染的粪便堆积发酵，利用嗜热细菌繁殖时产生高达70℃以上的高温，经过1～2个月可将病毒、细菌、寄生虫卵等病原体杀死。

3. 消毒的实施

(1) 定期性消毒：一年内进行2～4次，至少于春、秋两季各进行1次。肉驴舍内的一切用具每月应消毒1次。对肉驴舍地面及粪尿沟可选用下列药物进行消毒：3%苛性钠、3%～5%来苏儿或臭药水溶液等喷雾消毒，以20%生石灰乳粉刷墙壁。饲养管理用具、肉驴栏、肉驴床等以3%苛性钠溶液，或3%～5%来苏儿，或臭药水溶液进行洗刷消毒，消毒后2～6小时，放入肉驴前对饲槽及肉驴床以清水冲洗。待冲洗干净对肉驴没有刺激后再放入肉驴。

(2) 临时性消毒：肉驴群中检出并剔出疫病后，有关肉驴舍、用具及运动场须进行临时性消毒。污染的地点和用具进行彻底消毒，病肉驴的粪尿应堆积在距离肉驴舍较远的地方，进行生物热发酵后，方可充当肥料。凡患疫病死亡或淘汰肉驴，必须在兽医防疫人员指导下，在指定地点解剖或屠宰，尸体应按国家有关规定处理。处理完毕后，对在场工作人员、场地及用具彻底消毒。

思考与练习

1. 肉驴舍设计的基本要求有哪些？

2. 李刚计划建一个500头肉驴规模的养殖场，请你从场址选择和建筑布局方面说说自己的看法。

3. 肉驴的肉驴舍类型有哪些？各有何优缺点？

4. 如何给肉驴场消毒？

5. 说说常见肉驴舍夏季有哪些降温措施？

6. 张强家只养了一头肉驴，养在偏房里，也是冬暖夏凉，一年下来赚了2000元钱，他想发展到5头的数量，偏房已太小，你能算算张强再盖多大的房合适？盖房时他又应该注意些什么？

第三节　肉驴的饲养与管理

肉驴的饲养管理是肉驴养殖最重要的一个环节。养殖肉驴的成本和经济效益在本节得到了体现。本节主要介绍肉驴的一般饲养管理原则，学习肉驴成长过程中的饲养技术、肉驴的快速育肥技术及肉驴的繁育。学习过程中注意理论结合实践，把所学的知识应用到肉驴养殖的生产实践中去。

肉驴在生长发育的各个阶段具有各自不同的特点，在饲养实践中必须根据肉驴的生长发育规律，采用科学的饲养管理措施，才能充分发挥肉驴的生产潜力，获得最大的经济效益。本节要求同学们掌握哺乳肉驴驹的饲养管理技术，断乳肉驴驹的饲养管理技术，成年肉驴的饲养管理技术。

案例分析

海兴县绿洲生态畜禽养殖有限公司

绿洲生态畜禽养殖有限公司，筹建于2008年，注册资金300万元，预计总投资1008.5万元，固定资产224万元，流动资金784.5万元，占地99900平方米，是河北省首家“国家级畜禽遗传资源保种场”，另外，绿洲生态畜禽养殖有限公司还是河北农大的“就业实践实训基地”，同时与中国农大师生合作，进行冻精冷冻试验。

绿洲生态畜禽养殖有限公司主要经营渤海驴（德州驴）的保种，年可出栏渤海驴种驴数百头，年效益百万元。

想一想：为什么绿洲生态畜禽养殖有限公司养种驴那么赚钱呢？

一、哺乳肉驴驹的饲养管理

（一）肉用驴驹培育的基本要求

1. 提高肉驴群品质与生产水平

肉驴驹饲养管理的好坏，直接影响成年肉驴的体形结构与终生的生产性能。因为驴驹时期的生理机能正处于急剧变化阶段，而且驴驹的可塑性较大，科学饲养管理可使驴驹由双亲继承到的优良特性充分表现出来，也可使某些缺陷得到不同程度的改善和消除。所以加强肉驴驹培育，是提高肉驴群质量的一项重要技术措施。

2. 可从病驴群中培养健康驴群

为了预防和消除传染病，除了加强免疫、检疫，隔离和封锁疫区外，还需将病驴群中的新生肉驴驹尽快地转移到“假定健康驴群”中进行养育，以期获得新一代的健康肉驴群。

3. 力争实现全活、全壮，扩大肉驴群数量

由于初生肉驴驹对外界环境条件适应性较差，机体的免疫机制尚未形成，容易患肺炎及消化道疾病，因此必须采取各种措施，加强护理和防疫，提高肉驴驹成活率，增加肉驴群数量。

小知识

肉驴的生长规律

肉驴驹从出生到6个月龄为哺乳期，是生后发育最快的时期，体高的增长相当于生后体高增长的一半，体重的增长相当于从出生到成年总增重的1/3，增重的重要部分是骨骼、肌肉和内脏，所以饲料中蛋白质的含量应当高一些。肉驴驹从断奶到1岁，体高已达成年的90%以上，体重达到成年的60%左右；2岁时，体高和体重已分别达到成年时的94%和70%以上，公、母肉驴均已达到性成熟。满3岁时，体高和体重分别达到成年的96%和77%以上，体格定型，性机能完全成熟，可投入繁殖配种，开始正常使役。4～5岁这两年，体重还有小的增长。成年肉驴在育肥阶段增重的主要部分是脂肪，此时饲料中的蛋白质含量可相对低一些，而能量则应该高些。单位增重所需的营养物质总量以幼肉驴最少、老龄肉驴最多，但幼龄肉驴的消化机能不如老龄肉驴完善，所以幼龄肉驴对饲料品质的要求较高。

（二）哺乳肉驴驹的饲养

肉驴新生驹出生后，便由母体转到外界环境，生活条件发生了很大改变，但此时其消化功能、呼吸器官的组织和功能、调节体温功能都还不完善，对外界环境的适应能力较差，因此饲养管理工作稍有差错，就会影响其健康和正常的生长发育。肉驴哺乳驹的哺育工作要抓好以下几点。

1. 尽早吃初乳

母肉驴产后3天以内分泌的乳汁叫初乳，该乳汁浓稠，颜色较黄。初乳具有特殊的生物学特性，是初生肉驴驹不可缺少的营养品，对初生肉驴驹具有特殊作用。

（1）营养丰富。母驴产后第一天泌出的初乳，干物质总量较常乳（产后3天以后的乳）高1倍。其中蛋白质比常乳高5～6倍，且大多数是由球蛋白、白蛋白及酪蛋白构成。脂肪、矿物质含量多，还含有比常乳多几倍甚至十几倍的各种维生素。这些都是初生肉驴驹生长发育必不可少的。

（2）防病免疫。初乳中含有溶菌酶和抗体，能杀灭多种病原菌；初乳具有较大的黏度，进入胃肠后黏附于黏膜之上，阻碍病原菌侵入体内。初乳的酸度较高，可使胃液变成酸性，不利于有害细菌的繁殖。

（3）舒肠健胃。初乳进入肉驴驹胃后，能刺激大量分泌消化酶，以促进胃肠机能的早期活动。由于初乳中含有较多的镁盐，有轻泻作用，能排除胎粪。因此，肉驴驹生后哺喂初乳的时间越早越好，一般应在肉驴驹生后30～60分钟内能自行站立时哺喂第一次初乳。如哺喂初乳过迟或喂量不足，甚至完全不喂初乳，肉驴驹会因免疫力不足而发生疾病，增重缓慢，死亡率增高。初乳期内应尽可能喂其亲生母驴的奶，如母乳不足或母驴因病不能利用时，可喂产驹日期相近其他母驴的初乳。肉驴驹每次哺乳之后1～2小时，应饮温开水（35～38℃）1次。

幼驹出生后半小时就能站起来找奶吃。接产人员要将奶先挤到手指上让幼驹舔，然后慢慢引导它到母亲的乳头上，让它自己吸吮。如果产后2小时幼驹还不能站立，就应挤出初乳，用奶瓶饲喂，每隔2小时一次，每次300毫升。

小知识

马和肉驴生的骡驹，千万不能吃初乳，否则会得骡驹溶血病。新生骡驹溶血病发病率常达30%以上，发病迅速，病情严重，死亡率可达100%。马与肉驴交配受胎后，母肉驴或母马产生一种抗体，主要存在于初乳中，骡驹吃后会使红细胞被溶解、破坏。所以，骡驹出生后要先进行人工哺乳，喂鲜牛奶250克或奶粉20克，要将鲜奶煮沸，加糖，再加1/3开水，晾温后喂给，每隔2小时喂250毫升。或与马（肉驴）驹交换哺乳，或找其他母马（肉驴）代养。一般经3～9天后，这种抗体消失，再吃自己母亲的奶就不会发病了。

2. 注意观察幼驹

幼驹刚出生时，行动很不灵活，容易摔倒、跌伤，要细心照料。新生幼驹抵抗力弱，容易发病，如胎粪不下或下痢，应细心护理。在幼驹出生的当天，应注意胎粪是否排出。胎粪不下时，可用温水或生理盐水1000毫升，加甘油或软肥皂，先用洗球灌肠；当幼驹不安、使劲努责时，可停止灌注，逆行推拿。推拿的方法是：面向幼驹尻部，两手伸直，两拇指相对，平放于患驹胸骨后侧方，两手一起，推拿移动至耻骨；推拿移动时，两拇指用力顶压幼驹的腹部，其余手指配合动作，反复进行，推拿3～5次，可排出干硬粪。若幼驹拉稀，排灰白色或绿色粪便，应暂停哺乳。如果幼驹下痢，多由于母肉驴的乳房不洁或天寒久卧湿地所引起，应经常擦洗乳房，更换褥草，保持圈舍干燥温暖，并给予治疗。要经常查看幼驹尾根或厩舍墙壁是否有粪便污染，看脐带是否发炎，幼驹精神是否活泼，母肉驴的乳房是否水肿等，做到早发现疾病，早治疗。

小技巧

缺乳或无乳肉驴驹的哺育

肉驴驹出生后母肉驴死亡或母肉驴没奶时，要做好人工哺育工作。最好是找产期相近、泌乳多的母肉驴代养，可在代养母肉驴和寄养幼驹身上涂洒相同气味的水剂，人工辅助诱导幼驹吃奶。如没有条件，可用奶粉或鲜牛奶、鲜羊奶进行人工哺育。由于牛奶、羊奶的脂肪和蛋白质比肉驴奶多，乳糖少，因此，要撇去上层一些脂肪，2升牛乳加1升水稀释，再加2汤匙白糖；或1升羊乳加500毫升水和少量白糖。煮沸后晾到35℃左右，再用婴儿哺乳瓶喂给。马驹和骡驹初生至7日龄，每小时哺乳1次，每次150～250毫升。8～14日龄时，白天每2小时喂1次，夜间3～4小时喂1次，每次250～400毫升。15～30日龄时，每日喂4～5次，每次1升。30日龄至断奶，每日喂3～4次，每次1升。

3. 尽早补饲

肉驴驹的哺乳期一般为6个月，该阶段是肉驴驹出生后生长发育迅速和改变生活方式的阶段。这一时期的生长发育好坏，对将来的经济价值关系极大。1～2月龄的肉驴驹，因体重较小，母乳基本可以满足它的生长发育需要。随着幼驹的快速生长发育，对营养物质的需求增加，单纯依靠母乳不能满足需要。所以应尽早补饲，使肉驴驹习惯于采食饲料，以弥补营养不足和刺激消化道的生长发育。

肉驴驹出生后半个月，就应开始训练其吃草料，这对促进肉驴驹消化道发育，缓解母肉驴泌乳量逐渐下降而幼驹生长迅速的矛盾都有重要意义。补饲的草要用优质的禾本科干草和苜蓿干草，任其自由采食。生后1～2月龄时应开始补喂精料，精料可用压扁的燕麦及麸皮、豆饼、高粱、玉米、小米等。精料要磨碎或浸泡，以利于消化。具体补料量应根据母肉驴的泌乳量和幼肉驴的营养状况、食欲及消化情况灵活掌握，也可随母肉驴放牧。哺乳肉驴驹补饲时间要与母肉驴饲喂时间一致，但应单设补饲栏以免母肉驴争食。幼驹应按体格大小分槽补料。个别瘦弱的要增加补料次数以使生长发育赶上同龄驹。

补饲量要根据母肉驴泌乳量、哺乳肉驴驹的营养状况、食欲、消化情况而灵活掌握。喂量由少到多，如开始时每日可由50～100克增加至250克，2～3月龄时每日喂500～800克，5～6月龄时每日喂1～2千克。一般在3月龄前每日补饲1次，3月龄后每日补饲2次。如每日喂给1～2.5千克乳熟期的玉米果穗（切后喂给）效果更好。

每日要加喂食盐、骨粉各15克。要注意经常饮水。如有条件，最好让驴驹随母肉驴一起放牧，既可吃到青草，又能得到充分的运动和阳光浴。

（三）哺乳肉驴驹的管理

管理上应注意哺乳肉驴驹的饮水需要。最好在补饲栏内设水槽，经常保持有清洁饮水。经常用手触摸幼驹，搔其尾根，用刷子刷拭肉驴体，建立人与肉驴的亲和关系，为以后的调教打下基础。

小经验

牲畜越冬保健歌

肉驴全身都是宝，冬季可要照顾好。
勤积土，圈垫干，牲畜自然长得欢。
草铡短，料磨烂，牲畜越吃越健康。
热水拌料饮温水，精料细料吃得美。
多喂草料两得利，能肥牲畜能壮地。
手脚勤快眼睛亮，冬季牲畜能喂壮。
晚出早归要看天，多晒太阳皮毛展。
使役注意少出汗，身热遇冷易外感。
牲畜强壮好过冬，开春耕地立大功。

（朱广凯，《农民日报》）

二、断奶肉驴驹的培育

断奶以及断奶后的第一个越冬期，是肉驴驹生活条件剧烈变化的时期。若断奶和断奶后饲养管理不当，常引起营养水平下降，发育停滞，甚至患病死亡。图 4-13 为幼小肉驴。

图 4-13　幼肉驴

1. 适时断奶

一般情况在 6 月龄断奶。如断奶过早，肉驴驹吃奶不足，会影响它的发育；断奶过晚，又会影响母亲的膘情和它腹内胎儿的发育。断奶前几周，应逐渐喂给肉驴驹断奶后饲料。

2. 断奶方法

一般采用逐渐断奶法，选择好的天气，把母肉驴、肉驴驹牵到事先准备好的断奶幼驹舍内饲喂，到傍晚时将母亲牵走，幼驹留在原处。第二天将母亲圈养一天，第三天松开放牧。

小经验

刚断奶时，幼驹思念母肉驴，不断嘶鸣，烦躁不安，食欲减退，此时应加强管理，昼夜值班，同时给以适口、易消化的饲料，如胡萝卜、青苜蓿、禾本科青草、燕麦、麸皮等。为减少幼驹思恋母亲而烦躁不安，可选择性情温顺、母性好的老母肉驴陪伴幼驹。幼驹关在舍内 2～3 天后，逐渐安定下来，每天可放入运动场内自由活动 1～2 小时，以后可延长活动时间。这样过 6～7 天后，就可进行正常饲养管理。

3. 断奶后的饲养管理

断奶后的第一年是肉驴驹剧烈生长发育阶段，体高应达到成年的90%，体重要达到成年的60%，即平均日增重约0.3千克。因此，对于断奶后的肉驴驹应给予多种优质草料配合的日粮，其中精料量应占1/3，每日不少于1.5千克。随着年龄的增长，要相应增加精料，1.5～2.0岁性成熟时，喂给的精料量不应低于成年肉驴，同时对于做种用的公驹还要额外增加15%～20%的精料。精料中要有30%左右的蛋白质饲料。如有青草，尽量外出放牧，以增加运动，促进骨骼生长。要任其活动，不要拴系站立不动。

管理上必须随时供应充足的清洁饮水；加强刷拭和护蹄工作，每月削蹄1次，以保持正常的蹄形和肢势；加强运动，运动时间和强度要在较长的时间里保持稳定，运动量不足，幼驹体质虚弱，精神委靡，影响生长发育。1.5岁时，应将公、母分开，防止偷配，并开始拴系调教，2岁时应对无种用价值的公肉驴进行去势（肉用驴应在育肥开始前去势）。开春和晚秋各进行1次防疫、检疫和驱虫工作。

知识链接

肉驴驹的调教

调教是促进肉驴驹生长发育、增强体质、提高生产性能的重要措施。所以，幼驹1.5岁以后，必须进行调教。调教是一项细致的、科学性很强的工作，做得好可以很快达到目的，做得不好不仅达不到预想目的，而且会起到相反作用，使幼驹养成许多坏毛病，有时还会发生伤人、伤驹事故。所以，一定要遵守以下原则。

1. 建立人驹亲和关系

幼驹出生后就要经常接近它、抚摸它，进行刷拭，给些喜食的饲料，诱发它对人的感情，消除惧怕心理。3～4月龄时，就可以练习举肢、抱蹄。断奶后，可以练习戴笼头、拴缰绳、牵行等动作。只有幼驹不怕人，与人有感情，不怕一些装备和某些动作后，才能顺利进行调教。

2. 循序渐进

戴笼头、备鞍、戴套包时，要先以温和的声音给驹预示，让它嗅、看，待熟悉之后再接近肉驹的身体。操作要由轻到重，由简到繁，由前到后，由上到下。训练的科目也要由易到难。

3. 奖惩适当

根据幼驹的个性和特点，完成动作的情况，采用不同的诱导和控制手段，运用适当的奖惩。如完成规定动作好时，应立即用温和的声音呼唤，轻轻拍幼驹的颈部，喂给胡萝卜，以示奖励；而幼驹踢人、咬人时，就要严厉呵斥，甚至轻打，予以惩处。对性情急躁的幼驹要特别耐心，千万不能粗暴对待。

4. 重复练习

学会一个动作、一个口令后，仍要多次反复练习，使幼驹记住不忘。

5. 遵守运动卫生要求

调教场地要宽敞、平坦，不要人声嘈杂。饲喂后1小时内不能调教，调教后半小时再喂饮。各种用具要适合驹体，以免发生外伤。

小经验

防止肉驴解缰与嚼缰癖

在肉驴饲养中，常见有的肉驴解缰或咬缰。

防止解缰措施：(1) 高位拴系，即将缰绳末端系在高处，使牲畜够不着；(2) 颊部作结，将缰绳末端通过木桩的铁环后，又回至笼头，在口角后方颊部笼头上作结，口动结亦动，使口唇无法接触到缰绳；(3) 左右缰，即一边一条，向两侧拉紧，口唇被左右牵扯，活动失去自由。

防止咬缰措施：(1) 使用不容易嚼烂、嚼断的缰绳，或更换特制的缰绳，如坚硬刺嘴无法嚼咬的鬃毛缰绳、百嚼不断的铁链子缰绳、坚韧耐嚼且有弹性的胶皮缰绳等；(2) 除饲喂外，经常给口中戴碍牙、碍舌的“铁嚼子”。

三、成年肉驴的饲养管理

(一) 成年肉用种公驴的饲养管理

种公肉驴（图 4-14）是指有配种任务的成年公肉驴。一头优良的种公肉驴应具有膘情适中、性欲旺盛、精液品质良好和受胎率高的特点。在一个配种期内，一头种公肉驴平均负担 75～80 头母肉驴的配种任务。饲养肉种公驴除遵循肉驴的一般饲养管理原则外，还应抓好以下几项工作。

1. 满足种公驴的营养需要

根据种公驴的营养需要特点，饲喂全价配合饲料，并注意饲料的要求，应饲喂适口性好、易消化、体积不可过大的饲料，而粗、精、青各种饲料搭配要合理，减少饲草比例，使精料在日粮中占总量的 1/3～1/2。配种任务重时，还需要增加鸡蛋、牛奶、肉骨粉、磷酸二氢钙等动物性和矿物质饲料。为使精液品质在配种时能达到要求，应在配种开始前1～1.5 个月加强饲养，改善饲料品质。

图 4-14　种公驴

小经验

对于长期喂饲秸秆，而又缺乏胡萝卜等块根饲料的种公肉驴，可在早春时补喂大麦芽，每头每天喂给 100～500 克，以提高精液品质。也可喂给空怀母肉驴，起促进发情的作用。大麦芽含有大量维生素 C 和丰富的胡萝卜素、核黄素。

一般公驴在进入配种前 1 个月，开始减草加料，达到配种期日粮标准：大型公肉驴每天应采食优质混合干草 3.5～4.0 千克，精饲料 2.3～3.5 千克，其中豆饼或豆类不少于 24%～30%，缺乏青草时，每天应补给胡萝卜 1 千克或大麦芽 0.5 千克。应保持充足清洁饮水。在配种和采精前后、运动前后半小时不要饮水。冬季水温不可过低。

2. 适当运动，防止过肥

饲养肉用种公驴应做到营养、运动和配种三者平衡。配种任务重，可减少运动，增加营养（蛋白质饲料）；配种任务轻，则可适当增加运动或减少精料，防止过肥。采用牵遛、骑乘和转盘式运动、架上驱赶运动均可，应每天不少于1.5～2 小时，行走 4～5 千米。

3. 合理配种

一般每天配种（采精）1 次，每周休息 1 天。3～4 岁公驴每天交配 1 次为宜，壮龄公驴偶尔一天可交配 2 次，但须需间隔 8 小时以上。配种次数应随时根据精液品质的变化而定。喂饮后半小时内不宜配种。

小知识

生产实践证明，营养、运动和采精三者应密切配合，相互制约。加强营养而运动不足，会使种公肉驴体质下降，性情变坏，精子活力不高，患肢蹄病或消化系统疾病增多。相反，运动过度，体力消耗过多，也会降低配种能力和精液品质。交配强度过大，必使精液品质下降，体力衰竭。应随时协调三者的关系，使种公肉驴不过肥也不过瘦，保持良好的种用体况和配种能力。

超链接

肉用种公驴的常见饲料配方

成年种公肉驴可按 100 千克体重每天喂精料 0.4～0.6 千克，干草 1.0～1.5 千克，胡萝卜0.8～1.0 千克。在夏季可用 3 千克青草代替 1 千克干草或用 3 千克青贮料代替 1 千克干草，青贮料每天喂量不可超过 5～10 千克。在密集采精期应增加动物性蛋白质饲料，每头种公肉驴每天应补鸡蛋 6～10 个或牛奶 2 千克，此外还应增加骨粉 100～150 克，食盐 70～80 克。每天供给足够清洁的饮水，注意在配种或采精前后、运动前后半小时内不饮水。

配种期的饲料配方：麸皮 1 千克、豆饼 0.75 千克、谷子 1 千克、干草 4 千克、青草 30 千克、胡萝卜 2 千克、食盐 50 克、骨粉 75 克、石粉 50 克、鸡蛋 2～3 个；肉驴驹的育肥还可用以下 6 种方法：①黄豆和大米各 500 克加水磨碎，放入米糠 250 克和适量食盐拌匀，肉驴驹吃草后再喂，连喂 7～10 天。②每头肉驴每天用白糖 150 克溶于温水中，让肉驴自饮，1～20 天即可壮膘。③将棉子饼炒至黄色或放在锅里煮熟至膨胀裂开，可除去 90％的棉酚毒，且香味扑鼻，每头肉驴每天喂 1 千克，连续 15 天。④取猪油 250 克、鲜韭菜 1 千克、食盐 10 克，炒熟喂肉驴，每天 1 次，连喂 7 天。⑤每天给肉驴驹口服 10 毫克己烯雌酚，日增重可提高 12％。出栏前 10 天在肉驴驹耳下埋植己烯雌酚 24 毫克，放牧肉驴日增重可提高 15％。⑥在饲料中加微量元素钴、碘、铜、硒等，能提高饲料利用率，促进增重。育肥中加喂一些锌，可防止脱毛，减少皮肤病。

（二）妊娠母肉驴的饲养管理

1. 妊娠母肉驴（图 4-15、图 4-16）的饲养

肉驴的妊娠期一般为 365 天。母肉驴受胎后头一个月内，注意保胎，怀孕满 6 个月后，加强营养，增加蛋白质饲料的喂量，选喂优质粗饲料，以保证胎儿发育和母肉驴增重的需要。如有放牧条件，尽量放牧饲养。为预防妊娠中毒，从妊娠后半期开始，要及早按胎儿发育需要供给大量蛋白质、矿物质和维生素，科学调配日粮，饲料种类多样化，补充青绿多汁饲料，减少玉米等能量饲料，喂给易消化、具有轻泻作用、质地松软的饲料。产

前几天，草料总量应减少 1/3，多饮温水，每天牵遛。

在饲养上注意：

（1）日粮具有一定体积，使肉驴吃后有饱感。

（2）适当增加轻泻性饲料，如麸皮。

（3）日粮营养全面，多样配合，全价适口。

（4）禁喂发霉、变质、冰冻、有毒饲料。

（5）生饲并供足饮水。

（6）中等体重妊娠母肉驴日喂量，前期每头每天 1.5 千克左右，后期 2.0～3.0 千克左右，日喂 2～3 次。

小知识

预防母肉驴“妊娠中毒”

肉驴妊娠反应在临床上称为“妊娠中毒”，是母肉驴在怀驹的中、后期出现的食欲减退或废绝及腹水为主要特征的妊娠疾病，死亡率较高。主要症状：食欲减退或废绝，也不喝水。结膜、口色淡白，舌软如绵，舌苔薄白。行走无力，喘粗气，易出汗，腹部有微黄色腹水，尿短赤，有时四肢下部或腹下有浮肿。预防方法：①加强妊娠母肉驴的饲养管理，每天饲喂食盐可占精料量的 1%，或每头日喂 20～30 克，磷酸氢钙 20～40 克，并喂些胡萝卜、大麦芽、青草等。②妊娠后期不劳役时，应适当运动，每天两次，每次 1～1.5 小时。

2. 管理妊娠

第一个月内应做好保胎工作，避免挤撞、咬架等；后期应注意避免让母肉驴饮冰水、受机械损伤、吃发霉变质饲料等。每天上、下午各运动 1 次。产前一个月，更要注意观察、护理。产前 1 周应将产房清理消毒，铺好垫草，备好接产用具和药品；预产期前 3～5 天应将母肉驴移到产房待产。体型小的母肉驴，骨盆腔也小，在怀骡驹的情况下，更易发生难产，故需兽医助产。因此，当开始发现产前征状时，最好送附近兽医院待产。

图 4-15　妊娠母驴

图 4-16　妊娠母驴单饲栏

相关链接

妊娠母肉驴的饲养方式

对母肉驴采取低妊娠高泌乳的饲养体制，即妊娠期适量饲喂，哺乳期充分饲养，即充分利用母肉驴妊娠期新陈代谢旺盛的特点，只保证供给胎儿所需和母肉驴适当增加体重的营养物质，然后哺乳期充分饲养，争取多产奶，提高肉驴的哺育成活率。该体制节约饲料，还有利于分娩和泌乳。

抓两头顾中间：这种饲养方式适用于断奶后膘情差的经产母肉驴。具体做法是：在配种前10天到配种后20天的一个月时间内，提高营养水平，日平均给料量在妊娠前期饲养标准的基础上增加15%～20%，有利于体况恢复和受精卵着床；体况恢复后改为妊娠中期一般饲粮；妊娠80天后，再次提高营养水平，即日平均量在妊娠期喂量的基础上增加25%～30%，这样就形成了一个高—低—高的饲养方式。

步步登高：这种饲养方式适用于初产母肉驴和哺乳期间配种的母肉驴。具体做法是：在整个妊娠期间，可根据胎儿体重的增加，逐步提高日粮营养水平，到分娩前1个月到达最高峰，但在产前1周左右，应减料饲养。

前粗后精：这种方式适用于配种前体况良好的经产母肉驴。妊娠初期，不增加营养，到妊娠后期，胎儿发育迅速，增加营养供给，但不能把母肉驴养得太肥。在分娩前5～7天，对体况良好的母肉驴，减少日粮中10%～20%的精料，以防母肉驴产后患乳房炎或仔肉驴下痢；对体况较差的母肉驴，在日粮中添加一些富含蛋白质的饲料；分娩当天，可少喂或停喂，并提供适量的温麸皮盐水汤。

3. 分娩前后母肉驴的护理

母肉驴的妊娠期为348～377天，平均为360天。完成妊娠期的母肉驴就要分娩，保证妊娠母肉驴顺利分娩需做好以下几项工作。

（1）母肉驴分娩前的准备工作。①产房准备：产房要向阳、宽敞、明亮，房内干燥，既要通风，又能保温和防贼风。产前应进行消毒，备好新鲜垫草。如无专门产房，也可将厩舍的一头辟为产房。分娩母驴在预产期前15天左右进产房。②接产器械和消毒药物的准备：事先应准备好剪刀、镊子、毛巾、脱脂棉、5%碘酊、75%酒精、脸盆、棉垫、结扎绳等，有条件的还应准备手术助产器械。③助产人员要固定：助产人员不但要固定，而且应接受过专门的助产培训，熟悉操作规程，有处理母肉驴难产的经验。

（2）母肉驴产前表现。母肉驴产前1个多月时乳房迅速发育膨大，分娩前，乳头由基部开始胀大，并向乳头尖端发展。临产前，乳头成为长而粗的圆锥状，充满液体，越临近分娩，液体越多，胀得越大。乳汁先是清亮的，后来变为白色。此外，母肉驴分娩前几天或十几天，外阴部潮红、肿大、松软，并流出少量稀薄黏液。尾根两侧肌肉出现松弛塌陷现象，分娩前数小时，母肉驴开始不安静，来回走动，转圈，呼吸加快，气喘，回头看腹部，时起时卧，出汗和前蹄刨地，食欲减退或不食。此时应专人守候，随时做好接产准备。

（3）母肉驴的接产和护理。①正常分娩的助产：当怀孕肉驴出现分娩表现时，助产人员应消毒手臂做好接产准备。铺平垫草，使孕肉驴侧卧，将棉垫垫在肉驴的头部，防止擦伤头部和刺伤眼睛。正常分娩时，胎膜破裂，胎水流出。如胎儿产出胎衣（羊膜）未破，应立即撕破羊膜，便于胎儿呼吸，防止窒息。正生时，幼驹的前两肢伸出阴门之外，且蹄底向下，称之为正前位。倒生时，两后肢蹄底向上，产道检查时可摸到肉驴驹的臀部，称之为尾前位。助产员在正生时拉住胎儿前肢，随同母肉驴努责，向外移动胎儿前肢，经过几次努责，胎儿就可产出。助产时切忌一味用力向外拉，这会造成胎儿骨折。助产者应特别注意初产肉驴和老龄肉驴的助产。

②新生胎儿的护理工作：新生幼驹出生后由母体进入外界环境，生活条件骤然发生改变，由通过胎盘进行气体交换转变为自由呼吸，由原来通过胎盘获得营养和排泄废物变为自行摄食、消化及排泄。此外，胎儿在母体子宫内时，环境温度相当稳定，不受外界有害条件的影响。而新生幼驹各部分生理机能还不很完全，为了使其逐渐适应外界环境，必须做好护理。

小知识

母肉驴大多躺着产驹，但也有站着产驹，因此注意保护幼驹，以免摔伤。

防止窒息：当胎儿产出后，应立即擦掉嘴唇和鼻孔上的黏液和污物。如黏液较多可将胎儿两后腿提起，使头向下，轻拍胸壁，然后用纱布擦净口、鼻中的黏液。也可用胶管插入鼻孔或气管，用注射器吸取黏液以防窒息。发生窒息时，可进行人工呼吸，即有节律地按压新生驹的腹部，使其胸腔容积交替扩张和缩小。紧急情况时可注射尼可刹米，或用0.1%肾上腺素1毫升直接向心脏注射。

超链接

假死幼驹的急救

幼驹出生后，呼吸发生障碍或无呼吸，仅有心脏活动，称为假死或窒息，俗称“草迷”。如不及时采取措施进行急救，往往引起幼驹死亡。

引起假死的原因很多，归纳有：分娩时排出胎儿过程延长，很大一部分胎儿胎盘过早脱离了母体胎盘，胎儿得不到足够氧气；胎儿体内二氧化碳积累，而过早地发生呼吸反射，吸入羊水；胎儿倒生时产出缓慢，脐带受到挤压，胎盘循环受到阻滞；胎儿出生时胎膜未及时破裂等。

急救假死幼驹时，先将胎儿后驱抬高，用纱布或毛巾擦净口鼻及呼吸道中的黏液和羊水，然后将连有皮球的胶管插入鼻孔及气管中，吸尽其黏液。也可将肉驴驹头部以下浸泡在45℃的温水中，用手和掌有节奏地轻压左侧胸部以刺激心脏跳动和呼吸反射。也可将肉驴驹后腿提起抖动，并有节奏地轻压胸腹部，促使呼吸道内黏液排出，诱发呼吸。如果上述方法无效果，则可施行人工呼吸，将假死肉驴仰卧，头部放低，由一人抓幼驹前肢交替扩张，另一人将肉驴驹舌拉出口外，用手掌置最后肋骨两侧，交替轻压，使胸腔收缩和开张。在采用急救手术的同时，可配合使用刺激呼吸中枢的药物，如皮下或肌肉注射山梗菜碱0.5～1毫升或25%尼可刹米1.5毫升，其他强心剂也可酌情使用。

③断脐：新生驹的断脐主要有徒手断脐和结扎断脐两种方法。因徒手断脐干涸快，不易感染，现多采用。其方法是：在靠近胎儿腹部3～4指处，用手握住脐带，另一只手捏住脐带向胎儿方向捋几下，使脐带里的血液流入新生驹体内。待脐动脉搏动停止后，在距离腹壁3指处，用手指掐断脐带。再用5%碘酒充分消毒残留于腹壁的脐带余端。过7～8小时，再用5%碘酒消毒1～2次即可。只有当脐带流血难止时，才用消毒线绳结扎。其方法是：在距胎儿腹壁3～5厘米处，用消毒棉线结扎脐带后，再剪断消毒。该方法由于脐带断端被结扎，干涸慢，若消毒不严，容易感染发炎，故应尽可能采用徒手断脐法。

④保温：冬季及早春应特别注意新生驹的保温。因其体温调节中枢尚未发育完全，同时皮肤的调温机能也很差，而且外界环境温度又比母体低，生后新生驹极易受凉，甚至发生冻伤，因此应注意保温。母肉驴产后多不像马、牛那样舔幼驹体上的黏液，可用软布或

毛巾擦干幼驹体上的黏液，以防受凉。

(4) 产后母肉驴的护理。在分娩和产后期，母肉驴的整个机体，特别是生殖器官发生着迅速而剧烈的变化，机体抵抗力降低。产出胎儿时，子宫颈开张，产道黏膜表层可能有损伤，产后子宫内又积存大量恶露，这些都为病原微生物的侵入和繁殖创造了条件。因此对产后母肉驴应给以妥善护理，以促进其机体尽快恢复健康。

首先，产后母肉驴的外阴部和后躯要进行清洗，并用2%来苏儿消毒：褥草要经常更换，搞好厩床卫生；驴产后20～90分钟即可排除体外胎衣，检查胎衣的完整性，发现胎衣滞留应及时处理。其次，母肉驴产后身体虚弱，因体内水分大量流失而产生口渴，此时应喂给用温水加少量盐调成的麸皮粥或小米汤，以补充水分，缓解疲劳，促进泌乳。产后几天内，应给母肉驴少量高质量、易消化的饲料，不能给予大量的精饲料，否则会引起腹泻，其基本饲料以优质干草为主，多喂些麸皮，豆类应粉碎或浸泡喂给，待1周后母肉驴体力逐渐恢复时，转入正常饲喂。

如发现产后母肉驴尾根、外阴周围粘附恶露时，要及时清洗和消毒，并防止蚊蝇叮吮。分娩后要随时观察母畜是否有胎衣不下、阴道或子宫脱出、产后瘫痪和乳房炎等病理现象，一旦出现异常现象，要及时进行诊治。母肉驴产后2天内，观察其产道有无损伤，发现损伤要及时处理。母肉驴产后第一次排卵时间为12～17天，最早的7天。注意别漏配。

管理上应保持产房安静，圈舍应干燥湿暖，阳光充足。产后3～5天，天气良好时，应将母肉驴及幼驹放到外面避风处自由活动。开始每天几个小时，逐渐增加舍外活动时间，产后1个月内停止使役。

超链接

母肉驴难产的预防

难产极易引起幼驹死亡，且可因手术助产不当，使子宫或软产道受到损伤或感染，影响母肉驴以后的受孕。预防难产的管理措施有：

1. 勿过早配种

若进入初情期或成熟之后便开始配种，由于母肉驴尚未发育成熟，所以分娩时容易发生骨盆狭窄等。因此，应防止未达体成熟的母肉驴过早配种。青年母畜应在性成熟和体成熟之间适宜时间配种。

2. 供给妊娠母肉驴全价饲料

母肉驴妊娠期所摄取的营养物质，除维持自身代谢需要外，还要供应胎儿的发育。故应供给妊娠母肉驴全价饲料，补充适量维生素、常量元素和微量元素，以保证胎儿发育和母体健康，减少分娩时难产现象的发生。

3. 适当运动

适当的运动不但可提高母肉驴对营养物质的利用，同时也可使全身及子宫肌肉的紧张性提高。分娩时有利于胎儿的转位以减少难产的发生，还可防止胎衣不下及子宫复原不全等疾病。

4. 及时治疗母畜疾病

对阴道和子宫疾病等要及时治疗，防止引起产道狭窄。

5. 前期诊断是否难产

临产检查应在产畜开始努责到胎膜露出或排出胎水这一期间进行，尿囊膜破裂（羊膜未破时，隔着羊膜检查，不要过早撕破羊膜）、尿水排出之后这一时期正是胎儿的前置部分进入骨盆腔的时间。此时触摸胎儿，如果前置部分正常，可让其自然娩出；如果发现胎儿有异常，就立即进行矫正。此时由于胎儿的躯体尚未进入骨盆腔，难产的程度不大，胎水尚未流尽，矫正比较容易，可避免难产的发生。

（三）哺乳母肉驴的饲养管理

肉驴的泌乳期一般为6～8个月，幼驹的营养主要靠母乳。母乳充足，幼驹生长发育就快，体格健壮；反之，幼驹发育受阻，体格瘦弱。再则哺乳母肉驴常在哺乳期就受胎，所以这段时间的饲养应比怀孕期更要周到仔细，饲料中应有充足的蛋白质、维生素和矿物质。混合精饲料中豆饼应占30%～40%，麸皮占15%～20%，其他为谷物性饲料。为了提高泌乳力，应多补饲青绿多汁饲料，如胡萝卜、饲用甜菜、土豆或青贮饲料等。有放青条件的应尽量利用，这样不但能节省大量精饲料，而且对泌乳量的提高和幼驹的生长发育有很大的作用。另外应根据母肉驴的营养状况、泌乳量的多少酌情增加精饲料量。哺乳母肉驴的需水量很大，每天饮水不应少于5次，要饮好饮足。

在管理上，要注意让母肉驴尽快恢复体力。产后10天左右，应当注意观察母肉驴的发情，以便及时配种。母肉驴使役开始后，应先干些轻活、零活，以后逐渐恢复到正常劳役量。在使役中要勤休息，一方面可防止母肉驴过分劳累，另一方面还可照顾幼驹吃乳。一般约2小时休息一次。否则不仅会影响幼驹发育，而且会降低母肉驴的泌乳能力。初生至2月龄的幼驹，每隔30～60分钟即喂乳1次，每次1～2分钟，以后可适当减少吮乳次数。

小经验

提高母肉驴泌乳力的方法

（1）喂人用中成药催乳片（又名妈妈多），每次30～40片，研细加水，胃管投服，也可放入饲料或饮水中服之，连喂2～3天，有明显的催乳作用。

（2）服用中成药“下乳涌泉散”4～5包（30克/包），1天1次，煎成汤服用。

（3）中药制剂。

药方1：爪蒌60克，全当归、王不留行各30克，穿山甲、生元胡各25克，路路通、木香、川芎各20克，通草15克，共研细末或煎汤灌服。

药方2：取小米500克，王不留行25克，开水适量熬成粥样，候温供患畜自食。

处方3：木通30克、茴香30克，共研细末或煎汤灌服。

四、肉驴的快速肥育技术

（一）影响肉驴育肥效果的因素

1. 品种

不同品种的肉驴，在育肥期对营养的需求有较大差别。肉用品种的肉驴得到相同日增重所需要的营养物质低于非肉用品种。

2. 年龄

不同生长阶段的肉驴，在育肥期间所需求的营养水平也不同。幼龄肉驴正处在生长发育旺盛阶段，增重的重要部分是骨骼、肌肉和内脏，所以饲料中蛋白质的含量应高一些。成年肉驴在育肥阶段增重的主要部分是脂肪，此时饲料中的蛋白质含量可相对低一些，而能量则应高一些。单位增重所需的营养物质总量以幼肉驴最少，老龄肉驴最多，但幼龄肉驴的消化机能不如老龄肉驴完善，所以幼龄肉驴对饲料品质的要求较高。

肉驴在育肥期间，前期体重的增加是肌肉和骨骼为主，后期是沉积脂肪为主，因而在育肥前期应供应充足的蛋白质和适当的热能，后期要供应充足的能量。任何年龄的肉驴，当脂肪沉积到一定程度后，其生活力下降，食欲减退，饲料转化率降低，日增重降低，若再继续育肥就不经济了。通常，年龄越小，育肥期越长，如幼驹需 1 年以上；年龄越大，育肥期越短，如成年肉驴仅需 3～4 个月。育肥期的长短，还受饲料品质和饲养方式的影响，放牧的饲料效率低于舍饲，所以放牧肉驴的育肥期比舍饲肉驴要长。

3. 环境温度

环境温度对育肥肉驴的营养需要和日增重影响较大。肉驴在低温环境中，为了抵御寒冷，需增加产热量以维持体温，使相对多的营养物质通过代谢转为热能而散失，饲料利用率不高。在高温环境中，肉驴的呼吸次数增加，采食量减少，温度过高会导致停食，特别是育肥期后期的肉驴膘较肥，高温危害更为严重。根据肉驴的生理特点，适宜的温度为16～24℃。

4. 饲料种类与肉品质

饲料种类的不同，会直接影响到驴肉的品质，饲养调控是提高肉产量和品质的最重要手段。在不影响肉驴的健康和消化的前提下，短期内给予的营养物质越多，则所获得的日增重就越高，每千克增重所消耗的饲料就越少，出栏率提高，效益提高。饲料种类对肉的色泽、味道有重要影响。用黄玉米育肥的肉驴，肉及脂肪呈黄色，香味浓；喂颗粒状的干草粉及精料，能迅速在肌肉纤维中沉积脂肪，并提高肉的品质；多喂含铁量多的饲料则肉色浓；多喂荞麦则肉色淡。饲料转化为肌肉的效率远远高于饲料转化为脂肪的效率。

5. 出栏体重与饲料利用率

出栏体重因市场需求而定。出栏体重不同，饲料消耗量和利用率也不同。一般规律是，肉驴的出栏体重越大，饲料利用率就越低。

6. 出栏体重与肉品质

同一品种中，肉品质与出栏体重有密切的关系，出栏体重小的驴肉品质不如出栏体重大的。

（二）肉驴的肥育方式

1. 舍饲肥育

肉驴的养殖过程中，怎么样对肉驴进行肥育才会有良好的效果呢，那就是应用不同类型的饲料对肉驴进行肥育。最好的饲料是精料，比草型的日粮更为优越一些。为了使料重比经济合理，肉驴的舍饲肥育不宜积累过多的脂肪，达到一级膘度就应停止肥育。优质干草——精料型的日粮以肥育 50～80 天为好。高中档肉驴肥育的时间要长，肉的售价也高。

肉驴在进入正式肥育期之前，都要达到一定的基础膘度。

2. 半放牧，半舍饲肥育

肉驴的放牧能力虽然不如马，但我们还是提倡有放牧条件的地区采用。放牧之后再经过短期的30～50天的育肥，这样不仅节约成本，而且还可以有良好的育肥效果。

3. 农户的规模化肥育

目前农村出售役肉驴的比较多，很少有对肉驴进行育肥出售的，那是由于人们还未认识到驴肉能带来经济效益，我们建议有条件的农户，就地收购役用肉驴育肥，肉驴群大小不一，十几头，几十头都可以，一年之内可以育肥至少一批肉驴，带来可观的经济利润。

4. 集约化肥育

这是今后肉驴肥育发展的方向。主要是设立专门化的肥育肉驴养殖场，进行规模化集约生产，通过工业性的机械化肥育，大大提高劳动生产率。要求同批肥育的肉驴（50～100头）要有一致的膘度。肉驴驹的肥育应单独组群。接受肥育前，要对肉驴进行检查、驱虫、称重、确定膘度，然后对肉驴号、性别、年龄和膘度进行登记。通常有10%的肉驴会因各种不同的原因，如老龄、肠胃疾患，肥育没有效果。这些肉驴应在头10～15天的预饲期中查明，剔出肥育群，合理饲养后将它们宰杀。

5. 自繁自养式肥育

零星农户采用这种方式。而现代的大规模生产，则形成了一个完整的体系，育种场、繁殖场、肥育场各司其职，不仅方便肉驴专门化品系的选择、提高，也利于驴肉高质量的标准化生产和效益的进一步增强。

6. 易地肥育

这也是一种高度专业化的肉驴生产方式。是指在自然和经济条件不同地区分别进行肉驴驹的生产、培育和架子肉驴的专业化育肥。这可以使肉驴在半牧区或产肉驴集中而经济条件较差的地区，充分利用当地的饲草、饲料条件，将肉驴驹饲养到断奶或1岁以后，转移到精饲料条件较好的农区进行短期强度育肥，然后出售或屠宰。

相关链接

公司＋农户＋基地

【生意社10月30日讯】　山东大众养殖集团公司采用公司＋农户＋基地经验方式，大力推动养殖业作为农村经济中最具活力的主导产业，将在农村经济建设中发挥重要作用。发展农村养殖业是提高农民收入的重要途径。近年来国家号召农村大力发展养殖业，各地区应根据当地的实际情况选择适合当地经济发展的养殖业。目前，根据我国农村的资源特点来看，大部分地区养殖肉驴、肉牛、肉羊前景看好，是农民脱贫致富促进农村经济发展的一条新路子。

2010年肉驴养殖项目优势分析

农村经济建设呼唤高效畜牧业和生态畜牧业，大力发展循环经济，建设资源节约型和环境友好型社会，是社会主义新农村的具体要求，这就要求养殖业的发展要与环境保护相协调。我国有部分地区土地贫瘠，产粮少，生态环境恶劣，“人畜争粮”矛盾日趋突出，应该发展节粮型的养殖业。肉驴作为草食动物对饲料的要求不高，饲养技术相对简单，风险小。肉驴可以以玉米、大豆、小麦、花生等各种农作物的秸秆及杂草为饲料，用粮食等精饲料极少，饲养成本低。而猪、牛、鸡等都是耗粮型的养殖业，粮食消耗大，增肉量相对较小，经济效益低。我国大部分北方地区农村主产玉米、豆类、谷子，用它们作为肉驴育肥粗精饲料的效果特别好。同时，还可以提高农村的秸秆利用率，变废为宝，实现农业良性循环。肉驴还具有抗逆性小、适应性好、患病少等优点。大力发展肉驴养殖业也是优化农业产业结构、畜种结构和畜产品结构的重要内容。

驴肉是营养价值很高的肉食产品。驴肉具有“两高两低”的特点，即高蛋白，低脂肪；高氨基酸、低胆固醇。对动脉硬化、冠心病、高血压患者有着良好的保健作用。另外，驴肉还含有动物胶、骨胶原和钙酸等成分，能为老人、儿童、体弱和病后调养的人提供良好的营养补充。古语有“天上龙肉，地上驴肉”之美誉，颇受消费者青睐。近年来，随着驴肉加工工业的发展，驴肉的消费量逐渐增多，吃驴肉逐渐成为时尚。据调查，国内生产驴肉的食品厂对原料的需求量很大。市场上一直呈现原料供不应求的局面。肉驴鞭还有益肾强筋功效，主治阳痿、筋骨酸软、骨结核、骨髓炎、气血虚亏等症。肉驴皮经煎煮浓缩制成的固体胶称阿胶，是我国传统中药材。现在，市场上肉驴皮供应不足，阿胶价格已上涨至 150 元/千克以上。因此，选择优良品种的肉驴在农村饲养，并进行深加工和精加工。其发展前景十分广阔。

肉驴生长期比牛、马等要短，大约一年育成，总成本大约 1800 元左右。而目前市场上驴肉售价为 34 元/千克左右，1 头肉驴产肉按 100 千克算，那么，每头肉驴仅肉价就达 3400 元，再加上肉驴皮和内脏。养 1 头肉驴可获得纯利润 2000 元左右。如果进行深加工和精加工（如加工酱驴肉、五香驴肉、驴肉火烧、腊驴肉，肉驴香肠等，再将肉驴皮生产阿胶，肉驴下水生产保健食品），那么，纯利润还可以再增加 20%。也就是说 1 头肉驴纯利润可达 2400 元，与养猪、牛、羊相比，风险小、投资少、效益高。由此可见，无论是对农户还是大规模养殖者来说。养肉驴的经济效益都是相当可观的，尤其是农民养肉驴，具有得天独厚的优势条件，几乎不用考虑人工与饲草成本，同时还可以役用。养肉驴成本低、见效快，如果能够规模养殖，经济效益相当可观，肉驴粪还可以生产沼气或作为农作物的有机肥，一举两得。（养肉驴技术网）

（三）肉驴的育肥方法

肉驴适应性及抗逆性强，具有较强的抗寒和耐热机能，能耐粗放的饲养管理条件，食性广，耐粗饲，饲草利用率高，抗病力强，成活率高，性情温顺，既可集中饲养，也可利用果园、林地、山坡地、零星草地放养或圈养。肉用肉驴是相对于役用肉驴或其他用途而提出的新概念，其生产方向偏重于产肉。新疆有独特的自然地理气候，有丰富的饲草料资源，也有育成的优良肉驴品种，随着驴肉市场的开拓，已呈现产销两旺的势头，市场前景广阔。

肉驴的育肥，按性能划分，可分为普通肉驴育肥、高档肉驴育肥；按年龄划分，可分为幼驹育肥、青年肉驴育肥、成年和淘汰肉驴育肥；按料别划分，可分为精料型育肥、粗精料结合型育肥。

肉驴的育肥目的是，科学地应用饲草料和管理技术，以较少的饲料、较低的成本，在较短的时间内获得最高的产肉量和营养价值高的优质驴肉。各个年龄阶段或不同体重的肉驴都可以用来育肥。要使肉驴尽快育肥，给肉驴的营养物质必须高于正常生长发育的需要，所以育肥又叫过量饲养。

1. 肉驴育肥模式

肉驴在育肥全过程中，按营养水平，可分为以下五种模式：

高—高型：从育肥开始至结束，全程采用高营养水平。

中—高型：育肥前期采用中等营养水平，后期采用高营养水平。

低—高型：育肥前期采用低营养水平，后期采用高营养水平。

高—低型：育肥前期采用高营养水平，后期采用低营养水平。

高—中型：育肥前期采用高营养水平，后期采用中等营养水平。

一般情况下，肉驴育肥采用前三种模式，特殊情况时才采用后两种模式。但不论采用哪种育肥模式，肉驴日粮中粗饲料和精饲料都应有合适的比例。

2. 合理利用补偿生长原理

肉驴在生长发育过程中，在某一阶段因某种原因，如饲料供应不足、饮水量不足、生活环境条件突变等，造成肉驴生长受阻，当肉驴的营养水平和环境条件适合或满足其生长发育条件时，则肉驴的生长速度在一定时期内会超过正常水平，把生长发育受阻阶段损失的体重弥补回来，并能追上或超过正常水平，这种特性称为补偿生长。能否利用补偿生长原理达到节约饲料、节省成本呢？补偿生长是有条件的，运用得当可以大获利益，运用不当则会受到较大损失。补偿生长是有条件的，一是生长受阻时间不超过 3～6 个月；二是胎儿及胚胎期的生长受阻，补偿生长效果较差；三是初生至 3 月龄时所致的生长受阻，补偿生长效果不好。

实践证明，前期多喂粗饲料，精饲料相对集中在育肥后期的育肥模式，可以充分发挥肉驴补偿生长的特点和优势，获得满意的育肥效果。

3. 合理配制育肥肉驴日粮

饲料是实现肉驴快速育肥的物质基础。科学合理地配制肉驴日粮，对于提高育肥肉驴增重速度和饲料利用率、改善驴肉品质、降低生产成本具有重要作用。配制育肥肉驴日粮时，首先应根据饲养标准，结合增重速度计算，确定饲料适宜的营养水平；其次，因地制宜，充分利用当地生产的大宗饲料原料，并尽可能采用廉价饲料原料，最大限度地做到饲料种类多样化和营养丰富、全面，以优质饲料为主，精饲料、粗饲料、青饲料结合，在各种营养含量达到饲料标准的前提下，降低饲料成本；在追求科学性满足营养需要的同时，注意改善饲料的适口性。总之，饲料配方设计必须遵循安全性、营养性、适口性和经济性的原则。

4. 幼龄肉驴的育肥

幼肉驴生后 3 周左右可采食嫩草，一般在 20 日龄时即可训练采食精料，可将玉米、高粱、小麦、大豆等粉碎后，煮成稀粥状饲料后，并加少量食糖诱导采食，此期以哺乳为主，补料为辅，开始每天补料 10～20 克，数日后可增加到 80～100 克，6～7 月龄可断奶，随着月龄逐渐增加补饲精料和优质饲草。9 月龄后日喂精料 3.5 千克。

超链接

全价营养培育断奶肉驴驹

养肉驴根据不同体重、年龄、育肥程度和不同生理阶段（如妊娠、哺乳）肉驴的营养需要，将不同种类和数量的饲料，依所含营养成分加以合理搭配，配成一昼夜所需的各种精粗饲料的日粮。只有配合出合理的日粮，才能做到科学饲养，提高经济效益。断奶后肉驴驹的培育适时断奶、全价营养是培育断奶肉驴驹的重要技术。肉驴驹一般在6～7月龄时断奶。断奶是肉驴驹从哺乳过渡到独立生活的阶段。断奶后的第一年肉驴驹正处于迅速生长阶段，日增重达0.35千克。对于断奶后的肉驴驹，要每日4次给予优质草料配合的日粮，其中精料应占1/3，每日不少于1.5千克。随着年龄的增长，要相应增加精料，1.5～2岁性成熟时，喂给的精料量不应低于成年肉驴，同时对于公驹还要额外增加15%～20%的精料，精料中要含30%左右的蛋白质。肉驴驹的饮水要干净、充足，有条件的可以放牧或在田间放留茬地，幼驹的运动有利于增进健康。1.5岁时，公母驹要分开，防止偷配。不作种用的公驹要及时去势。开春和晚秋各进行1次防疫、检疫和驱虫工作。

当前，我国农村肉驴的日粮，即草料定额各不相同，精、粗饲料和种类也不完全一致，主要是根据肉驴的体格大小来定。一般每天喂给青苜蓿5～7.5千克，或铡碎的麦秸或谷草4～5千克。另外补给精料少则1～1.5千克，一般为2.5千克。

草料搭配和日粮组成是否合适，应在饲养肉驴的实践中检验。要观察肉驴的采食量、适口性、粪便软硬程度。饲喂半个月后，若膘情下降，要及时调整日粮，尤其是要调整能量和蛋白质饲料。（山东万头肉牛肉驴波尔山羊综合养殖网）

5. 青年架子肉驴的肥育（高中档驴肉的生产）

这种肉驴的年龄为1岁半～2岁半，2岁半以前肥育应当结束，形成大理石状或雪花状的瘦肉。饲养要点为：

（1）适应期。除自繁自养的外，对新引进的青年架子肉驴，因长途运输和应激强烈，体内严重缺水，所以要注意水的补充，投以优质干草，2周后恢复正常。对这些肉驴要根据强弱大小分群，注意驱虫和日常的管理工作。

对于盛产红枣的地区，可以就地取材，利用等次品红枣催肥肉驴，经本地养肉驴户实践，饲喂效果很好。不仅每头驴降低饲料成本100～300元，而且长肉快，缩短育肥期2～4个月。（图4-17、图4-18）

（2）饲喂方法。分自由采食和限制饲喂两种。前者工作效率高，适合于机械化管理，但不易控制肉驴的生长速度；后者饲料浪费少，能有效控制肉驴的生长，但因受制约，影响肉驴的生长速度。总的来说，自由采食比限制采食法理想。

（3）生长肥育期。重点是促进架子肉驴的骨骼、内脏、肌肉的生长。要饲喂富含蛋白质、矿物质和维生素的优质饲料，使青年肉驴在保持良好生长发育的同时，消化器官得到锻炼。此阶段能量饲料要限制饲喂。肥育时间为2～3个月。

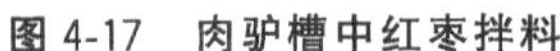
图 4-17　肉驴槽中红枣拌料

图 4-18　准备饲喂的红枣

(4) 成熟肥育期。这一阶段的饲养任务主要是驴肉品质，增加肌肉纤维间脂肪的沉积量。因此，日粮中粗饲料的比例不宜超过 30%～40%；饲料要充分供给，以自由采食效果较好。肥育时间为 3～4 个月。

相关链接

肉驴的绿色养殖

绿色养殖要根据肉驴不同发育阶段的营养需求，科学合理地配制饲料。

药物添加剂曾经给畜牧业带来了很大效益，但随着时代的发展，引起的副作用也日益明显。低治疗量的抗生素作为添加剂，在肉驴消灭病原菌的同时，也消灭了对机体有益的微生物，造成体内菌群失调；长期饲喂，还会产生抗药性，并在畜产品中残留，对公共卫生产生不良影响，直接威胁人类健康与安全。因此，肉驴饲料添加剂的使用必须符合生产绿色食品的饲料添加剂使用准则，滥用抗生素类添加剂，不遵守停药期的要求，或者非法使用如催眠镇静剂、激素或激素类物质等，都会导致这类药物在驴肉中残留超标。草地放牧肥育肉驴可降低饲料成本 30%，劳动力消耗少，无需处理粪便污染，更无需肉驴舍建筑，可以充分利用土地资源，降低饲养成本。但草地放牧肥育是有季节限制的，只能在春季和秋季之间肥育，冬季无草地供肥育肉驴采食，并且牧草质量难以控制，易造成肉驴营养不平衡。夏季肥育受气温影响大，肉驴容易缺水，而缺水的肉驴会降低生长速度。所以，生产绿色肉驴应尽量应用可替代抗生素和促生长激素的新型生物制剂。首先要选择安全性较高，无药物残留的动物专用抗生素，而避免选用易产生耐药性的药物；其次，使用方法应正确合理，必须与饲料混合均匀，并严格执行添加剂标准、停药期等规定，以减少药物残留及耐药性。严禁使用禁用药物添加剂，严格控制各种激素、抗生素、化学合成促生长素和化学防腐剂等有害人体健康的物质进入肉驴，以保证产品的质量。(肉驴网)

6. 成年架子肉驴的肥育

成年架子肉驴指的是年龄超过 3～4 岁、淘汰的公母肉驴和役用老残肉驴。这种肉驴肥育后肉质不如青年肉驴肥育后的肉质，脂肪含量高。饲料报酬和经济效益也较青年肉驴差，但经过肥育后，经济价值和食用价值还是得到了很大的提高。成年架子肉驴的快速肥育分为两个阶段，时间为 65～80 天。

(1) 成熟育肥期。此期 45～60 天，这一时期是肉驴育肥的关键时期，要限制运动，增喂精料（粗蛋白质含量要高些），增加饲喂次数，促进增膘。

(2) 强度催肥期。一般为 20 天左右，目的是通过增加肌肉纤维间脂肪沉积的量来改善驴肉的品质，使之形成大理石状瘦肉。此期日粮浓度可适当再提高，尽量设法增加肉驴的采食量。

成年架子肉驴的肥育一定要加强饲养管理，公肉驴要去势，待肥育的肉驴要驱虫，饲喂优质饲草饲料，减少运动，注意厩舍和肉驴体卫生。若是从市场新购回的肉驴，为减少应激，要有15天左右的适应期。刚购回的肉驴应多饮水，多给草，少给料，3天后再开始饲喂少量精料。

知识链接

肉驴短期育肥技术

1. 肉驴短期育肥要求精喂细管

在饲喂氨化饲草的过渡期驱虫，可按肉驴每千克体重内服丙硫咪唑30毫克，然后进行健胃。育肥阶段，在有青草的季节放牧1～2个月，后期要求不少于1个月的舍饲，利用高精料日粮催肥。拌料要求先将料拌湿，1小时后再与草拌均匀，另外必须饮用清洁水，每天两次。肉驴栏要经常除湿垫干，保持干燥清洁。

2. 肉驴短期育肥可以适当地饲喂氨化草

用经过氨化技术处理的草喂肉驴，能提高肉驴营养转化率，增强适口性，降低生产成本。氨化草的制作按100千克草、3千克尿素和40千克水的比例，在氨化室进行密封处理即可。氨化好的秸秆要在天晴时转移到露天场地不断翻动放氨，等无氨味后堆积在室内备用。饲喂氨化草要有7～10天的过渡期，肉驴的正常采食量一般占体重的2%，每天喂3次。

3. 肉驴短期育肥建议对肉驴加喂添加剂

靠科学养肉驴，向技术要肉是发展肉驴业、提高养肉驴效益的重要途径。目前，应用比较广泛的技术是埋植增重剂技术，可以增加驴肉产量，提高饲料报酬率，饲养育肥公肉驴可随时埋植，以阉肉驴的效果最好，可间隔100天重复埋植1次。

4. 补喂混合料的参考配方

玉米60%，菜籽饼或棉籽饼37%，淀粉2%，盐1%。混合料按肉驴体量的1%喂给，每天分两次补料。

(四) 适时出栏屠宰

肉驴什么时候出栏，体重多少，相对养殖户来说是个关键的问题，如果肉驴成长到一定重量和时间，再继续饲养，肉驴的增肥效果就不是很明显了，饲料成本也会增加，饲料利用率也就降低。一般肉驴出栏体重视市场需求而确定。出栏体重不同饲料消耗量和利用率也不同。一般规律是肉驴的出栏体重越大，饲料利用率就越低。所以，正确判断肉驴育肥最佳结束期，适时出栏屠宰，不仅对养肉驴者节约投入、降低成本等有利，而且对保证肉的品质有极重要的意义。

1. 从采食量判断

在正常育肥期，肉驴的饲料采食量是有规律可循的，即绝对日采食量随育肥期的增重而下降，如下降量达正常量的1/3或更少；按活重计算日采食量（以干物质为基础）为活重的1.5%或更少，这时已达到育肥的最佳结束期。

2. 用育肥度指数来判断

可参考肉牛的指标，即利用活肉驴体重与体高的比例关系来判断，指数越大，育肥度越好，但不是无止境的。据报道，指数以 526 为最佳。

指数计算方法：育肥度指数＝体重/体高×100。

3. 从肉驴体型外貌来判断

检查判断的标准为：必须有脂肪沉积的部位是否有脂肪及脂肪量的多少；脂肪不多的部位沉积脂肪是否厚实、均衡。

（五）育肥肉驴的运输管理

切实做好并落实运输前的一切准备工作。在运输过程中要预防应激，育肥肉驴在运输过程中，不论是赶运还是车辆运输，都会因生活条件及规律的剧烈改变而造成应激反应，即肉驴的生理活动发生改变。减少运输过程中的应激，是育肥肉驴运输的主要环节，必须予以重视。常用的措施有如下几点：

1. 口服或注射维生素 A

运输前 2～3 天开始，每头肉驴每天口服或注射维生素 A25 万～100 万 IU。

2. 装运前合理饲喂

装运前 3～4 小时停止喂饲具有轻泻性的饲料。装运前 2～3 小时，不要过量饮水。赶运或装运过程中，切忌任何粗暴行为或鞭打。

3. 合理装载

用汽车装载，每头肉驴根据体重大小应占一定面积，为 1.5～1.8 平方米。运输到目的地后，饮水要限量，补喂人工盐，逐渐更换饲料。

4. 运输途中随时观察

在运输途中，要经常的下车看一下肉驴的车内情况，最重要的是不要让肉驴把脖子卡住，那样会让肉驴窒息的。

超链接

阉肉驴育肥技术

1. 精料型模式

以精料为主，粗料为辅。该模式育肥规模大，便于多养，可满足市场不同档次的需要，同时要克服饲料价格、架子肉驴价格、技术水平和屠宰分割技术等限制因素。

2. 前粗后精模式

前期多喂粗饲料，精料相对集中在育肥后期。这种育肥方式常常在生产中被采用。前粗后精的育肥模式，可以充分发挥肉驴补偿生产的特点和优势，获得满意的育肥效果。在前粗后精型日粮中，粗饲料是肉驴的主要营养来源之一，因此，要特别重视粗饲料的饲喂。将多种粗饲料和多汁饲料混合饲喂，效果较好。前粗后精育肥模式中，前期一般为 150～180 天，粗饲料占 30%～50%；后期为 8～9 个月，粗饲料占 20%。

3. 糟渣类饲料育肥模式

糟渣类饲料是肉驴饲养中粗饲料的重要来源，合理地进行利用，可以大大降低肉驴的生产成本。糟渣类饲料可以占日粮总营养物质的 35%～45%。

利用糟渣类饲料喂肉驴时应注意以下事项：不宜把糟渣类饲料作为日粮的唯一粗饲料，应和干粗料、青贮料配合；长期使用白酒糟时应在日粮中补充维生素A，每日每头1万IU～10万IU；糟渣类饲料与其他饲料要搅拌均匀后饲喂；糟渣类饲料应新鲜，发霉变质的糟渣类饲料不能使用；各种糟渣因原料不同、生产工艺不同、水分不同，营养价值差异很大，长期固定饲喂某种糟渣时，应对其所含主要营养物质进行测定。

4. 放牧育肥模式

在有可利用草场的地区采用放牧育肥，也可收到良好的育肥效果，但要合理组织，做好技术工作。一是合理利用草场资源。南方可全年放牧，北方可在5～11份放牧，11～4月份舍饲；二是合理分群，以草定群，依草场资源性质合理分群，中等天然草场，每头肉驴应平均占有1～2公顷的轮牧面积；三是定期驱虫防疫。放牧期间夜间补饲混合饲料，每头每日补饲混合精料量为肉驴活重的1%～1.5%，补饲后要保证充足饮水。

思考与训练

一、判断题

1. 饲料种类对肉的色泽、味道无重要影响。（　）

2. 肉驴的出栏体重越大，饲料利用率就越低。（　）

3. 肉驴的育肥，按性能划分，可分为幼驹育肥、青年肉驴育肥、成年和淘汰肉驴育肥。（　）

4. 配制育肥肉驴日粮时，首先应根据饲养标准，结合增重速度计算，确定饲料适宜的营养水平。（　）

5. 肉驴饲料应多样化，尽量充分利用粗饲料和青饲料，精料也要尽量搭配，做到营养成分相互补充，以提高利用率。（　）

6. 肉驴饮水要清洁、新鲜，冬季水温要保持3℃～8℃。（　）

7. 肉驴正常的蹄形应该左右均等，蹄壁光滑而无裂缝。蹄底适当凹陷，蹄叉明显，无腐烂现象。（　）

8. 肉驴每次吃干草后不可饮水，但饲喂中间或吃饱之后，宜立即大量饮水。（　）

二、简答题

1. 肉驴的育肥方式有哪些？

2. 影响肉驴育肥的因素有哪些？

3. 如何正确判断肉驴的最佳育肥结束期？

4. 肉驴的日常护理有哪些？

5. 赵某准备进行高中档驴肉的生产，你觉得采用何种育肥方法比较合适？应该采取怎样的饲养管理措施？

6. 小贾从几百里外的德州买了一批肉驴准备回家饲养，对于如何运回来，你能提一些建议吗？

7. 贾青在2011年1月购进60头肉驴进行“绿色”催肥，他只喂青绿饲料，他的做法科学吗？结果会如何？你如何理解“绿色”养肉驴？

第四节　肉驴常见的传染病

传染病是由病原微生物引起的，具有一定的潜伏期和临床症状，并具有传染性的疾病。某些细菌、病毒、支原体都可以造成传染病的发生，该病可从病肉驴和带菌（毒）肉驴传染给其他健康肉驴，病原微生物进入畜体后不立即发病，在畜体内经过大量繁殖后损害神经系统和其他器官而导致机体机能的降低进而出现一系列的临床症状。

（一）破伤风

破伤风又称“强直症”，俗称锁口风，是由破伤风梭菌经伤口感染而引起的一种急性传染病，以运动神经中枢应激性增高，全身肌肉或个别肌群强直性痉挛和对外界刺激反射兴奋性增高为特征。该病对肉驴和人来说都具有感染性，属于人畜共患传染病。在治疗过程中应注意自身的防护。

【病原特征】

破伤风梭菌（图 4-19）是一种革兰氏阳性厌氧、细长杆菌，常单个存在，能形成芽孢，位于菌体的一端，似鼓槌状，周身鞭毛，厌氧下运动活泼，不形成荚膜。破伤风梭菌在肉驴体内和培养基中均能产生破伤风痉挛毒素、溶血毒素，引起肉驴的强直症和局部组织坏死、溶血。

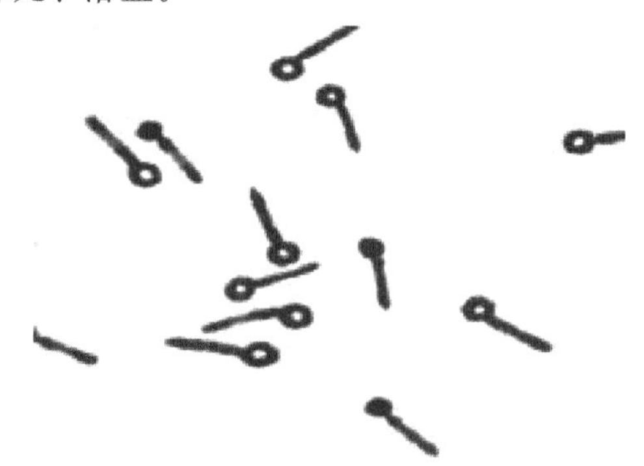

图 4-19　破伤风梭菌

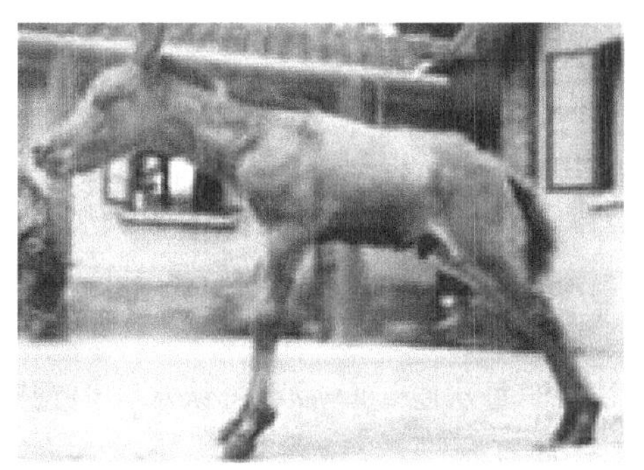

图 4-20　破伤风木驴症

破伤风梭菌菌体抵抗力低，一般消毒药均可在短时间内将其杀死，经煮沸 5 分钟即死亡。但其芽孢抵抗力很强，并且耐热性高，在阴暗处可存活 10 天，在表层土壤中可存活数年，煮沸 1～3 小时才能杀死。10％碘酊、10％漂白粉及 30％双氧水能很快将其杀死。该菌对青霉素敏感，磺胺类药物次之，链霉素对其无效。

【发病原因】

破伤风的梭菌芽孢能存在于土壤和粪便中可达 10 年之久。通常经伤口造成接触性感染，但并非一切创伤都可引起发病。只有具备的无氧条件才能造成肉驴发病。因此，小而深的伤口（刺伤、钉伤、鞍伤）或创口被泥土、粪便、痂皮封盖，或创内组织损伤严重，伤口很快闭合和渗出液聚集的情况下更易感染发病。幼驹出生后断脐消毒不好也易感染。临诊上有些病例常查不到伤口或创口已经愈合。肉驴常常在在圈舍内受到扎伤而感染。

【流行特点】

该病没有明显季节性，但在环境不卫生时、春秋雨量较多时常见。本病无接触传染性，仅为个别病例散发。

【临床症状】

本病以散发流行为主，潜伏期一般为4～6天，长的可达40天。潜伏期长短与感染创伤的性质、部位及侵入的芽孢数量等有关。患病肉驴初期症状不明显，往往出现掉群，行动迟缓，头颈活动不灵活，采食、吞咽困难。随着病情的加重，出现卧立困难，牙关紧闭，流涎，两眼呆滞。病情再发展下去，出现四肢僵硬，呈“木肉驴”状（图4-20），卧下后不能站起，得靠人扶才能起立，随着时间推移，扶起也不能站立，很快倒下，甚至摔伤、摔断骨骼。当开口的宽度只有三个黄豆长度的时候，虽有食欲，但已不能采食和饮水。反射兴奋性增高，受触摸、声响、强光等外界刺激，痉挛状况加重，眼半闭，瞬膜外露，瞳孔散大，鼻孔开张，最后患病肉驴因呼吸功能障碍、系统功能衰竭而死，死亡率较高，一般发病后1～3天死亡。

【剖检变化】

临床上剖检一般无明显病理变化，通常多见窒息死亡的病变，血液呈暗红色且凝固不良，黏膜及浆膜上有小出血点，肺脏充血及高度水肿。感染部位的外周神经有小出血点及浆液性浸润。心肌呈脂肪变性，肌间结缔组织呈浆液性浸润并伴有出血点。

【防治措施】

（一）预防

预防本病关键是加强管理、防止外伤，一旦发生外伤要及时正确地处理。另外就是做好预防注射。肉驴注射破伤风类毒，素连续两年注射免疫期可达4年。此外当肉驴发生外伤或进行手术时如有感染危险，应及时注射破伤风抗血清。幼肉驴出生后，断脐时要严格消毒。

（二）治疗

1. 消除病原

处理感染创是清除破伤风梭菌产生外毒素的重要措施，充分清除创内的脓汁异物，有的则需要扩创，用3%过氧化氢或2%高锰酸钾冲洗，而后按常规外科处理，必要时使用抗生素配合治疗。

2. 中和毒素

在发病初期中和毒素是重要的治疗手段，静脉注射抗破伤风血清10～15万单位。首次使用剂量可适当加大，每天一次，连用3～4天。

3. 镇静解痉

多采用氯丙嗪肌肉注射多次，每次200～300毫克，有较好的解痉作用。

4. 中西合治

根据病情及不同阶段采取对症治疗以促进早日康复。中西医结合治疗肉驴破伤风也有较好的成功经验，可根据本地区情况选用。

（1）方一：桃仁100克，桂枝60克，大黄120克，芒硝250克，蝉蜕30克，胆南星70克，双钩藤80克，黄芪60克，葛根60克，细辛15克（研末另包，分两次服），蜈蚣

20克，共煎水，分2次服下，连服2剂。

（2）方二：防风45克，川羌45克，天麻30克，全虫45克，僵蚕30克，当归60克，红花30克，大黄90克，每剂水煎2次，混合灌服，每日1剂，连服3～5天，首剂用黄酒250毫升左右、以后用蜂蜜250克左右为引。

5. 加强护理

对病肉驴的治疗首先要加强护理，这是治疗破伤风重要的环节。病肉驴应放在安静、较暗的厩舍内，避免外界任何不良的刺激。根据病肉驴具体情况做好饲养工作。想方设法让其吃到喝到食物以增强机体抵抗力。治疗中防止外伤，防止发生意外。

案例链接

两条龙针法和百会穴髓腔注入小剂量“精抗”治疗家畜破伤风

破伤风在我国大部分养肉驴地区还不能完全控制，死亡率高，损失较大，这主要由于预防注射覆盖率低，对分娩后的母幼畜不实行预防，或是笼头、挽具粗硬，易擦破皮肤，或施行手术消毒不严所致。目前治疗本病多沿用传统方剂，药费较贵，同时又大量使用“精抗”，有的一次竟用70万IU。我省某兽医牧站治疗一例破伤风耗用400元药费，患病肉驴依然死掉。因此，探索两条龙针法和百会穴髓腔注入小剂量“精抗”治本病，具体方法如下：

一、器械、药品和操作法

经灭菌消毒的兽用小宽针和20号针头各1支，小注射器1具，直径2～3厘米，长15厘米圆木棒1个，长柄毛刷1把。经冰箱保存的精制破伤风抗毒素1500IU和1万IU两种、5%碘酊棉球适量。

1. 两条龙针法

（1）取穴锁口、开关、伏兔、百会、肾角、曲池、耳根四周。先在肉驴颈、背中线下3～4指处，自伏兔穴开始至肾角穴，又自肾角开始沿肌沟（股二头肌与半腱肌、半膜肌之间形成之肌沟）至曲池穴。以上穴位，包括左右两侧。穴位分布颈项、脊背、腰荐和股部两侧的肌肉间隙中，呈曲线状，穴位左右对称，故称两条龙。起于耳根风门穴经九委、膊尖、膊拦至背最长肌与就、椎间孔投影对应的背、腰、荐部穴位直至会阴穴折向下，经股二头肌与半腱肌肌沟的邪气、仰瓦止委中穴。穴间距离约10厘米。

（2）尽量找到伤口，彻底消毒后，用烙铁烧烙，或周围乱刺后涂擦浓碘酊。患病肉驴于六柱栏内保定，加肚带。穴位剪毛消毒，由术者和助手持小宽针，于两侧同时操作。第一次针锁口、开关、耳根三穴。小宽针直刺3厘米见血，连续进针产生剧痛引起汗出，宜于避风保温的隔离厩内进行，针孔均宜用5%碘酊棉球止血消毒。

2. 百会穴髓腔注入小剂量精制破伤风抗毒素（简称“精抗”）

穴位剪毛消毒，用20号兽用针头接小注射器，吸取“精抗”适量。剂量大肉驴5～7万IU，中肉驴3～5万IU，小肉驴1500～4500Iu。将针头直刺穴位深部髓腔内接注射器，用食指轻按柄端，药液即可注入髓腔，出针后立即消毒针孔。

3. 患病肉驴口紧难开，撬开牙关措施

针刺左右开关穴，将直径2厘米圆棒沿一侧口角插入经舌上向对侧口角穿出，使木棒衔于肉驴口内片刻，此时用胶球吸温盐水冲洗口腔黏膜，待洗净后将细盐置长柄毛刷上向上腭及齿龈反复涂擦，拔出木棒，趁患病肉驴上下颌骨刚能开张嘴能微动的机会，向嘴内塞入少量玉米粒或于槽内置少量干草，诱导咀嚼和采饲。

二、监护

适量输液是必要的。肉驴一般给10%的葡萄糖溶液1000毫升，生理盐水500毫升，40%乌洛托品50毫升，25%硫酸镁40毫升，最后输液5%碳酸氢钠500毫升。备足米汤和温水，令其自饮。夜晚也要饮1～2次。冬春季节厩舍内温度保持15度左右；夏秋季节厩舍也要避风。夜晚覆盖好腰背严防受寒。药棉堵塞病肉驴耳孔，阻断声响刺激。置隔离厩，地点偏僻，保持安静。

三、讨论

(1) 两条龙针法是由传统兽医针法演变而来，为解毒和缓解强直症而设。破伤风病机理是毒素作用于外周神经感受器而产生兴奋，兴奋传导至中枢而引起肌肉群的强直反射。说明毒素影响神经系统。两条龙穴位正是针对外周神经经感受器遭受毒害而设。具体说颈项穴位，针刺影响颈项外周神经背侧支：脊背，腰荐穴位，针刺影响脊背。腰荐有椎间孔和荐孔分布的外周神经腹侧支；股部穴位针刺影响荐孔分布的外周神经腹侧支。通过针刺对神经的调整作用使肌肉强直缓解。本法针刺的穴位多，选用小宽针连续刺穴出血产生剧痛引起汗出起到排毒和减轻病状的作用。

(2) 病肉驴百会穴部髓腔注入小剂量“精抗”。吸取传统和现代兽医学成果，使药物直达病所，直接发挥药效。毒素对外周神经感受器有高度亲和力，外周神经源于脊髓神经，“治病必求其本”。百会穴深部腰荐结合间隙下方即为髓腔，位置易取便于操作，远离中枢神经，用药安全；确定百会穴深部髓腔注入小剂量“精抗”，节省药物，降低药费。技术操作容易掌握，利于推广普及。肌肉注射耗药量大、药费高，吸收入血，间接作用，奏效慢。百会穴部髓腔注入小剂量“精抗”直接快速有效地中和毒素，恢复与外周神经的调节功能。

(3) 应用本法治愈家畜破伤风，是从浩繁的国内外防治破伤风历史和现状的理论与实践中，探索适合我国特点的防治途径，体现了继承之中发展，发展之中继承。本疗法特点是用针多，用药少，费用低廉，疗效确实，有效率高，技术操作简单，颇受畜主称赞。

摘自河北省中兽医研究会《中兽医资料选编》

(二) 肉驴流行性感冒 (流感)

肉驴的流行性感冒是由一种病毒引起的急性呼吸道传染病。主要表现为发热、咳嗽和流水样鼻涕。发病率和死亡率与饲养管理条件和肉驴的营养健康状况直接有关，临床表现为一过型、典型型、非典型型三个类型。

【病原体特点】

肉驴的流感病毒（图 4-21）分为 A1、A2 两个亚型，二者不能形成交叉免疫。本病毒对外界条件抵抗力较弱，加热至 56℃，数分钟即可丧失感染力。用一般消毒药物，如甲醛、乙醚、来苏儿、去污剂等都可使病毒灭活，但对低温抵抗力较强，在－20℃以下仍能存活，故冬春季多发。

图 4-21 流感病毒

【流行特点】

肉驴流感病毒存在于病肉驴呼吸道黏膜及分泌物中，当病肉驴咳嗽、打喷嚏时，将带有病毒的分泌物喷出形成飞沫在空中漂浮，健康肉驴吸入这种飞沫后，就会感染发病。本病主要是经直接接触，或经过飞沫（咳嗽、喷嚏）经呼吸道传染。各个年龄段都可发病，不分年龄、品种，但以生产母肉驴、劳役抵抗力降低和体质较差的肉驴易发病，且病情严重。

【临床症状】

（1）一过型较多见，主要表现轻咳，流清鼻涕，体温正常或稍高，过后很快下降。精神及全身变化多不明显。病肉驴 7 天左右可自愈。

（2）典型型病肉驴咳嗽剧烈，初为干咳，后为湿咳，有的病肉驴咳嗽时，伸颈摇头，粪尿随咳嗽而排出，咳后疲劳不堪。有的病肉驴在运动时，或受冷空气、尘土刺激后咳嗽显著加重。病肉驴初期为水样鼻涕，后变为浓稠的灰白色黏液，个别呈黄白色脓样鼻涕。病肉驴精神沉郁，食欲减退，全身无力，体温升高到 39.5～40℃，呼吸增加，心跳加快，每分钟达 60～90 次。个别病肉驴在四肢或腹部出现浮肿，如能精心饲养，加强护理，充分休息，适当治疗，经 2～3 天，即可体温正常，咳嗽减轻，两周左右康复。

（3）非典型型即并发症和继发症的发生。这均因病肉驴护理不好，治疗不当造成。如继发支气管炎、肺炎、肠炎及肺气肿等。病肉驴除表现流感症状外，还表现继发症的相应症状。如不及时治疗，则引起败血、中毒、心衰而导致死亡。

【防治措施】

1. 预防

应做好日常的饲养管理工作，增强肉驴的体质。注意疫情，及早做好隔离、检疫、消毒工作。出现疫情，舍饲肉驴可用食醋熏蒸进行预防，按每立方米 3 毫升醋汁，每日 1 至 2 次，直至疫情稳定。当地发生疫情后，让病肉驴暂停从外地购肉驴饲养。严禁贩肉驴人员走村串寨买肉驴，并注意以下几点：（1）用生石灰、漂白粉等加强村组道路、养殖环境消毒，消灭传染源。（2）对肉驴实行圈养，合理使用，减少与其他肉驴接触的机会。（3）就地采集具有清热解毒、止咳平喘等有用的中草药，如蒲公英、金银花、板蓝根、桔梗等熬水喂肉驴，增强其抵抗力，减少疫病的发生。

2. 治疗

轻症一般不需药物治疗，即可自然耐过。重症应施以对症治疗。多种药物交替使用，每匹病肉驴视病情选用 2～3 个处方，每天用药 1～2 次，连用 3～5 天。病情较轻者口服用药。重症的则采取肌肉注射或输液治疗。

(1) 处方1：10%葡萄糖500～1000毫升、樟脑磺酸钠20～40毫升、复方穿心莲50～100毫升、硫酸链霉素1500～2000万IU（或头孢噻呋钠49×4瓶）、地塞米松20毫升。一次静脉滴注。

(2) 处方2：左氧氟沙星20毫升、黄芪多糖20毫升、头孢噻呋钠15克，一次肌注。

(3) 处方3：庆大霉素100万IU、复方穿心莲20毫升、地塞米松5毫升、头孢噻呋钠15克。一次肌注。

中药可用加减清瘟败毒散。生石膏120克，生地30克，桔梗17克，栀子24克，黄芩30克，知母30克，玄参30克，连翘24克，薄荷12克，大青叶30克，牛蒡子30克，甘草17克，共研末开水冲服，或煎汤灌服。

（三）驴腺疫

驴腺疫是由腺疫链球菌驴亚种引起肉驴的一种急性接触性传染病。以发热、上呼吸道黏膜发炎、颌下淋巴结肿胀化脓为特征。当前肉驴养殖的规模和数量越来越多，肉驴腺疫之类的疾病也随之增多，主要是由于当环境污染大，健畜食入被污染的饲料或饮水时，经消化道传染。

【病原特点】

肉驴腺疫链球菌，为链球菌属C群成员。菌体呈球形或椭圆形，革兰氏染色阳性，无运动性，不形成芽孢，但能形成荚膜。在病灶中呈长链，几十个甚至几百个菌体相互连接呈串珠状；在培养物和鼻液中的为短链，短的只有几个甚至两个相连。

本菌对外界环境抵抗力较强，在水中可存活6～9天，脓汁中的细菌在干燥条件下可生存数周。但菌体对热的抵抗力不强，煮沸则立即死亡。对一般消毒药敏感。

【流行特点】

传染源为病畜和病愈后的带菌肉驴。主要经消化道和呼吸道感染，也可通过创伤和交配感染。4个月至4岁的肉驴最易感，尤其1～2岁肉驴发病最多，1～2个月的幼驹和5岁以上的肉驴感染性较低。本病多发生于春、秋季节，一般是9月份开始，至次年3、4月份，其他季节多呈散发。

【临床症状】

本病潜伏期为1～8天。临床常见有一过型腺疫、典型腺疫和恶性腺疫三种病型。

1. 一过型腺疫

黏膜炎性卡他，流浆液性或黏液性鼻汁，体温稍高，颌下淋巴结肿胀。多见于流行后期。

2. 典型腺疫

发热、鼻黏膜急性卡他和颌下淋巴结急性炎性肿胀、化脓为特征。表现为病肉驴体温突然升高（39～41℃），鼻黏膜潮红、干燥、发热，流水样浆液性鼻汁，后变为黄白色脓性鼻汁。颌下淋巴结急性炎性肿胀，起初较硬，触之有热痛感，之后化脓变软，破溃后流出大量黄白色黏稠脓汁。病程2～3周，愈后一般良好。

3. 恶性腺疫

肉驴鼻、咽黏膜呈轻度发炎，下颌淋巴结稍肿胀；病初体温升高40～41℃，精神不振或不食，常头颈伸直，口吞咽和转头困难。数日后淋巴结变软，破溃流出黄白色黏稠脓液；全身性化脓性炎症时，称恶性腺疫。常侵害咽喉、颈前、肩前、肺门及肠系膜淋巴结，若经气管将脓汁吸入肺部引起烂肺，若浓汁流入胸腔及到肺部内使病肉驴窒息而死亡。一般是病原菌由颌下淋巴结的化脓灶经淋巴管或血液转移到其他淋巴结及内脏器官，造成全身性脓毒败血症，致使肉驴死亡。

【病理变化】

病肉驴鼻、咽黏膜有出血斑点和黏液脓性分泌物。颌下淋巴结显著肿大和炎性充血，后期形成核桃至拳头大的脓肿。有时可见到化脓性心包炎、胸膜炎、腹膜炎，及在肝、肾、脾、脑、脊髓、乳房、睾丸、骨骼肌及心肌等有大小不等的化脓灶和出血点。

【防治措施】

1. 预防

对断奶肉驴驹应加强饲养管理，加强运动，选择优良草料进行饲喂，增加机体抗病能力。本病高发季节要注意检查，发现本病时，病肉驴要立即隔离治疗。污染的厩舍，运动场及用具等彻底消毒。一般可用马（驴）腺疫灭活苗或毒素注射预防。

2. 治疗

（1）局部治疗。可于肿胀部涂10％碘酊，促进肿胀迅速化脓破溃，如已肿胀部位变软应立即切开排脓，并用1％新洁尔灭液或1％高锰酸钾水彻底冲洗。

（2）全身治疗。病后有体温升高时症状应肌肉注射青霉素120～240万单位，每日2～3次，病情严重的可静脉注射，内加维生素C20毫升，有良好效果。

（3）加强护理。治疗期间要给予营养丰富、适口性好的青绿多汁饲料和清洁的饮水，并注意夏季防暑，冬季保温。

（4）中药疗法——清咽利膈汤。黄连、知母各30克，黄芩、栀子、牛蒡子、桔梗、川军、薄荷、豆根各50克，连翘、花粉各35克，银花、射干各75克，元参40克，芒硝100克，黄药、白药25克。用法：水煎去渣，凉灌，灌时加蛋清两个和蜂蜜100克为药引。

（四）疥癣病

肉驴疥癣病是由疥螨（图4-23）引起的一种高度接触性传染性皮肤病，以全身发痒和患处脱毛为特征。其病原体分为疥螨和痒螨两种，疥螨主要寄生在肉驴的真皮以下，痒螨主要寄生在真皮组织中，虫体很小，肉眼很难看到。疥癣病关键在于预防，要经常刷拭肉驴体，搞好卫生，发现病肉驴立即隔离治疗。

【螨虫的生活史】

痒螨与疥螨的发育过程相似，雌螨产卵于患部皮肤周围，卵灰白色，椭圆形，借助特殊物质粘着于上皮的鳞屑。85％～90％的湿度和36～37℃的温度，适于胚胎发育，一般卵经过2～3天（可长至6天）孵出幼虫，采食24～36小时进入静止期后蜕皮成为第一期若螨，若螨具4对浅棕色足，除第3对足端部为长刚毛外，其余3对足均具有吸盘。采食24

小时，经过静止期蜕皮成为雄螨或第二期若螨，雄螨通常以其肛吸盘与第二期若螨躯体后部的一对瘤状突起相接，抓住第二若螨，这一接触约需 48 小时。之后第二期若螨蜕皮变为雌螨，体后端瘤状突起消失，雌雄进行交配。雌螨采食 1～2 天后开始产卵，一生可产卵约 40 粒（图 4-22）。

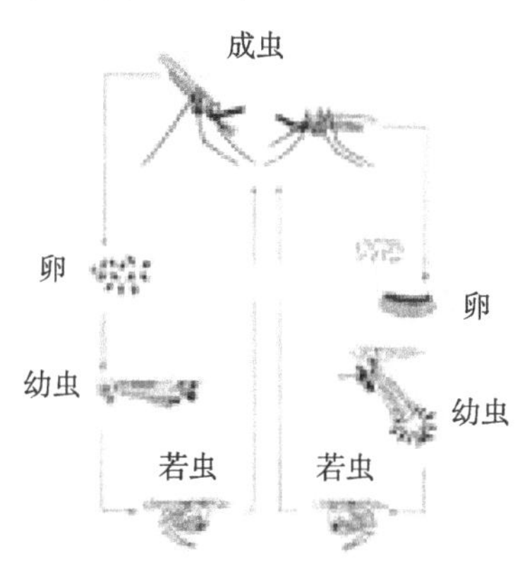

图 4-22　螨虫的发育史

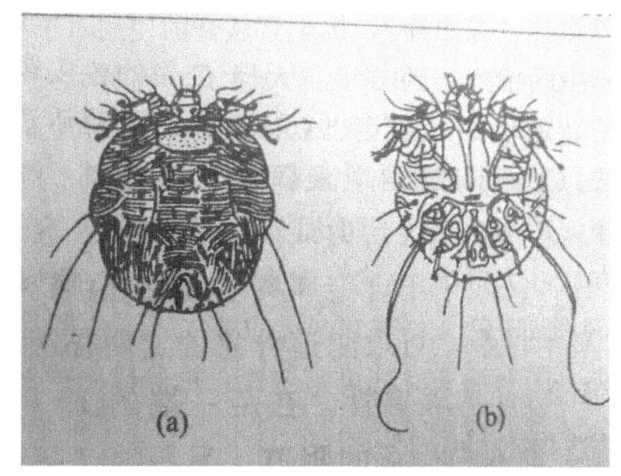

图 4-23　螨虫
a：虫体背部　b：虫体腹部

在温度不足、低温与日光的影响下，一个世代的发育可持续到 3 个月。痒螨具有比疥螨更强韧的角质表皮，离开宿主后，对外界不利因素的抵抗力很强。痒螨在 6～8℃温度和 85％～100％空气湿度下，在畜舍内不采食时也能生存 2 个月；在牧场上能生存 35 天。在 －2～－12℃温度下，经过 4 天死亡；在－25℃时经 6 小时死亡。

【临床症状】

疥螨病是寒冷地区冬季常发病。病肉驴皮肤奇痒，出现脱毛，皮肤流黄水或结痂。由于皮肤瘙痒，病肉驴终日啃咬，磨墙擦桩，烦躁不安，不能正常采食和休息，上膘慢，或消瘦。在冬、春季如脱毛面积大还可致病肉驴冻死。

【诊断方法】

螨虫的诊断方法很多，主要有直接检查法、显微镜检查法和虫体收集法，由于后两种较为繁琐，本书只介绍直接检查法。

（1）皮屑刮取。在患部皮肤和健康皮肤交接处剪毛，取凸刃小刀，在酒精灯下将凸刃小刀消毒，用手握住小刀，使小刀刀刃与皮肤表面垂直，刮取皮屑，直到皮肤轻微出血。

（2）观察虫体在没有显微镜的情况下，可将刮下的干燥皮屑放于黑纸上，在日光下暴晒，或用炉火对黑纸底部给予 40～50℃的加温，经 30～40 分钟，移去皮屑，可见白色虫体在黑色背景上移动。此法对痒螨检查效果更好。

【防治措施】

1. 预防

经常刷拭肉驴体，搞好环境卫生，定期消毒，定期清理垫草并暴晒，发现患病肉驴及时隔离，防止接触感染。舍内用 1.5％敌百虫溶液喷洒墙壁、地面以杀死虫体。

2. 治疗

（1）取 1％敌百虫溶液喷涂或洗刷患部，隔 4 天用 1 次，连用 3 次，用药液洗刷患部时若气温过低，肉驴舍应适当升温。也可用硫黄粉 4 份、凡士林 10 份配成软膏，涂擦患部。用敌百虫 50 片，加水 200 毫升，溶解混匀，涂抹患处；2 小时后，涂抹 5%的碘酒即可，一般 2～3 次即可痊愈；用螨净（二嗪农溶液）喷洒或涂抹患处，效果也较好。

(2) 皮下注射伊维菌素，1 次/周，3～4 次为一个疗程，临床效果良好。局部感染严重的可以涂抹“擦虫净”，抗生素软膏的使用对于抑制细菌性并发症是有益的。

(3) 中药治疗：药方一：大枫子、硫黄、五倍子、枯矾各 50 克，川乌、草乌各 20 克，轻粉、铜绿各 15 克，巴豆仁 10 克，棉籽油 500 克。

用法：上药研成细末，混合到熬热的油里，搅拌均匀涂抹患处。涂药前先将患处用肥皂水洗净，用毛刷涂药，每天一次，7 天长毛。如面积过大则分片医治，以防中毒。

药方二：大枫子 40 个（去皮），巴豆 15 个（去皮），蓖麻仁 30 个，铜绿 40 克，桃仁 50 克，轻粉 15 克，大枣 15 个（去核）。

用法：用猪油 200 克捣成软膏，把研成面的药放进拌匀，涂抹患处。三天擦一次，2 到 3 周全愈。

(五) 肠便秘

肉驴肠便秘亦称结症，是由肠内容物阻塞肠道而发生的一种疝痛。因阻塞部位不同分为小肠积食和大肠便秘。肉驴以大肠便秘多见，占疝痛的 90%，多发生在小结肠、骨盆弯曲部以及左下大结肠和右上大结肠的胃状膨大部，其他部位如右上大结肠、直肠、小肠阻塞则少见。

【发病原因】

(1) 饮水不足。肉驴在饮水不足时，消化液分泌减少，胃肠蠕动减弱，食物在胃肠内得不到充分消化，逐渐停滞而发病。特别是在春秋农忙季节和炎热的夏季，以及肉驴劳役重、出汗多而饮水不足的情况下最易发生。

(2) 突然变换草料。初夏由饲养干草变换为青草，晚秋由饲喂青草变换为干草。

(3) 气候突然变化。在气候突然变化时，个别肉驴内分泌紊乱，消化液分泌减少，肠蠕动弱而发病。

(4) 饲喂不当。饲喂不按时，饥饱不均，好抢食的肉驴、同槽饲养，以及过早或大量向槽内添加精料等，使肉驴胃肠机能减弱而发病。另一种情况是饲喂后立即重役，或重役后立即饲喂。

(5) 饲草处理不当。饲草粗硬，或长期大量喂给肉驴粗纤维含量多而难以消化的饲料，如豆秸小麦秸。

【临床症状】

由于肉驴的神经没有马、骡的神经敏感，因此，无论哪种肠便秘均不如马、骡腹痛剧烈明显，尤其是大结肠、盲肠、胃状膨大部更为突出。

大肠便秘，发病较缓，病初排粪干硬，后停止排粪，食欲退废。患肉驴口腔干燥，舌面有苔，精神沉郁。严重时，腹痛呈间歇状起卧，有时横卧，四肢伸直滚转。尿少或无尿，腹胀。

小肠、胃状膨大部阻塞时，大多不胀气，腹围不大，但步态拘谨沉重。直肠便秘，患肉驴努责，但排不出粪，有时有少量黏液排出。尾上翘，行走摇摆。由于疼痛刺激引起膀胱痉挛而表现出少尿或尿闭，如不进行直检很容易引起误诊。小肠积食，常发生于采食过程中或采食四小时后，患病肉驴表现为停食、精神沉郁，前肢刨地，如果继发胃扩张，则疼痛明显。

【治疗措施】

治疗原则　破碎结粪，疏通消化道，是治疗中最主要的环节。

治疗措施　主要治疗措施包括泻法、生物学软化法、直肠入手破结法和针法多种方法。根据疾病的性质、结粪部位和阻塞物的大小，以及牲畜体质等灵活应用。其次是止疼止酵，恢复肠蠕动，还要兼顾由此而引起的腹痛、胃肠膨胀、脱水、自体中毒和心力衰竭等一系列问题。

(1) 泻法：利用各种药物使结粪软化，疏通肠道，内服泻剂。小肠积食可灌服液状石蜡200～500毫升，加水200～500毫升。大肠便秘可灌服硫酸钠100～300克，以清水配成2%溶液1次服；或灌服食盐100～300克配成2%溶液，并加入大黄末200克，松节油20毫升，鱼石脂20克，可制酵并增强疗效。中药加味大承气汤有良好的效果，处方为：大黄150克，芒硝150克，枳实、厚朴各80克，神曲50克，醋香附30克，木香20克，木通40克，煎汤温服。亦可用当归苁蓉汤内服。

(2) 生物学软化法：一般利用干酵母200～300片溶水后内服。

(3) 入手破结法：利用各种手法，如：采用按压、握压、切压、捶结等疏通肠道的办法，可直接取出阻塞物。也可隔直肠壁，将结粪破碎或隔肠打击，此法适用于小结肠和直肠便秘。该操作术者一定要有临床经验，否则易损伤肠管。

(4) 深部灌肠：用大量微温的生理盐水（0.9%氯化钠）5～10升，直肠灌入。用于大肠便秘，可起到软化粪便、兴奋肠管、利于粪便排出的作用。

(5) 强心补液解除脓血症和酸中毒及保护实质器官：这是提高机体防御机能的主要手段。强心剂可选用安钠咖、樟脑磺酸钠，但在心动过速时，安钠咖慎用，机体大量脱水时要及时补大量等渗糖盐水，但心脏功能衰弱者，要减少补液量且要控制流速。

(6) 调整消化器官功能，预防并发症或继发症：当肉驴胃肠内容物基本疏通以后，应着重调整胃肠器官的生理功能，除饲养管理方面加强外，可考虑口服润肠和保护胃肠黏膜的药物，如人工盐、淀粉糊等，或用苦味健胃药，如龙胆末、复方苦味酊、番木别酊，也可用助消化药如干酵母、乳酶生等。

案例分析

林水村肉驴场在中午给肉驴填完精饲料一小时后，按惯例把肉驴驱赶到运动场自由活动，可没过多久，天空巨大的飞机轰鸣声把肉驴吓得惊慌失措，其中一头胆小的肉驴对护栏横冲直撞，甚至摔倒两三次，经饲养员多次安抚才逐渐平静下来，可20分钟后，这头肉驴就表现为持续性剧烈腹痛，不断急起急卧，并向前猛冲，一会又呈犬坐姿势。腹围变化不大但呼吸急促，胸前、肘后、眼周围及耳根部出汗，甚至全身大汗。一会儿又出现嗳气，并伴发呕吐的现象，接近这头肉驴后会闻到口腔有很大的酸臭味。

请你分析一下：这头肉驴怎么了？什么原因造成的？怎样进行急救？

（六）胃肠炎

肉驴胃肠炎是胃肠黏膜及其深层组织的重剧炎症。在许多情况下，胃炎与肠炎一同发生，所以，一般统称为胃肠炎。

【发病病因】

（1）肉驴原发性胃肠炎的发病原因是由于某种原因，使肠道内菌群失调，特别是大肠杆菌，或肠炎沙门氏杆菌大量发育繁殖，引起急剧而严重的胃肠炎。长期喂发霉的饲料，可引起霉性胃肠炎。

（2）肉驴继发性胃肠炎常见于肠便秘和胃肠寄生虫病等过程；治疗肠便秘时，如过于频繁使用泻药，或硫酸钠浓度过高（8%以上，应当以5%为宜），或未经煮沸的蓖麻油等药物刺激，均可继发本病。

【临床症状】

病肉驴精神沉郁，结膜暗红并黄染，口腔干燥、恶臭，舌面皱缩，被覆多量舌苔。常伴有轻微的腹痛，表现不安，喜卧或回顾腹部。不断排出稀软粪便或水样粪便，恶臭或腥臭，并混有血液及坏死组织片，有时混有脓液；拉稀时肠音增强，病至后期，则肠音减弱或消失，肛门松弛，排粪失禁；有的病肉驴不断努责而无粪便排出。但当炎症主要侵害胃和小肠时，口腔症状明显，结膜黄染，常有轻度腹痛症状。肠音往往减弱或消失，多数病肉驴排粪迟滞，粪便干而硬。大多数病肉驴体温突然升高至40℃以上，少数病肉驴直到后期才见发热。初期心搏动增强，脉搏增数，以后变至细弱急速，每分钟达100次以上，呼吸加快。全身症状明显加重，此时病肉驴高度沉郁，结膜发绀，全身无力，全身肌肉震颤，出汗，甚至出现兴奋、痉挛或昏睡等神经症状。最急性胃肠炎的症状病程急剧，往往等不到出现拉稀，在24小时内死亡。仔细检查可发现口腔症状明显，口腔黏膜干燥无光，齿龈部往往有2～3毫米宽的蓝紫色淤血带。

【治疗措施】

（1）抑菌消炎、制止炎症发展是根本的治疗措施，可内服磺胺脒25～30克，一日3次，或痢菌净，每千克体重每日0.1～0.15克。

（2）缓泻和止泻。病肉驴排粪迟滞，或病肉驴排粥样恶臭粪便时要缓泻，以排除有毒物质，制止继续腐败发酵。常用硫酸钠或人工盐200～300克，配成6%溶液，另加酒精50毫升，鱼石脂10～30克，调匀内服。本方对早期排粪迟滞的效果较好。

（3）补液、解毒和强心补液。常选用复方氯化钠液、生理盐水、5%葡萄糖氯化钠液等。因肉驴胃肠炎所引起的脱水，是混合性脱水，即水盐同时丧失。一次用量为3000～5000毫升，一日2～3次。可配合应用6%低分子右旋糖酐500～1000毫升，每日1～2次。补液宜早，速度宁慢勿快。输液过快，则增加心肾负担。

（4）维持心脏正常机能。常用20%安钠咖液10～20毫升与20%樟脑油10～20毫升交互皮下注射，每日各1～2次。输液时，肌注或静脉注射足够量的抗生素（如庆大霉素、氨苄西林等）和维生素C及钙剂，但应注意药物配伍禁忌。

（5）中药。可用郁金散加减：郁金45克，黄芩、黄柏各30克，黄连、茵陈、厚朴、白芍各15克，大黄45克，芒硝100克，水煎去渣，灌服。

小知识

小偏方治胃肠炎

药方一：白头翁100克，黄柏树皮80克 用法：煎服，每日一次。

药方二：地榆60克，苦参50克，黄连50克 用法：上药煮数分钟后去渣，待冷灌服，每天一次，用1～3次。

药方三：藿香50克，车前子50克，绿豆100克 用法：上药水煎去渣，待冷灌服。

药方四：炒车前子100克，马鞭草50克，高良姜30克，陈皮25克 用法：上药研细末，加水500毫升，一次灌服，每日两剂，连服3～5日。

（七）肉驴子宫内膜炎

母肉驴子宫内膜炎是母肉驴不孕的重要原因。患本病母肉驴子宫内膜的炎性分泌物及细菌毒素，可直接危害精子，造成不孕和子宫中的胚胎死亡。

【发病原因】

（1）本病常见的原因是发情鉴定和人工授精时，由于操作技术环节不规范，消毒不严格感染引起的子宫内膜炎。

（2）肉驴阴道炎、子宫颈炎、子宫复归不全，多伴发此病。该病病原微生物主要为大肠杆菌、葡萄球菌，有时为双球菌、绿脓杆菌、马副伤寒杆菌等。细菌入侵子宫后，能否发病，则决定于母肉驴机体状态。

（3）母肉驴刚产后配“血驹”时，因子宫内大量的淤血和残留物（如胎衣等）未排尽，母肉驴子宫内膜修复尚未完全，此时配种易导致母肉驴子宫内膜感染。

【临床症状】

子宫内膜炎的主要临床症状是，母肉驴发情不正常，或是正常发情但不易受胎，有时即使怀孕，也容易发生流产；母肉驴常从生殖道排出炎性分泌物，特别是发情时流出较多。阴道检查时，可发现子宫颈阴道部黏膜充血、水肿、松弛，子宫颈口略开张而下垂，子宫颈口周围或阴道底常积存炎性分泌物。重剧病例，有时伴有体温升高，食欲减少，精神不振等全身症状。

【治疗措施】

治疗原则

子宫内膜炎的治疗原则是提高母肉驴抵抗力，消除炎症及恢复子宫的机能。

治疗措施

1. 改善饲养管理

这是提高母肉驴抵抗力的根本措施。

2. 子宫冲洗

采用45～50℃温热药液冲洗，从而引起子宫充血，加速炎症消散。冲洗药液不超过500毫升，采用双流导管进行冲洗。对慢性黏液性子宫内膜炎，常用1%盐水或1%～2%盐、碳酸氢钠等量液，反复冲洗子宫，直到排出透明液为止。排净药物后，向子宫内注入抗生素药液。

3. 针灸疗法

治疗慢性子宫内膜炎，可针刺百会、阳关、后海等穴位。

4. 中药疗法有以下三个方剂

（1）方一：完带汤，适用于急慢性子宫内膜炎。白术、山药、党参各31克，陈皮、柴胡各25克，酒白芍18克，酒车前12克，甘草15克。共研为细末，黄酒250克为引，开水冲开，候温灌服。

（2）方二：此方适用于体质较壮实而屡配不妊的母肉驴，在子宫冲洗和注入的同时应用。酒当归、川芎、熟地、茯苓、制香附、白术各31克，酒白芍、吴茱萸各21克，丹皮、陈皮各18克，元胡12克，砂仁15克。共为末，开水冲开，候温灌服。发情后连服2～3剂。加减：血虚有寒，加肉桂12克，炮姜、熟艾15克；血虚有热，加炙黄芩31克，或白蔹25克；子宫松软的加益母草31克。

（3）方三：此方适用于脓性子宫内膜炎。大云、当归、故纸、泽泻各31克，山芋、茴香各25克，白术21克，川芍18克，车前子、肉桂、木通、竹叶、生姜各15克，灯芯12克。共研为细末，食盐15克，黄酒250克为引，开水冲开，候温灌服。

小知识

母肉驴的妊娠期为348～377天，平均为360天。对妊娠母肉驴要加强饲养管理。增喂青饲草和精饲料，并让其适当运动。妊娠母肉驴要防止流产。保证胎儿的正常发育和产后泌乳，是这一生理阶段的重要任务。孕肉驴的流产易发生在妊娠后第一个月，这个时期胚胎是游离状态。所以，对孕肉驴要停止使役，供给全价的营养。而妊娠后期的流产，多是因天气变化，吃了霜草和霉变饲料，或因使役不当造成的，所以应加强饲养管理。妊娠的前6个月，胎儿增重较慢，营养要注意质量，数量增加不大。6个月以后，胎儿增重较快，营养需要质量和数量并重。加强饲养管理，供给全价营养，增加运动量，防止产前不吃症疾病发生，以免造成不应有的损失。产前15天，母肉驴要停止使役，进入产房，单独饲喂，专人看护。喂给饲料总量应减少三分之一，少给勤添，增加饲喂次数（4～5次），每天要适当运动，促进饲料的消化吸收。分娩后的母肉驴，接护人员及时给母肉驴喂给30～35℃的麸皮或小米食盐汤。产后1～2周内要控制肉驴的草料喂量、逐渐增加，10天左右恢复正常。1个月内停止使役，产房保持清洁卫生。

第五节　肉驴产品的加工

据分析，每100克驴肉中含蛋白质18.6克、脂肪0.7克、钙10毫克、磷144毫克、铁13.6毫克，有效营养成分不亚于牛、兔、狗等肉，属典型的高蛋白、低脂肪肉食品。肉驴也有其药用价值，皮张是熬制阿胶的原料；它的奶用价值也很高，驴奶与人奶极为相近，营养成分比例几乎占人奶所含成分的99%，是人奶的最佳替代品；且驴奶具有滋润皮肤，改善面部环境的作用。在孕肉驴血清中，可以提取促性腺激素，开发利用价值很高。

驴肉制品的种类和加工方法多种多样，无论是传统名优特产，还是现代食品，只要掌握加工原理，就可以相互借鉴，推陈出新，满足人民生活需要，现介绍国内常见的几种驴肉制品加工方法。

实例分析

徐水驴肉

正宗产品制肉世家，是徐水县西南漕河乡曹庄村范玉祥家。范祖籍留马村（现为满城县），其驴肉加工已有五代人的历史。曾祖父范洛好（因嗜好颇广，故送号“洛好”）以经营牲畜为业，将淘汰的牲畜宰杀加工熟肉推车出售。当时社会上称为“臭肉车子”，销量不大。祖父范洛达时，为谋生计，携家带口，到异地卖肉，先后到徐河桥、太保营、北常保、南庞村等，民国12年（公元1923），到曹庄定居，仍操旧业。父亲范顺田一生以驴肉加工为业，范玉祥从小跟父亲做帮手，13岁便登上小板凳操刀卖肉。范家驴肉加工技艺代代相传，并有新的发展。范玉祥的四个儿子皆操此业，在范玉祥指导下，沿袭传统技艺，在实践中不断探索，总结出一整套剥、泡、煮、焖、晾操作技术。驴肉剥皮，清水泡3～4小时，清汤开锅下肉，加大火，待开锅后，翻锅放佐料。每百斤驴肉加盐7千克，大料100克，花椒150克，茴香250克，桂皮100克，火硝15克，鲜姜150克，除盐、火硝外，其他带渣佐料入袋扎紧，放入锅内。煮6小时左右，肉8成熟，出锅清汤，再入锅，慢火焖，锅内加放一层荤油，以保温、保味，减少水分蒸发，焖锅时间10小时以上。出锅后晾两个小时（冬季时间短些），加工一锅驴肉需一天一夜（约22个小时）。范家加工驴肉方法可概括为四句话：大火攻、细火焖、油盖顶、时间长。范家驴肉制作工艺独特，故一直享有盛誉。后徐水县食品公司驴肉加工亦沿用范家的制作工艺。至今，徐水小驴肉畅销不衰，供不应求，堪为徐水名产。（图5-1、5-2）

图4-24

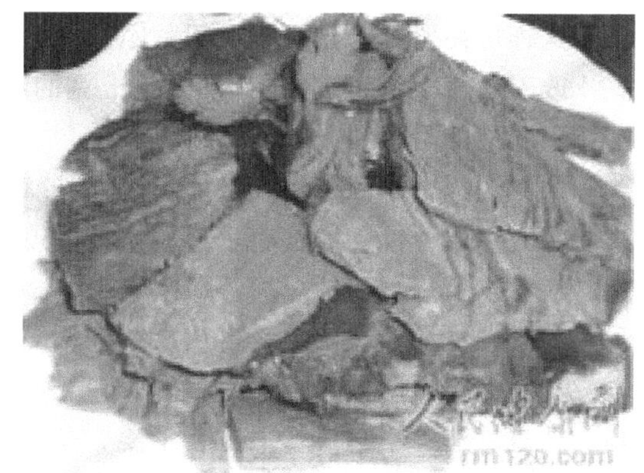

图4-25

请思考

1. 徐水驴肉为何为徐水名产？

2. 从范家祖父为谋生计到异地卖肉到成为名产能吸取什么经验？

一、腌腊制品

腌腊制品是畜禽肉品加工的一项重要技术，在我国应用历史悠久、范围广泛，世界各国也普遍采用此种加工技术。所谓腌腊就是将肉品应用食盐（或盐卤）、砂糖、硝酸盐和其他香辛料经过腌制，经过一个寒冬腊月，在温度较低的环境条件下，使其自然风干成熟。腌腊制品在风干成熟过程中，脱掉大部分水分，肉质由疏松变为紧密硬实。腌腊应用的硝酸盐具有发色与抑菌作用，因而腌腊制品耐贮藏，色泽红白分明，肉味咸鲜可口，便于携带和运销，是馈赠、酬宾之佳品。腌腊制品，它可随市场的需求，通过腌渍料的调制，加工成适合不同人们口味的肉制品。

陕西凤翔腊驴肉（图 4-26）

1. 原料

主要取腰、尻、股、臀、背、颈、上膊、胫的大块肌肉和肉驴阴茎。

2. 加工工艺

腌制

取食盐（肉重的 3%～7%）和硝酸钠（肉重的 0.8%～1.2%）混匀，均匀擦入原料肉的表面。然后一层肉一层硝盐叠加入缸，最后在上面再撒一层硝盐。每 10 天翻缸 1 次，坯料上下变动，倒入另一缸中。30 天出缸时肉剖面呈鲜艳玫瑰红色，手摸无黏感。

图 4-26

挂晾　腌制好的肉，挂在露天自然风吹日晒干燥（温度不能高于 20℃），一般 7 天即可。手摸不豁。腌制的不良气味蒸发消散。

压榨　将晾晒后的肉块在加压机中压榨，压力由小到大，流出渗出液为准。时间 2～3 天。这样可使肉脱水，肌纤维间紧固。

改刀　将大块肉切成 1.5～2.5 千克的小块。利于成品分割和炖煮时同时成熟，也利于调料配液的附着和吸收。

烫漂　锅中水淹没肉，煮沸 10～15 分钟，强火加热，除去汤中浮物；然后翻动肉块，再煮沸 5～10 分钟，二次漂去浮物；再次强火煮沸捞肉，去汤加新水重新煮。对肉驴钱肉，应将尿道从阴茎的海绵体肌中抽出。

晾干　烫漂 3 次的肉，捞出放在晾板上（堆得不要过高）散热，晾至室温。

配料　将白胡椒、上元桂、良姜、草果、豆范、砂仁、革拨、丁香作为上八味；花椒、桂皮、小香、萃拨、大香、干姜、草果、丁香作为下八味，按一定的给量配成调料。炖煮将调料用纱布包好，放入沸水中煮半小时，然后放肉，强火、文火结合，先强火将肉炖开，再用文火将肉炖熟。炖的时间长短，以用食指可迅速插入肉中，即表示已炖熟。这时再用强火，待水翻滚，将肉捞出。

上腊　熟肉冷却后，放入驴油锅中（驴油中加少量香油）浸提几次，使其表面均匀涂上一层驴油，使肉块呈霜状颜色。油膜可防腐，油入肉可增强酥脆性和香味。

3. 产品特点

成品腊驴肉，色泽透红，呈现出鲜红色，表面覆盖一层霜状物，气味浓香，味美可口，具备五香、质密、酥脆等特点，为冷食佳品。驴钱肉更为珍贵，“治诸虚百损，有强阴助阳之奇功”。据测定，成品腊驴肉与驴肉相比，脂肪酸含量有所降低，而氨基酸含量则增高。

二、干制品

(一) 驴肉松的配方和加工工艺 (图 4-27)

图 4-27

1. 配方（按 50 千克驴肉计）

食盐 1 千克，红糟 1.2 千克，黄酒 1.2 千克，海米 1.2 千克，白萝卜 1.2 千克，酱油 1.8 千克，面粉 12.5 千克，花生油 12.5 千克，白糖 5 千克，大茴香 75 克，丁香 100 克，味精 150 克，大葱 250 克，生姜 250 克。

2. 加工工艺

将肉驴瘦肉修整干净后，用凉水浸泡，排出血水，切成 5 厘米的方块，投入凉水锅中烧开后，撇净浮沫，放入盐 1 千克和辅料袋（包括姜、葱、大茴香、丁香）、红糟、黄酒、海米、白萝卜、酱油、白糖，用旺火煮 2 小时，以肉丝能用手撕开为成熟。将浮油、沫子撇净。将驴肉捞出放入细眼绞肉机中绞碎，放在空锅中炒干，并将原煮锅内清过的卤汤全部倒入，约炒 30 分钟，使水分蒸发为止。炒干后用细眼筛子过筛，将未散开的肉块用手搓碎，以完全过筛。将面粉放入空锅内干炒约 1.5 小时，以面粉变黄为止，过筛仍为干粉状，再与经煮熟过筛后的驴肉混合炒，放精盐 400 克，白糖 4.5 千克，炒匀后放入味精，再炒匀过筛，将肉搓碎。过筛后将炼好的花生油和肉末共同放在锅内炒（花生油应随炒随放），待花生油全部放入肉末后，继续炒 2 小时，出锅后再过筛即为成品。包装前，要筛选去杂，剔出块、片、颗粒大小不合标准的产品。为使肉松进一步蓬松，可用擦松机，使其更加整齐一致。

3. 产品特点

驴肉松红褐色，酥甜适口。

(二) 驴肉干的加工 (图 4-28)

图 4-28

1. 原料肉的选择处理

取肉驴瘦肉除去筋腱、洗净沥干，然后切成 0.5 千克左右的肉块。总计 100 千克。

2. 水煮

煮至肉块发硬，捞出切成 1.5 厘米见方的肉丁。复煮取原汤一部分，加入食盐、酱油、五香粉（分别为 2.5～3 千克，5～6 千克，0.15～0.25 千克），大火煮开，汤有香味时，改用小火，放入肉丁，用锅铲不断翻动，直到汤干将肉取出。

3. 烘烤

将肉丁放在铁丝网上，用 50～55℃烘烤，经常翻动，以防烤焦。过 8～10 小时，烤到肉硬发干，味道芳香，则制成肉干。

4. 包装

用纸袋包装，再烘烤 1 小时，可防霉变，延长保质期。如包装为玻璃瓶或马口铁罐，可保藏3～5个月。

三、熏烤制品（图4-29）

熏烤制品严格说来又分为熏制品和烤制品。熏制品是指用木材炯烧所产生的烟气进行熏制加工的一类食品。烟熏可以防腐，但更重要的是提高了制品的风味。烤制品是经过配料、腌制，最后利用烤炉高温将肉烤熟的食品，也称炉产品。制品经200℃以上高温的烤制，表面焦化，使产品具有特殊的香脆口味。

图4-29

1. 配方（按50千克驴肉计算）

精盐5千克，硝酸钠25克，花椒粉50克，桂皮粉50克。

2. 加工工艺

腌制　将驴肉切成2～4千克的条肉，用配料擦匀，逐条入缸，一层驴肉条、一层配料，最上层也撒一层配料。每天上下互调，同时补撒配料，腌15～20天后，将条肉取出用铁钩挂晾，离地50厘米以上。

熏制　挖坑，坑中放松柏枝、松柏锯末，将驴肉条用铁钩挂在坑上面的横木上。点燃树枝锯末，仅让其冒烟，坑上面盖好封严，熏1～2小时，待驴肉表面干燥，有腊香味，肉呈红色即可。熏好的驴肉放于阴凉通风处保存。

煮食　将熏好的驴肉用温水洗净，放入锅内，加热高压煮熟（约20分钟），取出切片，装盘上桌。亦可把拼好的面切成二指宽、三指长的面片放开水内煮熟，装在大盘内，上放煮熟切好的肉片，然后把洋葱切丝，与煮肉的汤最后一起倒入大盘，则可上桌食用。

3. 产品特点

熏驴肉作为民族地区的风味食品，很受消费著的欢迎。

四、驴肉灌肠的配方与加工工艺（图4-30）

图4-30

1. 配方（按50千克驴肉计算）

香油3千克，大葱10千克，硝酸钠25克，鲜姜3千克，精盐3千克，淀粉30千克，肉料面200克，花椒（熬水）200克，红糖（熏制用）200克。

2. 加工工艺

将驴肉放入清水中浸泡，以排出血水，切成10厘米方块肉，放入细眼绞肉机中绞碎后放入容器内，加入葱末、姜末、花椒水。再将淀粉的一部分用开水冲成糊状，然后加入香油、淀粉、肉料面等辅料，与容器内的肉馅一起调匀，灌入洁净的肉驴小肠内，两端用麻绳扎紧，长度 40～50 厘米，放入 100℃的沸水锅内煮制 1 小时，然后熏制 25 分钟，即为成品。驴肉肠的加工工艺大体与北京粉肠的加工工艺相同。

3. 产品特点

驴肉肠呈红褐色，有明亮的光泽，具有熏香味，风味独特。

五、酱卤制品

酱卤制品是我国传统的一大类肉制品。其特点是：一是成品都是熟的，可以直接食用；二是产品酥润，有的带有卤汁，不易包装和保藏，适于就地生产，就地供应。酱卤制品加工方法有两个主要过程：一是调味，二是煮制。调味依不同地区加入不同种类和数量的调料，加工成特定的口味。如北方人喜欢咸味，盐稍多加些，而南方人喜爱甜味，糖多放些。调味方法根据加入调料的时间，大致可分为：基本调味，即加热前原料肉整理后，须经腌制，所用的盐、酱油或其他配料，奠定了产品的咸味；定性调味，即下锅后同时加入的主要配料，决定基本口味的，如酱油、盐、酒、香米等；辅助调味，即煮熟后或即将出锅时加入糖、味精等，增进产品的色泽和鲜味。

酱卤制品又因加入调味料的种类、数量不同，可划分为很多品种，通常有五香、红烧制品，酱汁制品，糖醋制品，卤制品等。

（一）五香驴肉（河北地区）的配方与加工工艺（图 4-31）

1. 配方（按 50 千克驴肉计算）

大茴香、豆蔻、料酒、陈皮各 250 克，良姜 350 克，花椒、肉桂各 150 克，丁香、草果、甘草各 100 克，山楂 200 克，食盐 4～7 千克，硝酸钠100～150 克。

2. 加工工艺

腌制　将驴肉剔去骨、筋膜，并分割成 1 千克左右的肉块，进行腌制。夏季采用暴腌，即 50 千克驴肉，用食盐 5 千克，硝酸钠 150 克，料酒 250 克，将肉料揉搓均匀后，放在腌肉池或缸内，每隔 8 小时翻 1 次，腌制 3 天即成。春、秋、冬季主要采用慢腌，每 50 千克驴肉，用食盐 2 千克，硝酸钠 100 克，料酒 250 克，肉下池后，腌制 5～7 天，每天翻肉 1 次。

焖煮　将腌制好的驴肉，放在清水中浸泡 1 小时，洗净捞出放在案板上，控去水分。尔后将驴肉、丁香、大茴香、花椒、豆蔻、陈皮、良姜、肉桂、甘草和食盐 2 千克，放在老汤锅内，用大火煮 2 小时后，改用小火焖煮 8～10 小时，出锅即为成品。

3. 产品特点

色佳、味美，外观油润，内外紫红，入口香烂，余味长久。

五香驴肉是采用 18～30 个月龄的健康肉驴优质肉为原料，利用传统工艺，融合现代科技加以十多味中草药为辅料，精细加工而成，具有风味独特、肉质细嫩、味道醇厚、余味香浓、油而不腻、高蛋白低脂肪六大特色。其肉质细嫩味美，蛋白质含量高，脂肪低。据《本草纲目》记载："驴肉补血、治远年老损，煮之饮、固本培元。"五香驴肉选用检疫检验合格的灰肉驴之精肉为原料，辅以多种调料精制而成。其色泽鲜红、五香味纯正、肉嫩酥烂、清香不腻，是理想的滋补保健之佳品。

图 4-31

图 4-32

(二) 河北酱驴肉的配方与加工工艺(图 4-32)

1. 配方(按去骨驴肉 50 千克计算)

大盐 2.5 千克,酱油 2 千克,硝酸钠 25 克,大葱 500 克,黄酒 250 克,丁香 75 克,桂皮 150 克,小茴香 150 克,山茶 100 克,白芷 25 克,鲜姜 250 克。

2. 加工工艺

将驴肉选修干净后,切成 1~1.5 千克重的肉块,放入清水锅中加入辅料袋(大葱、鲜姜装一袋,丁香、桂皮、小茴香、山茶、白芷另装一袋),煮至大开后放入大盐、硝酸钠,撇净血污、杂质,盖上锅盖(锅盖要能直接压入汤内),煮制 60 分钟,其间翻锅 2 次。翻好锅后在锅内放入汤油盖住肉汤,再在锅盖上压上重物,然后把煮锅炉底封好火,焖 6 小时后取出,即为成品。

小知识

肉驴骨头汤

用肉驴骨头加入一些珍贵药材,经过十几个小时精心熬制而成。色泽奶白,鲜美可口。在炎热的夏天来一碗这样的汤,可醒胃润肤;在寒冷的冬季来一碗这样的汤,更可暖身滋补,是一年四季都适合的美味汤品。特别是对于女性,长期喝此汤,可达到护肤去斑之功效。

(三) 洛阳卤驴肉的配方与加工工艺(图 4-33)

1. 配方(按 50 千克生驴肉计算)

花椒、良姜各 100 克,大茴香、小茴香、草果、白芷、陈皮、肉桂、荜拨各 50 克,桂子、丁香、火硝各 25 克,食盐 3 克,老汤、清水各适量。

2. 加工工艺

制坯 将剔骨驴肉切成重 2 千克左右的肉块,放入清水中浸泡 13~14 小时(夏天短些,冬天长些)。浸泡过程,要翻搅换水 3~6 次,以去血去腥,然后捞出晾至肉中无水。

卤制 先在老汤中加入清水,煮沸撇去浮沫,水大滚时,将肉块下锅,待滚开后再撇去浮沫,即可将辅料下锅。用大火煮 2 小时,改用小火煮 4 小时。卤熟后浓香四溢,这时要撇去锅内浮油,然后将肉块捞出,凉透即为成品。

3. 产品特点

酱红色,表里如一,肉质透有原汁佐料香味,肉烂利口。如加适量葱、蒜、香油,切片调拌，其口味更佳。为洛阳特产。

图 4-33 洛阳卤驴肉

图 4-34 卤制的肉驴内脏

（四）肉驴内脏的卤制（图 4-34）

肉驴的心、肝、脾、肺、肾、食道、胃、小肠、大肠、蹄筋等均可制成卤制品，不过心、肝、脾、肺、肾不应与大肠、小肠同一锅煮。

1. 原料准备

先将内脏用清水清洗干净。心脏应掏去血凝块。肺应反复用清水冲洗干净。将肺放入热水锅（气管置锅外），加热煮。将肺内的灌水全部排出，切去气管。胃、肠要除去内容物，用剪刀剪开，先冲洗干净，再用碱面揉搓，清水冲洗，食醋揉搓，清水冲洗，食盐揉搓，再清水冲洗，使其消除异味。球系部刮毛去垢，清洗干净。

2. 加工工艺

分别预煮。将处理好的心、肝、脾、肺、肾放入锅内，加清水煮透而不烂。所有的胃、肠也另用清水煮透而不烂，煮过的汤弃去不用。球系部可与心、肝一起煮，但必须煮熟至筋皮软烂为止。

原料（以 10 千克内脏计） 食盐 1 千克，酱油 500 克，白糖 500 克，花椒 50 克，八角 100 克，茴香 20 克，桂皮 50 克，丁香 5 克，草果 5 克，生姜 50 克（拍裂），黄酒 150 克，红米汁 50 毫升。

卤制 锅底先放锅垫，放入球系部后，再放入各种内脏和各种原料，然后旺火煮沸，使胃肠呈淡红色。再加入煮过心、肝、肺等的白汤，淹没所有主料，放入食盐，加盖烧至沸腾，改小火焖 2 小时左右。当内脏能嚼烂时取出，仅留球系部继续文火煮至离骨时取蹄筋。冷透后切成片条食用。

（五）河北驴肉肠

1. 配方（按 50 千克驴肉计算）

精盐 2 千克，淀粉 3.3 千克，香油 3.25 毫升，鲜姜 3 千克，大葱 1 千克，五香粉 150 克，花椒面 100 克，煮驴肉原汤 10 升，清水 30 升，亚硝酸钠 3 克。

2. 制作

选用卫生合格的鲜驴肉，剔去筋膜，清洗干净。用绞肉机将驴肉绞成 0.5 厘米的方丁。拌馅：精盐、香油、淀粉、五香面、花椒面、鲜姜末、大葱末、煮驴肉的原汤汁、清水、亚硝酸钠等，混合在一起，搅拌均匀，倒入驴肉丁里，充分搅拌均匀，即为馅料。灌装：将新鲜的肉驴小肠，反复清洗干净，沥去水分。将拌好的馅料灌入小肠内，每60厘米剪断，两端合并起来，扎紧成环状。煮制：灌好的肠体放入100℃的沸水锅里，轻轻翻动，发现气泡刺眼排气。水温保持在90℃以上，煮制1小时左右，即可出锅。熏制：煮好的肠体出锅后，沥去水分，再放进熏炉内，用红糖为烟熏剂，熏制10分钟，出炉后凉透，即为成品。

3. 产品特点

色泽红褐，鲜明油亮，切面整齐，香味四溢，肉质鲜嫩，爽口不腻，熏香浓郁。

（六）莒南驴肉汤

1. 配方

驴肉500克，料酒25克，精盐5克，味精3克，葱段10克，姜片10克，花椒水、猪油各少许。

2. 制作

将驴肉洗净，下沸水锅中氽透，捞出切片。烧热锅加入少许猪油，将葱、姜、驴肉同下锅，煸炒至水干，烹入料酒，加入盐、花椒水、味精，注入适量水，烧煮至驴肉熟烂，拣去葱、姜，装盆即成。操作关键：驴肉下沸水锅要氽透，否则有异味。

3. 产品特点

味道醇香，汤汁浓厚，风味独特，北方风味，并有补气血，益脏腑之功效，适用于贫血、筋骨疼痛、头眩等症。

（七）河间驴肉火烧（图4-35）

具有河间独特风味的“大火烧夹驴肉”具有悠久的历史，最早的传说是：唐玄宗登基前来到河间，一书生“杀肉驴煮秫”招待李隆基，他吃后连说：好吃好吃；清代乾隆下江南，从河间路过，错过住处在民间吃饭，主人只好把剩饼拿来夹上驴肉放在大锅里煲热，乾隆吃后连连称赞美味可口。经过数代流传才形成这样一种形状（还有一种是圆形的）和风味。河间有句俗语叫：“常赶集还怕看不见卖大火烧的。”这也说明了大火烧在老百姓心目中的地位和大家对这种食品的喜爱。

1. 制作

（1）驴肉准备。

这驴肉火烧里的驴肉得选用肥瘦适中的小嫩驴肉，选自品种是渤海肉驴，取这样的净驴肉20千克切成大块后，先用清水浸泡30分钟。汤桶垫入篦子，加高汤30千克烧开，加入200克糖色调成淡黄色，下入焯水后的驴肉块，加入香料包（花椒65克、八角50克、小茴香45克、桂皮25克、香叶15克、白蔻15克、草蔻25克、肉蔻25克和荜拨15克，先冷水浸泡30分钟，再把所有香料用纱布包好）和大葱段、姜块（用刀拍碎）各150克，以及干辣椒30克、盐200克、料酒150克、冰糖50克。在驴肉上面放盘子扣压住。大火烧开，转小火煮2小时，视驴肉色泽红润、鲜嫩酥烂时，关火即可。

（2）火烧制作。

面粉10千克，加温水3.5千克揉匀，饧30分钟后再揉一次，然后按每个火烧100克面坯的量下剂子，抻成长方形片儿，抹少许油并撒少许盐，然后自左右向中间对折两次，擀成四方形饼状，再放到木炭炉（特制的上下有两层火，上为平底锅，边有轴，上平底锅沿轴转动能够离开火口）上面的平底锅上，烙上色（温度约为180～200℃）。待火烧基本成型后，再把它放到平底锅下的炉灶中。此时火烧受高温辐射烘烤，不一会儿就会形成一层酥脆的外皮，色泽金黄，外焦里嫩。

2. 吃法

驴肉火烧一定要趁热吃，如果火烧凉了，味道就不那么鲜美了。河间的驴肉因为是酱制，所以在加进火烧的时候是凉的。吃时趁火烧热用刀拉开火烧的一边，并把切成薄片的熟驴肉塞到火烧里边，一个香喷喷的驴肉火烧就算做好了。

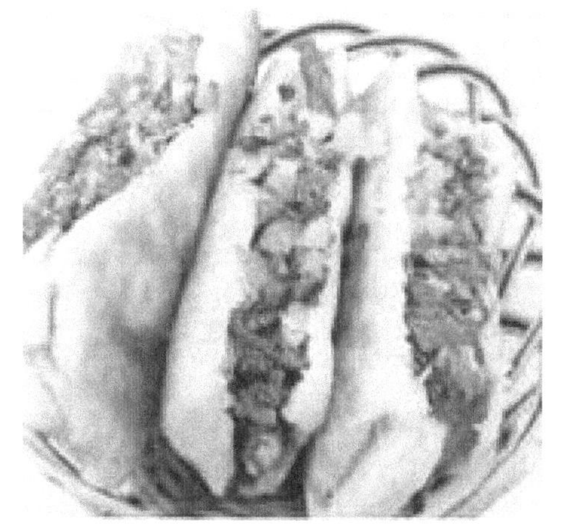

图 4-35　河间驴肉火烧

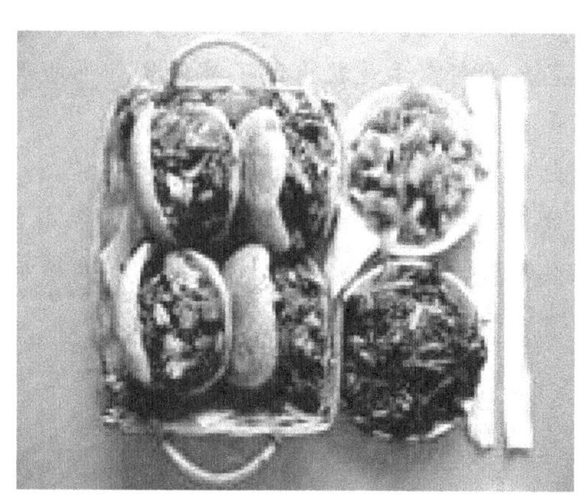

图 4-36　保定驴肉火烧

（八）保定驴肉火烧（图 4-36）

1. 制作

（1）驴肉。

一定要选漕河毛肉驴，肉质最好。保定的肉驴一般都是太行肉驴，太行肉驴的肉质细嫩，将其用独特秘方配制的各种香料卤制而成，口味奇香。接着在专门的菜墩上切碎，这种菜墩一般为圆形，四周高，中心凹，像一个浅浅的漏斗一样。在剁肉的过程中，如果客人要求，还会将特质的青辣椒切到驴肉里，另外如果客人有要求，还会加入些肉驴板肠，板肠为肉驴的大肠，卤制后口味独特，有些人接受不了其特殊的味道，不过也有相当多的人喜欢。最后，从旁边一直小火煨着的锅里，盛出一勺驴肉汤，浇在肉上，然后麻利地划开火烧的一边，把肉、肠和汤塞到火烧里边。一个香喷喷的驴肉火烧便大功告成了。

（2）火烧。

火烧是死面火烧，店主揉好面后，拉成长条，涂上油，再合上两折，放到平底锅里烙，温度不能太高。等火烧基本熟透后，把它放到平底锅下的炉灶中，炉灶是特制的，边上可以放得住火烧。这样，火烧接触更高的温度，却不接触明火。不多久，火烧外面就会有一层酥脆的外皮，咬到嘴里十分香脆。

2. 吃法

驴肉火烧一定要趁热吃，因为要想驴肉火烧香，里面必须加点肥的，只有热火烧才能把肥肉烤化，让香味渗透到肉里、火烧上。趁热把酥脆的火烧咬到嘴里，里边渗出的是鲜美的驴肉香气。放到嘴里咀嚼，驴肉的鲜嫩、火烧的香脆，真是回味无穷。

超链接

保定的驴肉火烧一说起源于明初。朱棣起兵谋反，杀到如今的保定北部徐水漕河一带，打了一场败仗。燕王眼瞅着饿得就要见阎王去了。士兵出了个主意，要他效仿古人杀马吃。其实所谓“驴肉香，马肉臭，打死不吃骡子肉”，马肉纤维比较粗，不是特别好吃。但是饥不择食，就把马肉煮熟了夹着当地做的火烧吃了。哪知味道还很不错。于是后来当地老百姓也开始杀马做“马肉火烧”，而且马肉火烧因为曾经被皇上吃过而声名大振。但是好景不长，没过多久，因为和蒙古人打仗需要马。这里的马可不是做火烧吃的死马，而是活生生的战马。马成了战略物资，当然就不能由着老百姓做火烧吃了。但是想吃马肉火烧了怎么办啊？于是就出现了替代品——驴肉。驴肉纤维比马肉细腻，而且纯瘦不肥，自古就是下肴的佳品。

也有另外一种说法是，在保定和徐水之间的漕河地区，曾经有两个较大的帮派：漕帮和盐帮。后二派起了争斗，但漕帮多次袭击盐帮的运盐队，常常获胜，缴获大量毛肉驴。后试以卤制驴肉为食，得美味。为了方便携带，以当地火烧裹夹驴肉以充干粮。故而保定漕河地区的驴肉火烧口味最为正宗。